赵建才　著

城市知与行

中国言实出版社

图书在版编目（CIP）数据

城市知与行 / 赵建才著 . -- 北京 : 中国言实出版社 , 2018.11

ISBN 978-7-5171-2955-4

Ⅰ . ①城… Ⅱ . ①赵… Ⅲ . ①城市规划—研究—中国 Ⅳ . ① TU984.2

中国版本图书馆 CIP 数据核字（2018）第 240661 号

责任编辑： 张　强
责任校对： 李　琳
责任印制： 佟贵兆
封面设计： 杰瑞设计

出版发行 中国言实出版社

地　址：北京市朝阳区北苑路 180 号加利大厦 5 号楼 105 室
邮　编：100101
编辑部：北京市海淀区北太平庄路甲 1 号
邮　编：100088
电　话：64924853（总编室）　64924716（发行部）
网　址：www.zgyscbs.cn
E-mail：zgyscbs@263.net

经　销 新华书店
印　刷 徐州绪权印刷有限公司
版　次 2018 年 11 月第 1 版　2018 年 11 月第 1 次印刷
规　格 710 毫米 ×1000 毫米　1/16　16.25 印张
字　数 256 千字
定　价 98.00 元　ISBN 978-7-5171-2955-4

前言

这是一部关于思考城市发展的书，一部写给城市管理者的书。

“知是行之始，行是知之成”。由实践到认识，探索我国城市成长之道。再实践，再认识，“知行合一，止于至善”，登高望远而又不失脚踏实地。

美国国家情报委员会于2013年出版的《全球趋势2030：变换的世界》一书中提出：“应当高度重视变换的世界对未来城市化的影响。”同时认为：“伴随国际经济政治格局多极化发展的另一个重大趋势是，世界经济政治中心东移，从大西洋两岸转向亚太地区。这是历史性的变化，很可能成为21世纪世界经济政治和文化发展开启新的历史周期的序曲。”

中国特色社会主义进入新时代，我国社会主要矛盾已经转化为人民日益增长的美好生活需要和不平衡不充分的发展之间的矛盾。我们要在继续推动发展的基础上，着力解决好发展不平衡不充分的问题，大力提升发展质量和效益，更好满足人民在经济、政治、文化、社会、生态等方面日益增长的需要，更好推动人的全面发展，社会全面进步，进而在全面建成小康社会的基础上，实现社会主义现代化和中华民族的伟大复兴。

发展是解决我国一切问题的基础和关键。发展必须是科学发展，必须坚定不移贯彻创新、协调、绿色、开放、共享的发展理念。我国正处在城镇化加速推进的历史阶段，城镇化是通向现代化的必由之路。

认清中国的国情是选择中国城镇化道路的基本依据。我国处于并将长期处于社会主义初级阶段，存在经济增长内生动力还不够足、创新能力还不够强、发展质量和效益还不够高、地区发展不平衡、资本等要素不集聚、产业结构不合理、市场经济不发达等综合性问题。同时，我国又处于城镇化的加速发展阶段及转型的关键时期，城镇化的发展和历史积累的矛盾日益突出。习近平总书记在中央党校建校80周年庆祝大会暨2013年春季学期开学典礼上的讲话中指出："现在我们遇到的问题中，有些是老问题，或者是我们长期努力解决但还没有解决好的问题，或者是有新的表现形式的老问题，但大量是新出现的问题。"经济结构的转型，城乡统筹协调，生产要素的流动，物质文化需求和公共服务水平的提高等，是我国现阶段城镇化问题的主要特点。这就要求我们，必须依据现有国情，走中国特色新型城镇化道路。

在长期从事城市工作的过程中，我遇到最多的问题就是如何使自己所在的城市"做大做强"，但果真如此吗？我常常陷入沉思。城市是什么？建设城市为什么？城市发展追求的目标到底是什么？在追赶型经济为主的年代，"做大做强"是一种目标追求，我国经济已由高速增长阶段转向高质量发展阶段，中国特色社会主义进入新时代，城市发展又当怎样呢？建设什么样的城市？怎么样建设城市？如何提高新型城镇化的质量，是我们必须面对的课题，怎么看，怎么干，想清楚，做明白。

城市呈现给人们的是一种物化的形态，同时又是一个有机的整体。然而，城市既有序又无序。如果没有科学的规划、建设和管理，城市可能走向兴旺，通过创造财富，促进就业，推动国家经济增长，社会进步；也可能走向衰败，造成新的贫困，成为社会退落，环境恶化的温床。这一切取决于我们对城市的认知和践行。

中国特色新型城镇化要以"实践导向型"的思维，把握中国特色新型城镇化的阶段性特征，推动城市内涵式发展，促进转型发展、均衡发展，走质量效益型路子。内涵式发展，是指以事物的内部因素作为动力和资源的发展模式。在发展形态上主要表现为事物内部属性的运动和变化所引起的发展。如:规模适度、结构协调、资源配置效率更高，追求数量、质量、规模、结构、效益的统一，强调社会、经济、生态的统一等。内涵式发展主要依靠提高自身素质而降低成本，提高质量，提高效益，属质量效益型发展模式。城市内涵式发展，就是要通过改革激发活力，增强实力，提高城市竞争力；尊重城市成长规律，注重增长的质量，强调城市的和谐、集约和高效发展；注重城市功能和公共服务；注重现代理念、现代技术、现代方法在城市建设中的运用；创新社区管理、社会组织管理、城市综合管理体制机制。当今世界城市发展的大趋势是城市全球化和全球城市化。中国特色新型城镇化要善于吸收发达国家在城市建设中的优秀成果，少走弯路，不走错路，在量变引发质变的过程中，实现实质性的跨越性发展。

城市使人们聚集在一起，构成了大家共同的家园——我们的城市。在这里，如果能使人与自然、社会和谐相处，处处为人着想，以人为本，同时营造城市独有的风格，凝聚、提炼城市的秩序和文化，人们就有了归属感。为此，要让城市的发展与人的全面发展和社会的全面进步同步而行。

城市已成为更为广阔的生产关系和社会关系网络的中心。城市的开放性，使城市日益成为更广泛互联的混合体。人们感悟城市、创造城市。“当我们在面对城市时，我们面对的是一种生命，一种最为复杂、最为旺盛的生命。”[①] 城市是动态的，城市也是理性的。城市的发展应当遵循城市自身的发展规律。城市的开放性、多样化是当今城市两个最显著的特征。城市即世界，城市即人民。城市让生活更美好，它有其内在的要求，也有其外在的表象。只要我们做到政治清明，经济开放，社会包容，环境友好，政府有效，则可治矣。

中国特色新型城镇化还有很长的路要走，其艰辛和复杂，需要方方面面

① 简·雅各布斯.美国大城市的死与生［M］.南京：译林出版社，2006.

做出不懈努力。然而，“上下同欲者胜”。我想起了青年时期的马克思曾说过的一段话：“如果我们选择了最能为人类福利而劳动的职业，那么重担就不会把我们压倒，因为，这是为大家而献身。那时，我们所感受到的就不是可怜的、有限的、自私的乐趣，我们的幸福将属于千百万人，我们的事业将默默地、但是永恒发挥作用地存在下去，而面对我们的骨灰，高尚的人们将洒下热泪！”

谨以此书献给推进中国特色社会主义现代化进程中的城市工作者。

赵建才

2018年8月

目录

第一章　城市何去何从

第二章　城市活力哪里来

第三章　培育可持续的竞争优势

第四章　城市规划、建设、管理的前思后想

第五章　用好城市空间结构“密钥”

第六章　抓住资源配置这个关键的“变量”

第一章 城市何去何从

城市一直是文明的壁炉，在黑暗中散发出光和热。

——西奥多·帕克（Theodore Parker）

任河流随意流淌，城市将孕育在她的岸边。

——拉尔夫·沃尔多·埃默森（Ralph Waldo Emerson）

人类从依赖群居生活之始，逐渐由氏族部落到聚落集群，而后筑土为城，掘壕为疆，中国的或者世界的古都都是由这些最初的城邦而来、而兴、而衰。

从城市的发展历程来看，现代化的进程是后来者，但它给我们带来的课题却是纷繁的。初期的城市是通过商品交换形成的，但无论是农业产品交换还是手工业商品交换，都不可能形成大规模的城镇化进程。人口大规模地或者稳定地从乡村转移到城市的过程，必定是由于工业现代化的规模性和专业化的特征引发的。大规模的工业现代化生产为城市的劳动生产率提高和经济效益提升提供根本，促进人口和经济活动进一步向城市聚集。同时，城镇人口的增加扩大了城市消费能级，进一步反过来促进现代化生产的加速，两者相辅相成，无法割裂。

一、从量变到质变的演进

城镇化的过程是指人类从乡村社会向城市社会集聚的过程。这种演变体现在人口的迁移，生活方式、生产方式的改变，城镇人口数量和城镇规模的不断扩大等各个方面。从个体行为而言，城镇化的过程包括人口城乡变化的过程和人力资本提升的过程，城镇化的过程要注重量变，更应注重质变。城市的转型发展实质上就是由规模增长向品质增长的转变。

量变的过程就是农村劳动力简单向城镇集聚的过程，城镇化通常与更高的收入和生产水平相联系。国际经验显示，健康的城镇化进程能够成为生产率提高和经济增长的重要推动力。因为城镇化可以发挥积极的集聚效应，使劳动市场规模更大，效率更高，还能降低交易成本，促进知识传播和技术、文化的创新。集聚效应同样可以出现在专业化程度较高并与大都市区建立交通直接连接的中小城市。此外，城市的规模每扩大一倍，全要素生产率将提高3.5%—8%，而中国城市有可能提高10%（经合组织）。城镇化推动和实现社会资源的最佳配置，优化整体结构，形成较强的竞争力和集约化、规模化发展。

质变的过程就是劳动力素质提高和劳动力生产水平提高的过程。城镇化质变的过程是双向的，一方面，城市和社会应当为市民提供广泛的均等化公共服务设施，使人人享有均等的服务设施。公平均衡是新型城镇化的重要特征。另一方面，作为生产要素的人需要更好地融入城市的生活，这就必须要求劳动者个人提升自身素质。人口素质的提升，不仅能让农业劳动力适应现代城市的生产生活，为城市产业升级发展提供持续动力，同时再教育本身也会提升城市整体素质，留住高素质人才，提供创新环境，强化文化氛围。因此，在城镇化的过程中，质变才是城镇化的关键。

（一）从外延式发展向内涵式发展演进

如果说城市发展初期的积累主要依托投资或者产业的升级，那在城市发展的繁荣期，消费则是推动城市经济发展的重要因素之一。城市的起源就是商品交换的场所，其本质就是庞大的生产与消费之间相互匹配的关系。只有扩大消费，生产才成为合理的有意义的生产，城市的经济规模也才能有着同步的增长。与生产相比，消费更具有城市发展的表象推动力。在发达国家，对消费的重视更甚，甚至加入了时间的概念，积极引入负债消费、贷款消费的概念，就是利用未来的收益来满足今天的消费，进一步刺激城市发展。那么城市中的消费品有什么？消费品不仅包括人们日常生活的消耗品，如衣食住行等基本消费品和工业消费品，还包括用于人类满足高级心理需求的休闲、娱乐、健康、教育等服务型消费品，并且随着城市不断的发展和人民生活水平的提高，服务型消费品将逐渐占据较大的比重。2016年国务院提出了关于进一步扩大旅游文化体育健康养老教育培训等领域消费的意见，强调部署进一步扩大国内消费，特别是旅游文化体育健康养老教育培训等服务消费的政策措施。消费成为城市发展的重要动力。

2017年末，我国城镇化水平已达58.5%，已进入以城市型社会为主体的城市时代，城市发展也将进入由量变到质变的转变阶段。从城市发展的质量来看，更加重视城市的建设质量、管理质量、经济发展质量。从城市可持续发展来看，更加注重城市综合承载能力的提高，强调城市社会、经济与生态的协调发展和深度融合；更加注重城市发展由外延式向内涵式转变，更加强调城市科技、教育、文化、人才等创新要素的集成方式和内在驱动作用，形成转变城市发展的内在合力。这意味着城市结构的优化和质量的提升，强调城市发展的集约高效。

（二）从单体发展向网络型发展演进

在全球化的浪潮下，任何一个城市都不可能孤立存在。城市发展必定由单体向网络型发展转变，城市群必定成为未来城镇化的主体形态。在网络型城市群的建设中，由单中心扩张向多中心、组团式、网络化发展的模式转变。强调城市与区域统筹发展，城市群协同发展。强调大中小城市之间，城乡之间合理的层级结构，形成优势互补、分工明确、合作紧密的城镇体系。城镇体系将进一步完善，以城市群为核心的区域发展格局将日趋成熟。城市发展道路将更加符合自然规律、经济规律、社会规律。

（三）从内向型发展向外向型发展演进

全球经济一体化必然要求每个城市都是一个开放型的城市。对城市本身来说，更加强调城市功能的开放性、现代化和国际化，具有鲜明的包容姿态。

获得1977年诺贝尔化学奖的伊利亚·普里戈金（Ilya Prigogine）教授，创立了耗散结构理论，着重阐明开放系统如何从无序走向有序的过程。耗散结构理论指出，一个远离平衡态的开放系统通过不断地与外界交换物质和能量，在外界条件变化达到一定阈值[①]时，可以通过内部的作用产生自组织现象，使系统从原来的无序状态自发地转变为时空上和功能上的宏观有序状态，形成新的、稳定的有序结构。这种非平衡态下的新的有序结构就是耗散结构。

耗散结构理论中的“开放”是所有系统向有序发展的必要条件。如一个企业只有开放才能获得发展，这种开放不仅是输出产品，输入原料，而且涉

① 阈的意思是界限，故阈值又叫临界值，是指一个效应能够产生的最低值或最高值。

及人才、技术和管理等方面。不断引进人才和技术，不断更新设备，才能使企业充满生机和活力。对一个城市而言，又何尝不是如此呢？掌握“非平衡是有序之源”的观点，有助于城市从内向型发展向外向型发展演进。一座城市不断有人外出和进入，生产的产品和原料也要川流不息地运入及运出。因而产生物流、人流、资金流、信息流，这种与外界环境自由地进行物质、能量和信息交换的系统，称为开放系统。当开放系统内部某个参量的变化达到一定阈值时，它就可能从原来无序的混乱状态，转变为一种在时间上、空间上和功能上的有序状态，即耗散结构。如一壶水放在火炉上，水温逐渐升高，但水开后水蒸气不断蒸发，壶中的水和空气就形成了一个开放系统，带走了火炉提供的热量，水温不再升高，达到了一种新的稳定状态。

面向国际、国内两个市场，两种资源，城市要去构建与之相适应的产业体系，使之成为全球产业链、供应链、价值链中不可或缺的节点。城市由满足自身需要为主的内向型，向适应全球一体化需求的外向型转变，已成为我国城市发展的重要趋势。

二、不能脱离区域而孤立地看待城市

全球化时代是一个竞争的时代，当今城市之间的关系，除却合作，又很重要地表现为城市竞争。然而，当前的竞争已经不是单一的城市间的竞争，而是以中心城市为核心与周边城镇共同构成的区域或城市群的竞争，因此城市区域是全球时代城市竞争的基本空间单元。

（一）城市群为主体形态

由于相邻城市间存在着空间的相互作用，按照经济地理学中的中心理论分析，不同等级的中心地按照一定的功能控制关系和数量关系，构成一个等级体系。刘修岩等《城市空间结构与地区经济效率》一文分析认为：

> 在较大的地理尺度上，如全国和省域层面，应该发展和培育多中心的城市空间结构，而不是片面发展少数超大规模城市，从而形成区域内部唯有一两座城市独大的格局。这不仅不利于提高区域内经济效率，也可能会造成区域发展差距的进一步扩大；而对于较小地理尺度上的空间经济组织，如城市或市域，则应该进一步促进要素

的空间集聚，坚持紧凑式空间发展模式，从而最大程度上发挥集聚经济的好处。也就是说，中国未来的城镇化发展模式，应该在严格的控制大城市无序蔓延发展的同时，鼓励农村转移人口进入到中小城市，以提高这些中小城市规模，并通过便利的基础设施将这些中小城市与大城市相连接，进而形成多中心、网格化的城市空间结构。

城镇化过程中出现的城市发展问题，如环境污染、区域基础设施建设、产业链的组织等，很难从单一的城市入手进行解决。大城市有机疏散、中小城市和小城镇的协调发展、城乡统筹一体化考虑成为城镇化道路中的重要路径，而这些问题能且只能从区域的角度通盘考虑，依托城市群的发展予以解决。城市群是城市发展到成熟阶段的最高空间组织形式。习近平总书记曾明确指出：“城市群是人口大国城镇化的主要空间载体，像我们这样人多地少的国家，更要坚定不移，以城市群为主体形态推进城镇化。”

整体而言，虽然发达国家的城市化进程已近尾声，但其人口、产业向城市群的集聚仍在进行。城市群通常集聚了一国最重要的城市，因而具有国家政治、经济、文化中心的多功能。如“波士华”城市群是美国经济的核心地带，制造业产值占全国的30%，是国内最大的生产基地。但它在金融、贸易、运输和科技等方面的作用更加突出，是世界经济的枢纽。它也是知识、技术、信息密集地区，拥有多所美国著名的大学，大学生人数占全国的1/5。日本东海道城市群是全国政治、经济、文化、交通的中枢，集中了全国工业企业和工业就业人数的2/3，工业产值的3/4和国民收入的2/3。全日本80%以上的金融、教育、出版、信息和研究开发机构分布在这个大都市带内。因此，城市群具有较国内一般地区更为强劲的发展动力。①

城市群是高效集约的空间模式，通过极化效应利用最小的空间，创造最大的效益，是内涵式发展的典型形态。城市群是强化区域一体发展的空间模式，未来的城市发展的模式一定是网络化的模式，核心是产业的协调分工。强调通过不同等级的城市与小城镇彼此关联，相互补充，各有分工，各司其职，从而形成紧密的网络体系，可以有效地降低区域的内部损耗，减少同质化竞争，支撑大中小城市形成共荣互惠的良性循环体系。

以城市群为主导，就是坚定不移地走以城市群为主体，大中小城市和小

① 宁越敏．世界城市群的发展趋势［J］．地理教育，2013（4）．

城镇协调发展的城镇化道路，从而实现多元形态、集约发展、城乡统筹、三化协调发展。《国家新型城镇化规划（2014—2020）》中对我国的城市群建设提出“按照统筹规划、合理布局、分工协作、以大带小的原则，发展集聚效率高、辐射作用大、城镇体系优、功能互补强”的要求，希望城市群能成为支撑全国经济增长、促进区域协调发展、参与国际竞争合作的重要平台。主要实现以下四大目标：

1.多元形态。坚定不移地走以城市群为主体，大中小城市和小城镇协调发展的城镇化道路。强化中心城市辐射带动作用，优化中小城市布局分工，完善小城镇服务功能。

2.集约发展。集约发展是指资源高效有序的可持续利用，是从以外延扩张为主、重视数量增长的粗放型发展向以内涵增长为主、重视质量提高的集约式发展的转变，是我国城镇化持续健康有序发展的必由之路。

3.城乡统筹。强化将城市和农村的经济和社会发展作为一个整体来考虑，坚持以人为本，城市居民、农村居民及进城务工人员等都享有平等的权利、均等化的公共服务、同质化的生活条件。

4.四化协调。强调工业化、农业现代化、信息化和城镇化的和谐统一。工业化为主导，农业现代化为基础，城镇化是嫁接两者的桥梁，信息化融入其中。推动工业化和城镇化良性互动、城镇化和农业现代化相互协调，形成以工促农、以城带乡、工农互惠、城乡一体的新型工农、城乡关系。

城市群的发展问题就是要处理好城市群与各类形态关系，优化城镇化布局的形态，坚持城乡一体化、加强统筹城乡发展。以市场经济为导向，实现人口与生产要素的自由流动。

做到这些，应该在以下六个方面着力：

1.区域承载平衡。城市规模要与资源环境的承载能力相适应。从世界城市化规律来看，城镇化的最终形态不是百分之百的城市，而是城乡空间的合理布局，城乡形态的融合发展，更是城乡文明的共存繁荣。城市群的布局中应当统一调配生态、水等环境资源，实现“生态绿地定空间、水资源定规模”。强化整体区域的承载力平衡，以达到经济、土地、社会、生态效益的最大化。从空间形态上来看，强化城乡融合，打破现有城乡二元化体制的壁垒，立足城市发展，着眼农村建设，以最终实现城乡差距最小化、城市和农村共同富裕文明为目的。

2.内涵提升发展。城市发展由外延式扩张向内涵式提升转变，实现经济、社会、环境的和谐统一，强调城市的和谐发展、集约和高效发展，注重城市功能和公共服务。内涵式发展要求按照科学发展观的要求，充分利用现有空间集约发展，深化城市存量用地潜力，提高城市土地使用效率，从外延式的城市蔓延发展向城市内部结构升级、城市功能完善、人居环境改善等内涵式发展模式转变。通过深入城市内部改革，提高竞争力，实现实质性的跨越式发展。同时需要注重城市公共服务的全民均等化，提升欠发达地区的公共服务设施水平，实现城乡一体化发展。

3.城市网络协同。统筹城乡发展，城市内部的组团发展和城市群的协同发展，由单体向网络型转变。合理的层级结构，形成优势互补，分工明确，合理紧密的城市间网络关系。城市群内部建立以交通设施、基础设施、公共服务设施、信息服务设施等多方位的城市间网络关系，实现人流、物流、信息流的自由流通。注重构建中心城市—中小城市—小城镇的骨干联通体系建设的同时，加强构建中小城市—中小城市、小城镇—小城镇相互联系的双向网络体系。

4.强化组团布局。城市群，组团式应为主体形态，空间布局上，应当是城镇相对集中，不是小而散。否则，成本高，资源占用多，集约化、规模化能力不足，不符合集约、节约、高效原则。城市群应强调“大集中、小分散”的格局。大集中是指未来我国的城镇化方向仍然向发达城市群集聚，以较小的国土面积担负较大的经济产出。城市群内城镇相对集中，集约化程度高，符合经济发展和产业发展趋势要求。而小分散则是在城市群内部，形成大中小城市协调发展的组团式布局形态，每个城市群内组团应当是以生态功能环绕、功能独立完整的独立组团，每个组团都保持合理的城市规模，通过功能协作和交通组织与城市群其他组团形成有机整体。

5.注重功能互补。城市群内涵要丰富，经济联系为重要方式，内部要有互补性、差异化，空间结构要做到“多规合一”。城市群是经济联系的概念，一定是经济上相互联系、相互依存的比较完整的经济结构体。城市群中各个城市的职能分工是城市群协调发展的核心与基础。城市群发展应强化互补性、差异化，空间布局必须实现城市总体规划、土地利用规划、产业布局规划和生态规划的协调统一，实现相关规划的有效衔接，提高规划的操作性和一致性。

6.整体系统布局。注重城市群的整合功能和功能结构。注重城市群作为一个完整整体在更大的区域上的分工作用，扩大中心城市的区域影响能力与辐射带动作用。强化中小城市及小城镇的功能分工与协调机制，发挥各自在生态、产业、区位、人口等方面的优势。发展特色产业体系，实现大中小城市和小城镇的协调有序发展。

（二）城市群经济

从地理学意义上说，城市群是指一定地域内城市分布较为密集的地区。从经济学意义上说，强调的是城市群内经济活动的空间组织与资源要素的空间配置，突出城市之间、城市与区域之间的集聚与扩散机制，以及社会经济的一体化发展。我们透过现象看本质，其实城市群虽然从表象上看更像是一种地理现象，但是究其本质它其实是一种经济行为，是以若干不同规模不同性质的产业集群相互连接形成的一个经济区域。

既然在城镇化中城市群是一种经济行为，那它必然符合一定的经济规律，由此延伸，我们来看看什么是城市群经济。城市群经济是城市群存在的基础，是一种区域尺度下的新集聚经济类型，按其存在的地理尺度差异，集聚经济至少可分为两种类型：一是地方尺度下的城市集聚经济，二是区域尺度下的区域集聚经济。城市只有集聚才能产生效益，城市群经济的意义即体现为特色城镇化道路中如何实现特色城镇化的最佳经济效益与社会效益。

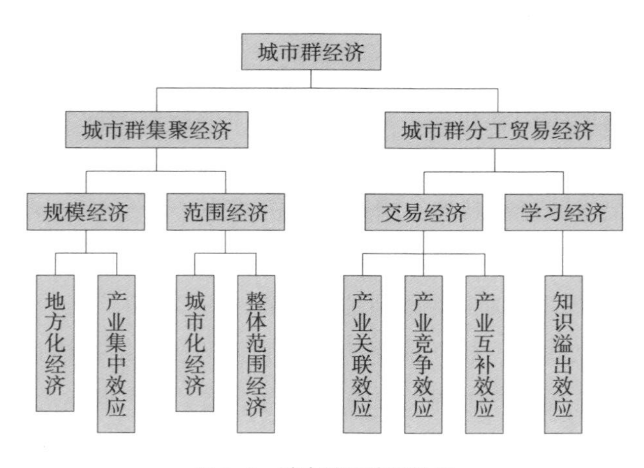

图1-1　城市群经济的组成

来源：丁建军．城市群经济、多城市群与区域协调发展［J］．经济地理，2010，30（12）:2018-2022.

城镇化是界定城市群的核心指标，城市群在生长发育过程中，既是城镇化的结果，也是城镇化的推力；城市群是城镇化的重要载体，城市群在交通、经济、文化等各方面分工合作，共同推进我国城镇化进程；而城市群经济以更为有效的方式，有力推动我国城镇化发展，为实现新型城镇化道路寻求最佳经济效益。

首先，城市群经济是集聚经济在区域层面的表现，因而和产业集聚经济、城市化经济一样，只能在一定范围内存在。规模经济是城市群聚集经济的前提和基础，没有规模经济就没有城市群聚集经济，即城市群要以适宜规模寻求最佳发展路径。当存在城市群经济时，产业、人口和其他各种要素会进一步向城市群集聚，城市群规模不断扩大；随着城市群规模进一步扩大，一些不利因素迅速膨胀，当城市群经济趋近城市群不经济的临界值时，城市群规模饱和，城市群产业结构的提升、在全球产业链中的地位提升、新兴产业的发展对城市群的规模带来新的动力。但此时经济活动并不会停止，而是继续扩张，进而导致城市群不经济。城市群发展只有规模合理，才能够产生最大的集聚经济，而集聚经济决定了城镇化的发展趋势。在城市发展到一定规模之前，城市规模扩张所带来的集聚经济正效益大于负效益，而达到一定规模以后，则会出现反作用，即负效益大于正效益。因此，理论上讲，任何一个城市都存在着一个适度规模，它出现在城市规模变化的边际收益与边际成本相等时的那一点上（见图1–2）。制约城市群规模的最大因素是生态本底。

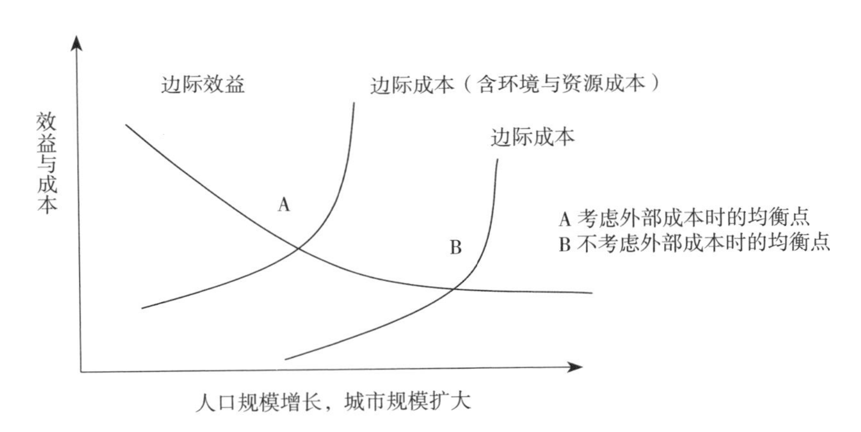

图1–2　城市发展规模与成本效益

来源：顾朝林，甄峰，张京祥，2000.

城市群作为新型城镇化道路在区域发展的主要方式，它对区域增长的贡献率在不断增加。我国的城市群紧凑度总体不高，而且空间差异较大，大体呈现从东向西、从南到北逐渐降低的形态。即使像纽约、东京等世界超级城市，目前仍是全球主要的人口集中迁入地，其城市规模仍呈增长趋势。但随着城镇化进程的不断推进，或许20年或者更短的时间内我国的城市群发展就会突破其经济性临界点，到那时我们就不能一味对城市群求大求广，而应该注意对一些城市群适当“减肥”，或许会起到事半功倍的效果。

其次，我国中西部城市现阶段的城市群经济性较低，所以目前我国在中西部地区应加快主要城市群的建设，通过城市群经济强大的吸附力和自我发展能力来提升中西部发展效率。在发展中，一旦中西部形成与东部三大城市群实力接近的城市群，城市群经济发展效率将提高。我国东部地区城市群重点发展知识、技术密集型产业，其中，长三角、京津冀和珠三角城市群更是树立了世界城市群发展目标，中心城市上海、北京、广州、深圳应打造成国际性大都市，成为辐射东亚、东南亚的全国经济总部；而中部地区的武汉、长株潭、中原、皖江等城市群应大力发展劳动和资本密集型产业。中西部地区应该有效借鉴东部地区的城市群发展经验，城市群建设坚持走产业集群与城镇化集聚发展联动路径，避免城市摊大饼式的蔓延；注重城镇群间的分工合作，培育发展全国性甚至国际性的大都市，以中心城市带动小城市，共同提升区域的内涵和质量。

三、一根扁担挑两头

城镇化是多种动力作用的结果。从动力发展的关系与动力形成的机制来看，最主要的是经济发展所产生的动力，来自三个方面：区域农业生产的发展是城镇化的初始动力，工业化是城市形成、发展的核心动力；第三产业的发展是现代城市发展的主要动力。

（一）城镇化带动工业化和农业现代化

城镇的发展动力，来自于以分工协作为基本特征的社会化大生产的内在需要。一方面，社会化大生产导致社会分工越来越细；另一方面，就必然产生了这些生产和劳动要素在一定空间范围内的集聚，以使得各种生产和劳动要素互相协作，完成社会化生产的全过程。劳动和生产要素在空间上的集聚成为城镇发展的主要动力。

城镇化是城市经济向外缘农村地区扩散的过程和城市内部产业重新组合的过程。综合各方面的原因，可以把城镇化定义为一种社会经济变化的地域空间过程，这个过程有四个基本特征：人口向城镇集中的过程，包括集中点的增加和每个集中点的扩大；城市人口占全社会人口比例调高的过程；第二、三产业向城市集中发展的过程；城市文化对农村影响传播的过程，以及全社会人口接受城市文化的过程。

大量农村剩余劳动力从农村转向城市成为市民，是消除城乡二元结构的根本出路，也是扩大内需、拉动投资和消费需求，促进经济增长的主要动力。城乡一体化是城镇化发展的一个新阶段，它标志着城乡关系逐步由自发走向有序，最终进入高水平的耦合发展过程。

用城镇化来平衡工业化与农业现代化的核心是“三化”融合发展。首先是利用城镇大规模生产集聚的大量资金流通，形成农业现代化投资来源，实现农业种植的机械化、集中化，最大程度提高生产效率，释放剩余劳动生产力。《关于引导农村土地经营权有序流转发展农业适度规模经营的意见》[①]政策的出台，标志着农村土地所有、承包、经营“三权分离”，为农村人口城镇化和实现农业现代化提供了政策保障，推动实现农业规模化、集约化、现代化发展。

其次是以工业化的思路深化农产品加工，延长农业产品的产业链，提升农产品附加价值，从农业种植向农产品加工、从物理应用向生化应用提升。而互联网经济的发展也为农产品加工提供了方向，使得农业产品的消费市场进一步扩大化。

最后是城镇为农业现代化提供技术支持，为农业人口提供教育培训契机。也吸引了农村剩余劳动力，为农业产业化创造了条件。

（二）城与乡，是割裂的吗

从世界城市化的发展规律来看，城镇化的最终形态，并不是乡村形态的完全消失，只留给我们一个完全格式化的城市，而是城乡空间的合理布局，城乡形态的融合发展，更是城乡文明的共存共荣。在我国，城镇化绝不仅仅是发展城市自身，而是包含着工业现代化，乡村人口的城镇化和城乡一体化

---

① 2014年11月中共中央办公厅、国务院办公厅印发了《关于引导农村土地经营权有序流转发展农业适度规模经营的意见》，见中国农业新闻网2014年11月24日。

的三重基本内涵。

新型城镇化是城乡从分离走向融合的过程。从某种意义上说，城镇化就是城乡相辅相成，从不协调到协调的发展过程。

城市经济和农村经济可以具有共生关系，城市会受益于农业生产率的提高。农村地区增长会为城市服务和制造产品提供新的、重要的市场，机械化和化肥、杀虫剂、除草剂的使用刺激了对这些产品的需求。农业市场的兴旺扩大了对销售、运输、建筑和金融的需求，而这些常常是由城市中心提供的。农村经济增长带来消费水平的提升，为城市二、三产业创造了广阔的市场。

同理，农村地区也会受益于城市经济的增长。附近的城市为蔬菜、奶产品、水果等农产品和农村非农产品产出提供了稳定的市场。农村工业常常为附近的城市厂家提供所需零部件，通过技术转让、教育服务和培训，城镇化还有助于提高农村的生产率。

城乡统筹的核心是消除城乡间的流动壁垒，重点是协调与共享。城乡统筹不是简单的强调均等化，在基础生活的保障措施上，比如水电煤等日常生活资源上，城与乡应当强调的是一体化、同城化。但城市有庞大的人口作为支撑，优质的医院、优质的学校、大型的文化设施，都是建立在城市庞大的人口和密集的建设强度之上的。一个乡村，几百几千人，不可能拥有与城市相同的公共服务设施资源，政府需要做的不是强行将两者画上等号，而是在保障乡村人民基本生活利益的基础之上，强调共享。医疗保障体系的城乡共用，优质医疗队定期进村服务、文化下乡等活动，让优质设施要素在城与乡之间流动起来。

享有盛誉的加拿大专栏作家道格·桑德斯从2007年开始了一场全球之旅，从欧洲出发到印度次大陆、中国和北美，深入接触包括肯尼亚和巴西的底层平民，足迹遍布五大洲数十个国家和地区，最终完成了《落脚城市》一书，他在“乡村的城市化”中写道：

> 我们需要的是多一点农场工人，少一点农民，这也许是乡村的理想结局：由少数人经营有利可图的农场，其他人则在农场上工作，或是在当地从事服务业谋生。欧洲的人口迁移就是这么终结了小农村庄。我们也同样盼望同样的情形发生在世界上其他三分之二的地区。乡村的命运主要取决于国家如何经营大城市，以及为这些城市

> 的移民人口提供什么样的权力与资源。另一方面，城市与国家的命运通常也取决于它们如何对待乡村以及乡村移出的人口，经营不善的落脚城市可能把乡村变成一座监狱，经营不善的乡村则可能导致落脚城市的失控。[①]

如何构建新型的城乡一体化关系呢？城乡一体化具体表现在将城乡之间的劳动力、技术、资金及各种资源等生产要素进行合理的流动与整合。既避免了乡村劳动力剩余、资源（土地等）的闲置和浪费，又将使城市先进的技术运用、闲置的资金流动起来，充分发挥城市与乡村各自的优势，使两者相辅相成，相互促进，从而成为经济、社会及文化相互融合的统一体。在实现城乡一体化的进程中，城市扮演着至关重要的角色。正如我们通常所说，解决“三农”问题，不能就“三农”而论“三农”。今天，在推进城镇化的进程中，也绝不能就城市而论城市。因此，必须使城市和乡村充分发挥各自的优势，以城市辅助乡村，使城乡之间的劳动力、技术、资金及各种资源得到最大限度的利用，以促进城乡一体化的进程。当然，乡村在城市的发展进程中也发挥不可忽视的作用，乡村大量剩余的劳动力转移到城市，对城市经济的发展产生促进作用，而且乡村资源（田园风光、自然山水、建设用地）也在城市的发展中得到有效利用。

中国经济的萌芽是从土地之中滋生的，千百年历史发展证实，农村有很强的发展潜力和自我复原的韧性。只要有正确的发展思路，确立市场在资源配置中的决定性作用，更好发挥政府作用，激发农村发展原动力，使其恢复“造血”功能，就能推动其自我恢复和自我发展。传统村落的日常生活之所以能够井然有序，不仅仅是村落内部有着较为健全的管理机制，很重要的还有农耕文明传承而来的文化，形成了某种权威和一些必要的村规民约。所以，要以“尊重”为前提，转变政府职能，扶持、帮助和大力推动农村发展。实施乡村振兴战略，加快培育农业经营主体，加快构建现代农业产业体系、生产体系、经营体系，推进农业由增产导向转向提质导向。提高农业创新力，竞争力，全要素生产率。提高农业质量、效益和整体素质。这样农村就有希望，新型城乡关系就会真正确立并不断发展。推进城乡一体化发展并非是将农村“原封不动”地“克隆”成城市样式，城市化

① 道格·桑德斯．落脚城市［M］．上海：上海译文出版社，2013：125.

进程的本质是农村、农业在地缘文化基础上的现代化，是将农村产业方式、生产组织方式、经济文化生活内容、民众生活质量等从传统农耕生活层面向现代城市层面的升级和转化。只有深入而冷静地分析农村、农业和农民，深入领会推进城乡一体化发展的精神实质，才可能探索出行之有效的路径措施，真正落实好这一改革蓝图。

图1–3　西津渡古街

图片来源：曹国营，拍摄提供

城乡一体化发展就是要把城市与农村、农业与工业、农民与市民作为一个整体，纳入经济社会发展统一规划中去考虑。把城市和农村经济社会发展中存在的问题及其相互关系综合起来研究，统筹加以解决，继而建立有利于改变城乡二元结构的市场经济体制，实现以城带乡、以工促农、城乡一体的协调发展。

在城市学和城市规划学界，最早提出城乡一体化思想的学者当首推英国城市学家埃比尼泽·霍华德，他于1898年出版了《明日：一条通向真正改革的和平道路》一书，该书1902年再版时改名为《明日的田园城市》。在书中他提出了田园城市理论，提出在工业化条件下实现城乡结合的发展道路。他倡导“用城乡一体的新社会结构形态来取代城乡对立的旧社会结构形态”。霍华德的田园城市思想始终坚持城市外围要有相当面积的永久性绿地，相对于空想社会主义者而言，他不仅提出自己的设想，用图解的形式描述了田园城市结构，而且把城市的发展从城乡协调的角度重新阐释，把城市与外围乡村当作一个整体来分析，并对资金来源、土地分配、城市财政收支和田园城市的经营管理、人口密度、城市绿化带等问题提出了自己独到的见解，对后人的城市规划与城市发展产生了很大的影响。

城乡一体化是城镇化发展的一个新阶段，标志着城乡关系逐步由自发走向有序、从城乡分离走向城乡融合，最终进入高水平的耦合发展过程。

城乡之间的互动发展，城镇化带动工业现代化和农业现代化，即一根扁担挑两头，促进城乡功能和城乡产业一体化协调发展，形成结构合理、功能互补、就业稳定、产业均衡发展的局面。

四、区域经济与经济区域的再认识

我国城镇化进程恰逢全球化发展时期，全球化推动我国城镇化快速发展。一方面生产的全球化已经成为一种普遍的现象。每个产业都如网络一般遍布整个全球各个角落。全球化作为全球资本从价值高地向价值洼地转移的过程，大量资本从全球各地向中国涌入，形成“洼地效应”，为中国产业尤其是制造业发展提供了大量机遇，推动城镇化在短时间内快速发展。同时，为积极利用全球化这个经济发展的大趋势，应提供充足的劳动力，满足全球化进程中的制造业需求。

（一）区域经济向经济区域提升

区域经济是在一定区域内经济发展的内部因素与外部条件相互作用而产生的生产综合体，是以一定地域为范围，并与经济要素及其分布密切结合的区域发展实体。区域经济反映不同地区内经济发展的客观规律以及内涵和外延的相互关系。

经济区域是人的经济活动所造就的，围绕中心而客观存在的，具有特定地域构成要素并且不可分割的经济社会综合体。

显然，二者既有联系又有区别。区域经济是一定区域内经济发展的生产综合体，而经济区域则是更多强调人的经济活动，围绕中心展开的经济社会综合体。虽然只是“区域”和“地域”的差别，同样是集聚与发散效应，而经济区域则更加综合，在客观存在的特定地域生成，更加重视区域间的协作与互补性，更加有利于解决区域间发展不均衡不充分问题。

城市群作为一种新的空间组织形式，其资源配置效率更高，在我国发展中的地位越来越突出。由于大城市在发展过程中一系列的“城市病”开始体现出来，产生规模不经济，导致单独一个大城市配置资源的能力减弱，出现“瓶颈”，大城市的一些功能也开始向周边中小城市外溢，进而导致城市群的产生和发展。而城市群则能更加有效地协同配置资源。城市群经济已成为中国区域经济发展的转变方向，以城市群为单元的“块状”区域规划上升为国家战略，中国经济区域由“带状”向“块状”转变。城市群由一系列在地域空间上相邻近，且有一定联系的城市组成，基础是集聚经济。

（二）形成有效的差异化分工体系

城市间的等级职能正以新的国际劳动地域分工理论为指引进行重组。劳动地域分工的形成机制是社会生产力不同，劳动地域分工形成发展的前提是各地区自然、经济、社会诸条件的差异。劳动地域分工的最终目的是为了获取更大的经济、社会、生态效益。社会生产力是劳动地域分工形成发展的根本动力，在全球化这种要素流动自由化的过程中，不同的城市等级集聚不同的核心产业。典型的城市区域内包含了多种不同类型的城市，其中不仅包括高度专业化的城市，也包括高度综合性的城市。地方化经济的存在促进了专业化城市的发展，而城市化经济的存在则促进了综合性城市的发展，两者具有互补性。在市场经济中扮演着不同的角色，综合性的城市鼓励创新，而专业化的城市则更容易提高生产效率。

大城市由于集聚更多的要素，往往成为产业链中的控制中心，是生产要素和资源配置中心，影响辐射所在城市群。在一个区域内具有明显的寡头效应，行业主要集中于金融、总部经济和高端服务业。而区域级的次中心城市，功能定位是承接中心城市产业转移，对周边城市形成产业辐射，主要集中于高端制造、贸易物流和新技术开发等。中小城市是未来城镇化的重要承载地和专业化产业核心，产业的发展则强调专业化的产业链格局和自身创新发展带动。中小城市专业从事制造业生产时，需要高度专业化，专业化鼓励产业内部进行信息交流和技术创新，普遍地对劳动力开展在职培训以及在企业间开展资源产品的交换。小城镇则是连接城市和乡村的桥梁，是承接农村人口转移的桥头堡。小城镇则应突出生态环境优势，充分发挥自身文化特色，发展特色产业，形成一镇一品的专业化格局。避免同质竞争，实现区域协作一体化。小城镇、乡镇一方面会成为近邻的中心城市产业链末端，另一方面则保持其农村地区的社会服务与管理职能和农业产业化服务职能。

相同规模的城市，也应在自身禀赋的基础上，形成差异化发展。比如美国东北部大西洋沿岸城市群建立了完善的城市群规模体系。城市群分工中突出纽约的核心地位作用，强化纽约作为全球金融中心、跨国集团总部、全球服务管理中心作用。其余城市与纽约形成差异化发展，如波士顿依托其高科技产业和高等教育产业，形成电子、生物、宇航和国防企业中心。费城依托重工业基础，形成东海岸重要的钢铁、造船基地以及炼油中心。而华盛顿则是全美的政治中心，巴尔的摩则以国防产业为主。大西洋沿岸城市群的发展大多依托以国际贸易物资交流为主的外向型经济发展，而同样是沿海城市的港口建设，也依托城市分工形成差异化发展。纽约是商港，以集装箱运输为主；费城港主要从事近海货运；波士顿则是以转运地方产品为主，同时兼有海港的功能。港口间的分工协作构成了美国大西洋沿岸城市群产业错位发展的重要基础。同时积极依托沿海核心城市，通过其巨大的技术经济能量向腹地进行辐射和扩散，形成大规模的产业集聚和城市绵延。

在城市群差异化分工的基础上，强化创新要素是城市发展的重要突破口。在全球六大世界级城市群中，创新城市分布的密度也要远远高于其他的区域的分布。纽约、巴黎、伦敦、东京毋庸置疑都是全球文化科技的创新中心，而欧洲西北部城市群的杜塞尔多夫、波士华城市群的波士顿，长三角城市群的南京、杭州都是依托自身丰富的科教资源，在文化创意、科技研发、互联网信息、生物医药等创新产业的发展中争得一席之地。即使是中小城市，在明确主导产业集群，专注小而精的同时强化创新文化的注入，为城市提升特殊魅力，提升区域影响力。比如美国的波特兰市，作为远离美国众多大城市的小城市，人口仅为100万人左右，与我国许多三线城市规模相当。波特兰市除了将城市的重点产业明确为体育运动用品、环保产业等两大朝阳产业，吸引大量研发、设计、咨询等高端创新人群的同时，在文化营造方面引入大量的街头艺人、时尚画廊、独立餐厅等街头元素，积极营造城市独特的文化气质，为艺术、文化、创新提供充分的交流共享平台，为城市吸引高端人群提供可能。

（三）引导资源流动解决区域发展不平衡

在全球化的环境下，控制核心要素的城市越来越强，缺乏资源优势的城市越来越弱，如何让区域发展平衡起来，核心还是如何引导资源相互流动。这里包含两种要素的流动，一种是产业的更迭换代的流动，中心城市产业结构升级，溢出的部分辐射到周边城市联动发展。另一种是中心城市优质资源的共享，发挥其溢出效应和辐射带动作用。

产业更迭的流动，最常见的是产业园的区域共建，类似“飞地式”产业园的方式，加速产业升级和区域辐射。2008年以来，上海在长三角先后成立上海外高桥（启东）产业园、苏通科技产业园、锡通科技产业园等跨江跨省合作共建园，取得了较高的区域一体化效果。浙江“山海协作”、江苏“南北合作”等跨区域合作的共建产业园模式，加快了产业园的产业升级，将产业园的科技研发总部功能与传统高新制造功能相剥离，加速了中心城市的辐射带动作用，加快区域一体化的产业升级。地处上海和江苏之间的昆山市，作为江苏省3个试点省直管县（市）之一，依托上海的创新、科技、信息、人才、资本等优势成为承接国际产业转移的平台。通过区位优势和外资大量进入中国的机遇，通过建设开发区积极承接对外产业项目，并与上海建立生产性的配套合作项目和招商合作联盟，建设昆山浦东软件园等两地合作项目，建立起电子信息、精密仪器、精密化工、民生用品等特色产业群落，连续多年位于全国百强县之首。

（四）基于城市群提升城市治理水平

从区域空间的角度看，城市是一个点状空间。随着现代基础设施和社会服务设施的完善，城镇化的空间形态是以城市为中心形成城市区域，并随着城市区域的扩大，最终形成城市群。城市群是由相邻的城市区域在空间上交互重叠所构成的区域空间。

当城市扩大地域并突破城市行政边界时，由单一城市向城市群转变和提升已是大势所趋。跳出单一城市的传统观念来对待城市的规划、建设、管理，并对此类新兴的城市格局及更为宏观的城市区域发展趋势进行思考和应对，对于未来至关重要。

实现“五个统筹”，就是统筹空间、规模、产业三大结构，提高城市工作的全局性；统筹规划、建设、管理三大环节，提高城市工作的系统性；统筹改革、科技、文化三大动力，提高城市发展的持续性；统筹生产、生活、生态三大布局，提高城市发展的宜居性；统筹政府、社会、市民三大主体，提高各方推动城市发展的积极性。

城市已不再是有界的实体，因为在较大范围内城市人口普遍性的跨越界蔓延，改写了地方传统的行政边界，并让以往的治理体系和管理制度在这种新的形势面前降低效用。这种全球性的城镇化趋势所引领的扩张，不仅体现在人类住区的拓展和城市空间的蔓延上，更重要的是体现在城乡居民的社会经济影响范围的延伸上。

1. 建立多层次的区域协调机制

在城市群的建设中，多层次的区域协调是发展的重要保证。城市群是一个区域的概念，从城市的角度进行城市群的管理，难以站在区域的高度看问题，对资源做出合理的协调与分配，因此多层次的区域协调机制是城市群框架下城市管理的核心和基础。必须从中央层面对区域协调做出部署，同时设立地方专门的协调机构，对具体的策略进行专项落实，注重统分结合的区域联合协调框架。

由于城市生态系统的资源需求空间超越城市行政边界，协调城市之间关系，以及管理机构是必需的。真正的综合规划越来越需要多学科、多层次的方法，以便能够更有效地实施动态管理和跨区域协同管理。加之，水资源、能源和粮食安全是紧密相连的，并由此提供了城市内部和跨越城市边界整合城市规划和资源管理的一个“资源关系”的机会。

长江三角洲城市群作为一个世界级城市群，已经初步形成了“三个层次、统分结合”的跨区域联合协调的框架体系，包括决策层、协调层和执行层在内的三级运作协调机制。决策层以“三省一市”主要领导座谈会（八巨头会议）为主体，主要议题是策应国家重大发展战略，围绕长三角重点合作领域进行省级层面的决策。协调层以长三角地区合作与发展联席会议和长三角城市经济协调会为主体，主要议题是总结年度情况，协调推进重点合作事项，部署下一年度工作和策应国家重大区域战略。执行层则是各省市发展和改革委员会主导的合作专题协调推进制度和各市政府系统的经济合作办公室主导的常态化的城市间经济合作工作。除三个层次的基本联合协调框架体系之外，还以共同完成区域规划、区域重大交通基础设施规划等区域规划作为保障，将长三角区域合作推进全面务实的新时期。

2. 多种手段综合运用

城市群中的机制协调，需要综合运用行政手段、规划手段、法律手段、财政手段和市场手段等协调机制，实现城市群之间有序协调的发展。市场手段是基础，是城市群运行的基本机制；行政手段是总纲，构建区域统一市场；法律手段是保障，监督区域协调的有效实施；规划手段是方法，根据不同的阶段解决相应的区域问题;财政手段是补充，加快目标的推进与落实。

在行政手段方面，需要建立多层级的区域协调机制，对城市群未来发展做出前瞻性的部署。行政手段包括路线制定、行政协调、专项落实等内容，是其他所有管理手段的基础，为区域协调机制划定基调。这不仅包括自上而下的行政管理，也包括一些专业性管理机构、政府机构和大企业等共同形成的组织关系。非政府层面的自发协作管理组织，虽然没有政府层面的控制高效，但是基于协作模式的组织关系，使得管理方式更符合市场联系，组织关系也更为紧密，直观上给人的感觉是高效的网络式结构组织。这些非政府的组织管理又成为行政手段重要的补充内容。

在规划手段方面，需要积极推进经济社会发展规划、城乡规划、土地利用规划、生态环境保护规划的“多规合一”机制。通过智慧城市的建设，搭建与城市建设相关的多部门政务平台，实现管理信息互通机制，对市政基础项目、政府投资公益性项目、建设项目等实现动态管理机制。

在法律手段方面，可以通过出台相应阶段的法律保障区域协调机制的顺利开展。比如东京都市圈出台的《首都圈整备法》《首都圈建成区限制工业等相关法律》《首都圈近郊绿地保护法》等。同时也可以通过出台相关法律或增加第三方监督机构监督区域协调机制的执行。

在财政政策方面，强化对新开发区、中小城市及小城镇、乡村的补贴政策，通过专项贷款、减免所得税、免息地方债、税收转移等手段，加速区域协调发展。通过发展权转让，使得生态自然用地得到有效保护。

五、迈向内涵式提升的转型发展

我们虽然无法对城市的形态做出明确的标准规定，城市发展的路径也会有其不可捉摸的规律。但是我们可以肯定，城市是因人类生活自身的原本意义而来，它还会因人的生活福祉而生长，最终它依然是我们人类生活、经济、文化的构筑体，为人的生活存在而存在。

（一）集聚性提高经济效率

经济绩效的提高包括人均经济产出和地均经济产出的提高。经济绩效的提高要素主要包括三点：一是资本深化，即工人在工作中使用了更多的资本，意味着劳动生产率和收入的提高。资本的深化意味着技术的进步，人类从农业文明到工业文明到信息文明的过程中，生产技术资料不断更迭，技术的进步帮助人们在生产过程中提高经济绩效和产出。二是集聚规模的产生，工业化生产的特征就是规模化与专业化，通过规模化生产降低单项产品的生产成本，同时城市又集聚了大量不同的专业化的生产过程。他们在提升自身产出效益的同时，相互分工完成生产，为城市发展提供源源不断的消费品。另一方面进入信息时代，金融、信息、咨询等大量生产性服务业为工业化的生产提供必要支撑，而城市的集聚性恰好缩短了这些产业的产品与信息交流和互动成本，进一步提升了城市经济绩效。三是人力资本的提升，人力资本自身素质的提高，进一步带动了产业深化与技术的革新，大量高素质人力资本的集聚互动，又为城市带来源源不断的动力。因此，集聚性为经济效率的提高提供了基础，城市成为这种集聚性经济大规模发展的空间载体。

（二）内涵式提升转型发展

高质量发展的内涵，是生产要素投入少、资源配置效率高、资源环境成本低、经济社会效益好的发展是实现更高质量、更有效率、更加公平、更可持续的发展。城市增长的质量，就是要保证人的素质全面提高和社会全面进步，更加强调社会的公平性、公共服务的均等化和城乡一体的社会保障，更加注重增长的质量，更加注重提升人民群众的获得感和幸福感。

就城市硬环境而言，城市与城市之间的差距可能相差无几。而随着信息技术的发展，以宜居、创新、文化为主体的城市环境将成为城市发展的可持续的驱动力。城市建设必定更加注重城市功能、城市承载力、城市创新力、文化品质等城市内部价值的提高，强调城市个性化和生命力；注重创新城市发展理念，创新城市发展形态，创新城市组合功能，创新城市产业形态，创新城市要素集成方式，创新城市管理模式。

◎ 链接：城市经济学的五个公理

在著名城市经济学家阿瑟·奥沙利文（Arthur O'Sullivan）看来，“城市经济学主要研究家庭和厂商的区位选择问题，因此它必然假设厂商和居民是可移动的。”因此，一个完全流动性模型可以告诉我们更多长期变化的信息而不是短期的。而城市经济学的五个公理是分析非完全流动性假设下的区位选择问题，能让我们更好理解城市中的一些经济现象与经济问题。

（一）通过调整价格实现区位均衡。当没有一个主体想进一步改变位置时，均衡区位便形成了。一般来说，在经济活动中，从居住来说，通过价格调整可以使人们在不同环境下获得相同的效用水平，并在各自满意的和不满意的区位上居住。同理，在劳动力市场会产生同样的效果。从劳动力市场来看，通过价格的调整可以使工人们为获得理想区位上的就业岗位而展开竞争，就会导致该区位的工资下降。通过土地价格的调整也可以使企业间达到区位均衡。

（二）自我强化效应产生极端结果。自我强化效应是指促使已经发生的事物朝着相同的方向产生额外变化的过程。比如在城市内部IT企业的迁移和集聚最终会形成IT产业集聚带，而城市商业中心则产生CBD，在这些产业带中，它们之间也会形成共同竞争的态势。这种自我强化效应还可以发生在人们的区位决策方面。

（三）外部性导致无效率。在大多数交易中，消费者和销售商通常将交易成本及利润限定在一定范围内。如果消费者支付的价格等于生产该商品的成本，那么没有哪一方愿意承担交易成本。换句话说，消费者仅想从该产品的消费中获取收益。相反，如果交易参与者以外的人承接了一部分交易成本或利润，那么将产生外部性，也就是说，这部分人承担了交易的外部性。在多数情况下，有一个简单的解决办法来解决外部性问题：国家采取征税或给予补贴的方式来使外部性内在化，以让所有人都为自己的行动承担全部的社会成本和获取全部的社会收益，并在此基础上决定要做什么。

（四）生产受规模经济的影响。在城市产业发展中，当某一产业生产的平均成本下降而产出上升时，便产生了规模经济。对大多数产品的生产而言，如果采取相对较小的生产规模和双倍的投入，平均生产成本将下降。而当生产的平均成本下降而产出上升时，生产才达到规模经济。一般来说，规模经济的程度由不可分割要素投入的数量和专业化机会共同决定的。一些资本投入存在粗放性，不能随着生产规模的缩小而减少。其结果是，较小的生产规模需要投入与较大生产规模同样多的生产要素。

（五）竞争导致零经济利润。一般来说，城市的产业进入是开放的，进入门槛设置在社会资本面前应是透明自由充分的。在城市经济学中，竞争有一个空间维度。每一个企业都在一定区位上进入市场，每个企业的利润还受其他企业区位条件的影响。空间竞争更类似于垄断竞争，企业是在没有进入壁垒的市场中销售异质性产品的。每个企业都因生产异质性产品而具有垄断性，但由于消费者偏好很容易在不同类型产品间转换，故市场进入的无壁垒性将导致企业为争夺消费者而展开竞争。伴随着空间竞争的展开，每个企业在自己公司周围都会形成区位垄断性，但是市场进入的非壁垒性使这些企业保持了竞争状态，而其他企业直到经济利润下降为零时才停止进入该市场，随着竞争加剧导致企业利润趋于零的态势。这时，技术进步将会成为主导追求最大利润的内生动力。

（三）利用空间外部性

城市经济的增长，取决于城市的集聚和扩散能力。因此，它很大程度上依赖于城市能否利用空间外部性，提高空间外部性利用能力。即将邻近城市区域产生的空间外部性转化为本区域城市经济增长源泉的能力，是影响其经济增长的重要因素。我国学者陆铭认为：“如果一个城市可以通过基础设施和人力资本的投入，从而放大正外部性，会导致城市进一步向有效的更大规模城市发展。如果一个城市可以通过技术进步和政府的管理措施减少负外部性，也可以使这个城市有效运转。”

第二章 城市活力哪里来

城市是一种有机生命体的空间组织形式，城市本身的功能是化力为形，化能量为文化，化死的东西为活的艺术形象，化生物的繁衍为社会创造力。

——刘易斯·芒福德（Lewis Mumford）

城市经济增长来源于城市人口的经济活动效率的提高，人口与经济活动构成城市经济增长的基本要素。因此，城市经济增长的关键是促进城市人口经济活动的效率和效益，也就是要提升城市的活力。

城市活力是什么？凯文·林奇把城市活力概括为城市旺盛的生命力[①]；简·雅各布斯和伊恩本特利则认为城市活力是指“城市提供市民人性化生存的能力”。

文化，作为人们生活形成的精神共识和日常状态，它或许是城市活力最为奇妙的力量和源泉。

一、活力的源泉：生产力是决定因素

城市是一个生命体[②]，城市的本质是人的聚集，社会化大生产导致了生产要素空间集聚的结果，人的集聚进一步扩大了交往和交易的需求，归根结底是由生产力和生产关系决定的，这是产生活力的动因。城市生活是城市活力研究的基础，经济活力是城市活力的基础。城市不断发展是旺盛生命力可持续的保证，城市不断发展依靠城市建设、城市开发等。活力、高密度不等于人气和拥挤，活力是一种旺盛的生命力，是一种健康的生存、发展状态。高密度是产生活力的重要因素，提供多样化和差异化的可能。

在城市纷繁的物质经济表象下，隐含了什么？什么是城市的主体？什么

① 凯文·林奇．城市形态［M］．林庆怡，陈朝晖，邓华，译．北京：华夏出版社，2001：51-52.

② 蒋涤非．城市形态活力论［M］．南京：东南大学出版社，2007：78-79.

是城市物化环境的原动力？ 20世纪20年代美国芝加哥学派的R．E．帕克认为城市实质上是人类的化身。法国哲学家和作家卢梭，则更明确地认为：“房屋只构成镇，市民才构成城”（Houses make a town，but citizens make a city）。毋庸置疑，我们研究城市必须先研究城市的主体——人。人是生产力中最积极、最活跃的因素，我们应当始终把提高人的素质放在最高的位置，并极大地提高提供公共产品的能力。

（一）人力资本：让无生命的资源禀赋活起来

人的迁徙的脚步最初都是不由自主的，自然而然地跟着一个有健康、自由、充满活力城市的魅力走。走到这座城市里，安居下来，形成集聚，成为这座城市的财富。

1.人力资本的含义及内容[①]

人力资本是指劳动者受到教育、培训、实践经验、迁移、保健等方面的投资而获得的知识和技能的积累，亦称“非物力资本”。由于这种知识与技能可以为其所有者带来工资等收益，因而形成了一种特定的资本——人力资本。它比物质、货币等硬性资本具有更大的增值空间，特别是在工业时期和知识经济初期，人力资本将有着更大的增值潜力。人力资本，具有创新性、创造性，具有有效配置资源、调整企业发展战略等市场应变能力。

人力资本内容主要包括[②]：人力资源是一切资源中最主要的资源，人力资本理论是经济学的核心问题。在经济增长中，人力资本的作用大于物质资本的作用。人力资本投资与国民收入成正比，比物质资源增长速度快，人力资本的核心是提高人口质量，教育投资是人力投资的主要部分。

人力资本的再生产不能仅仅视为一种消费，而应视为一种投资，这种投资的经济效益远大于物质投资的经济效益。教育是提高人力资本最基本的手段，所以也可以把人力投资视为教育投资问题。生产力三要素之一的人力资源，显然还可以进一步分解为具有不同技术知识程度的人力资源。高技术知识程度的人力带来的产出明显高于技术程度低的人力带来的产出。教育投资应以市场供求关系为依据，以人力价格的浮动为衡量符号。

---

① 臧良运．西方经济学［M］．厦门：厦门大学出版社，2008：42-43.

② 亚当·斯密．国富论［M］．贾拥民，译．北京：中国人民大学出版社，2016：65-66.

2. 人力资本在中国城市的形成[①]

人力资本在中国城市的形成分为两个重要的原因：内因在于城市文明的强势生长，对于文化品质、教育改善、生活舒适等本能的内在需求和向往，促使人们的脚步向城市移动和迁徙。外因是由于工业的发展及农村生产力的发展，使得剩余劳动力由农村转移到城市。更多的年轻人选择去大都市创业或者是打工，城市具有外部吸引力——城市的产业多，就业岗位多，创业前景也广阔。另外，城市教育设施完善，社会福利也比农村好很多。由此可知，在内因和外因的双重驱动下，乡村人口向城市人口转移，城镇化进程不断推进，经济也在不断发展，这一切都离不开人力资本在城市的发展。二、三产业的比较效益远远高于农业，意味着同样的劳动时间，二、三产业有更高的收入。因此，以二、三产业为主导的城市才吸引了源源不断的农村人口。

3. 人力资本对中国城市的影响[②].

第一，人力资本推动了中国城镇化的发展。由此带动了中国经济的高速发展。城市产业，作为经济的动脉，在经济发展中的作用不容忽视。人力资本推动了中国产业的转型、结构升级、聚集效应。由于人口在城市中不断积累，劳动分工也更加精确化、标准化、多样化，提高了城市的产业生产效率，间接促进城市经济的发展。人力资本也推动了城市的基础设施建设，给城市工程建设提供经济技术的支持。人力资本以及财政支持，对于城市社会设施方面的贡献不容小觑，基础设施的建设给社会带来巨大的益处，推动了社会的发展。另外人力资本也推动了文化的融合，由于来自五湖四海的人，聚集在同一处工作，文化之间的交流也必不可少，于是促进了社会文化的互补与融合。

第二，人力资本促进产业转型，带来了投资总量的提高以及投资结构的升级。由于人力资本中的人口素质红利，高层次的人口在城市中容易抓住投资的方向，把握供求关系，他们紧跟世界技术潮流，因此，对产业的发展转型经验丰富。工业化初期，中国以劳动密集型产业为主要的发展模式，过渡时期为重工业产业，到工业化后期是高技术产业，由劳动密集型产业转为资

① 张浩然，李涛．人力资本与城市经济增长：基于区域异质性视角的分析［J］．经济问题探索，2016（7）：51-54.

② 岳书敬，刘朝明．人力资本与区域全要素生产率分析［J］．经济研究，2006（4）：56-59.

本密集型产业，许多人抓住机会加大投资量。另外由于高层次群体的带动，中国的产业转型得到了推动。产业由一、二产业向二、三产业迈进，这种进步无不体现出人力资本的优越性。

第三，人力资本有利于产业结构的演进，产业结构的演进程度有个重要因素即投资成本。与预期成果比较，如果公司进行产业结构的演进，高层次人才的需求必然提高。人力资本使高素质人才聚集，假如职业的存量不变，那么相应的投资成本会降低，公司的预期收入量会增加，由此可降低公司人才投资的风险。人力资本在城市的产业结构演进中扮演着重要的角色。高素质人才在城市的聚集可以提高公司的核心竞争力，同时降低公司培养人才的成本，也有利于加快公司产业结构的升级。

第四，人力资本促进产业聚集效应。人力资本的产业集聚效应可分为两类：第一类是同类产业的聚集效应，人口在城市中的快速聚集势必会产生规模效应。同类产业在城市中的发展快速如雨后春笋一样的产生蔓延发展，这样的产业也增加同行之间的相互监督，相互学习，有积极的外部效应，但过度的同类产业集聚，也会导致恶性竞争，产生负的外部效应。另外，如果成为城市的主导产业，在区域内发挥重大作用还可以吸引更多的外城商家前来，刺激需求上升，带动整体产业的发展。第二类是产业链的发展离不开人口红利的促进，由于大部分人口的聚集，完整的产业链可省去运送路费，十分有利于降低成本，而大城市可实现这种产业链的形成。各种专业人员的集中，较高的技术成就，人员的数量之多，劳动力的年轻化都使产业链趋向更加完整，分工更加明确。这种产业链的发展增加了城市的竞争力，提高了城市的经济发展。

4.人力资本对城市社会性建设的影响

城市的社会性建设包括文化、教育、科研等人力资本也包括人口素质资本。由于高素质人才向城市的集中，城市拥有良好的教育人员，教育的职业素养、知识文化水平高于其他地区，有利于当地的教育水平的质量提高。在中国经济转型升级的大背景下，各地也纷纷出台不同政策来吸引，挽留人才。另外，多种文化也在大城市聚集，由于人力资本素质的形成，给城市带来了各个地区丰富多彩的文化，也有许多高新技术人员向城市集中，提高城市的核心竞争力。由此可见，人力资本促进了城市社会性设施的建设。

5.劳动力技能结构的平衡是城市活力的基石

如果一座城市文化素质较高，全员劳动生产率就会随着城市地区的规模而急剧提高，反之亦然。城市和学校是相辅相成的，因此，教育政策在城市的成功中占有非常重要的地位。

越是高技能型劳动力集聚的地方，越需要低技能劳动力存在，在生产过程中为高技能劳动力提供服务支持。同时，高技能劳动力在日常生活中也有支付能力购买各种消费型的服务，产生大量对于低技能劳动力的需求。高技能劳动者越是在大城市聚集，越是创造大量低技能劳动者的岗位。

城市发展人口引进需要高、中、低各层次需求均衡，城市良性循环需要柔性对待外来流动人口的生活安定和工作活力，但是现阶段中国的城市发展还是以引进高端人才为主。

创新人才对所在城市的价格衡量一般是两个指标：一是住房，二是服务。其中服务的变化相对住房要大，而且直接受到城市的人口政策影响。当城市高收入人群越多，他们对所谓的低技能劳动者的需求也会越大，大城市的人口结构按照美国的数据来说，高技能劳动者和低技能劳动者的数量关系，基本上是1∶1。

6.教育优先引导是提高人力资本的主要途径

就城市而言，长期的经济增长依赖于劳动生产率的提高。①通常情况下，劳动生产率的提高主要依靠教育，哪些地方城市充满活力，那些地方必然是教育优先引导。正确的方式是政府投资于“人”，而不是直接投资于生产。实践表明，良好教育也是提高劳动者收入的主要途径。人们所面临的受教育机会的巨大差距就代表着一种巨大的社会成本，所以增长的类型在很大程度上取决于我们是否充分地强调了教育和人力资本，这是一个增长质量的重要因素。

对城市来说，对教育的投资会带来两份收入，学生掌握了更多的知识，这最终会提高这一地区的生产力。较好的学校也会吸引文化素质较高的父母，他们会马上提高这一地区的生产力。②

德国联邦职教所2013年首次提出“职业教育4.0”，2014年，德国联邦政

① 杜伟，杨志江，夏国平.人力资本推动经济增长的作用机制研究［J］.中国软科学，2014（8）：73-75.

② https://www.sohu.com/a/192766909_670057

府科学咨询委员会（Wissenschaftlicher Beirat）首次在汉诺威工业展上提出了“工业4.0”的概念。实施“工业4.0”需要与之配套的专业技术人才保障，这是其能否成功实施的最重要智力要素。为此，德国联邦教研部、德国联邦职教所于2016年4月联合提出了“职业教育4.0”的倡议。该倡议将把已经开始实施的职业教育项目和活动与目前准备实施的项目捆绑到一起，形成了一个总揽式的适应“工业4.0”的专业人才培训框架。其核心内容是德国职业教育领域对“工业4.0”的人才培养创新和应对措施，以适应德国工业和经济界未来对职业人员的新需求。

二、开放，带来繁荣

城市活力哪里来？开放风潮，是繁荣的活水之源。开放的城市是具有胸怀的城市，才有力量张开怀抱，才有拥抱创造的机遇，才有生产财富的可能。理解城市增长的动力机制，能够更好地推动城市的进一步发展，还可以为增长失衡或区域差异等问题提供解决之道。

改革开放是决定当代中国命运的关键一招，也是决定实现“两个一百年”奋斗目标，实现中华民族伟大复兴的关键一招。随着全球经济和科技的快速发展，经济一体化的尝试和广度也深深地影响到世界每一个角落和每一个层次。站位全球经济版图上的谋篇布局，推动全方位、全要素对外合作交流，着力厚植开放新优势，打造开放发展新格局，是我国当代城市发展的必然选择。

（一）开放，决定城市兴衰

城市因其所处区位、环境以及地理空间因素或国家的经济政策不同，不能单一地决定城市的增长与衰落。在持续全球化的当今世界，那些敢于和善于面对经济一体化的地方，那些能从全球区域以及地方市场中获利的城市，往往走向繁荣。而那些没有融入全球市场和区域经济一体化中的地方，其城市规模和重要性往往在减弱。

是什么原因造成有些城市“锁在深闺无人识”而望洋兴叹呢？而有些地方则又出现“无中生有”的局面，这又是什么情况呢？

纵观城市发展史，从城市的进化和演变，到现代社会城市发展的成功现实，不难发现一条被无数事实证明了的定理——开放决定城市的兴衰。开放不仅是观念和姿态，还需要巨大的勇气和创新的智慧，一个城市的气魄和格局往往在于此。

城市由封闭走向开放，其本质意义是解决城市要素的流动性，即生产要素的合理流动以及在更大范围内的资源配置。在流动中集聚，在集聚和发散中产生带动作用，促进人流、物流、资金流、信息流。城市区域的开放过程，实质上是一个"舍得"的过程。中国古代的先贤告诉我们：只有"舍"才有"得"，只有先"舍"才后有"得"。"舍得"的本质是"共享"，也就是"融入"，融入经济一体化，融入资源、资本、技术等各种要素统一的大市场。

城市增长是多种因素共同作用的结果：地理位置，人口自然增长，城乡人口迁移，基础设施发展，政府政策，企业发展，以及其他政治和经济力量，而开放则是整合这些力量的力量。

可见，地理要素不是一个城市增长的唯一决定因素。一个由于相对地理优势而建立的城市会因经济的集聚和良好的城市管理而兴旺，而城市的繁荣也可能与地理优势完全无关。之所以会出现"无中生有"，只是因为他们有能力在集聚效应、有效治理和经济结构的基础上建立自我管理空间的组织模式，这些都源于开放带来的城市繁荣和城市的活力。

（二）开放，拥抱经济一体化

国际"经济一体化"[①]是指两个或两个以上的国家或地区在现有生产力发展水平和国际分工的基础上，由政府间通过协商缔结条约，建立多国的经济联盟。在这个多国经济联盟的区域内，商品、资本和劳务能够自由流动，不存在任何贸易壁垒，并拥有一个统一的机构，来监督条约的执行和实施共同的政策及措施。本质上来说，"经济一体化"是经济发展的必然要求。经济发展就是商品流通、资本流动，而商品流通、资本流动随着经济发展就越来越需要更大的市场。经济一体化的制度形态是多种多样的，经济学家理查德·利普塞将经济一体化形态分为六类：特惠关税区、自由贸易区、关税同盟、共同市场、经济同盟和完全的经济一体化（见表2-1）。

---

① 曹宏苓．国际区域经济一体化［M］．上海：上海外语教育出版社，2006：1-6.

表2-1　经济一体化分类表

	相互给予的贸易优惠	成员国之间的自由贸易	共同的对外关税	生产要素的自由流动	经济政策的协调	统一的经济政策
特惠关税区	☆					
自由贸易区	☆	☆				
关税同盟	☆	☆	☆			
共同市场	☆	☆	☆	☆		
经济同盟	☆	☆	☆	☆	☆	
完全经济一体化	☆	☆	☆	☆	☆	☆

1.“一带一路”:中国的全球一体化方案

历史总是给人们开着玩笑。中国自从开始建设社会主义市场经济以来，一直被西方发达国家以市场不够开放自由为名进行各种制裁和限制，哪怕是在加入WTO 16年后，中国已经是世界第二大经济体，美日欧都不承认中国的市场经济地位。但是就在美欧出现保守主义的苗头后，力挺全球经济自由开放的却是被这些发达资本主义国家歧视的中国。

“一带一路”是“丝绸之路经济带”和“21世纪海上丝绸之路”的简称。2013年9月和10月，中国国家主席习近平在出访中亚和东南亚国家期间，先后提出共建“丝绸之路经济带”和“21世纪海上丝绸之路”的重大倡议，得到国际社会高度关注。“一带一路”建设坚持共商、共享、共建原则，恪守联合国宪章的宗旨和原则，坚持开放合作，坚持和谐包容，坚持市场运作，坚持互利共赢。“一带一路”建设秉承“和平合作、开放包容、互学互鉴、互利共赢”四大理念，依托国际大通道，以沿线中心城市为支撑，以重点经贸产业园区为合作平台，共同打造新欧亚大陆桥、中蒙俄、中国—中亚—西亚、中国—中南半岛等国际经济合作走廊。以重点港口为节点，以航线、铁路运输为纽带共同建设通畅安全高效的运输大通道，建立政治互信、经济融合、文化包容的责任共同体、利益共同体和命运共同体。2017年5月第一届“一带一路”国际合作高峰论坛的成功举办，也证明了“一带一路”方案在世界范围内取得了共识和认可。

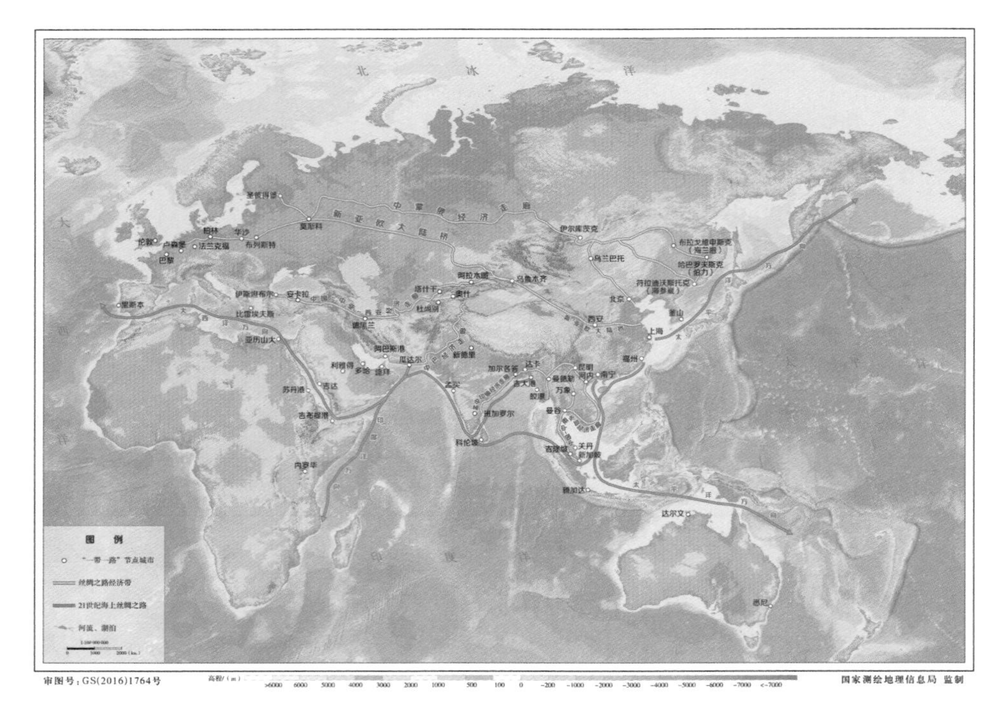

图2-1 "一带一路"经济走廊及其途径分布地势图

图片来源：国家测绘地理信息局

2. WTO到亚投行：中国经济一体化进程中的角色转变

中国加入WTO的过程就像一场漫长而艰难的马拉松，真实反映了中国经济融入全球经济一体化的艰苦卓绝历程。WTO的前身是关贸总协定，中国1987年开始申请加入关贸总协定，中间起起伏伏，直到1994年关贸总协定变成了WTO，中国也没能加入，最终没能成为WTO创始成员国。2001年12月11日，经过长达14年的艰苦谈判，中国终于成为WTO第143个成员，开创了中国经济全球一体化的新局面，为后来中国经济的高速发展提供了必要条件。从20世纪80年代直到中国加入WTO很长的一段时间内，全球经济一体化都是以美国为首的西方发达国家主导，他们利用国际货币基金组织、世界贸易组织、世界银行三大支柱支配着全球经济。

亚洲基础设施投资银行的横空出世，表明中国开始在全球经济中有了一席之地，拥有了制定游戏规则的权力，证明了中国可以在全球事务上"有所为"。日本的态度最能说明中国地位的变化，中国是日美主导的亚洲开发银行的第三大股东，1986年就加入了。按照"礼尚往来"的原则，日本似乎理所应当加入中国发起的亚投行，可是日本不但自己不加入，还或明或暗阻挠。可形势比人强，除美日外，世界主要国家都加入了亚投行，包括美国的铁杆盟友英国。从WTO到亚投行，中国一路艰辛，开始扮演一个大国的重要角色。

3.“双城记”和自贸区:中国地区经济一体化

改革开放以来，中国的对外开放程度越来越高，特别是加入WTO以后，中国的对外开放和对外经济一体化取得了一系列突破。为了更好地应对经济转型发展和日趋激烈的国际经济竞争，合作、协调发展、一体化发展成为中国国内区域经济发展的必然之路。

中国国内经济一体化，最初的形式主要是地理接近的两个城市间的合作。以河南省为例，以其为主体的中原经济区就是源于郑汴一体化。2016年12月国务院正式批复《中原城市群发展规划》,《规划》正式将中原城市群由原河南的9座地级市扩充为河南、山西、山东、安徽、河北5省30座地级市。同样，以关中城市群为主体的关中—天水经济区起于西咸（西安、咸阳）一体化，成渝城市群也是由成都—重庆一体化发展而来的。总体趋势上看，中国国内区域经济一体化经历了从最早的两城一体化到后期的城市群发展，再到打破行政区划限制的经济区的过程。

为了顺应全球经贸发展新趋势，实行更加积极主动开放战略，2013年9月29日中国（上海）自由贸易试验区正式成立。中国（上海）自由贸易试验区是中国大陆境内第一个自由贸易区，是中国经济新的试验田，力争建设成为具有国际水准的投资贸易便利、货币兑换自由、监管高效便捷、法制环境规范的自由贸易试验区。建设中国（上海）自由贸易试验区有利于培育中国面向全球的竞争新优势，构建与各国合作发展的新平台，拓展经济增长的新空间，打造中国经济“升级版”。其主要任务是要探索中国对外开放的新路径和新模式，推动加快转变政府职能和行政体制改革，促进转变经济增长方式和优化经济结构。实现以开放促发展、促改革、促创新，形成可复制、可推广的经验，服务全国的发展。全球顶尖经济学期刊《经济学人》报道称，上海自贸区“是中国新领导人的一项‘顶层设计’”,“有望成为泛亚地区的供应链枢纽，建成世界领先的大宗商品交易中心”。德国著名经济学者罗文尼希也认为，上海自贸区“这一具有前瞻性的工程是迈向正确方向的一步”,“将对世界贸易产生巨大影响”。

上海自贸区成立以来，取得了巨大的成就。2015年元旦前夕，国务院决定设立中国（广东）自由贸易试验区、中国（天津）自由贸易试验区、中国（福建）自由贸易试验区，并扩展中国（上海）自由贸易试验区区域范围。2017年3月底，国务院正式批复设立辽宁、浙江、河南、湖北、重庆、四川、陕西等省市7个自贸试验区，并分别印发了总体方案，4月1日正式挂牌。根据2017年3月公布的《全面深化中国（上海）自由贸易试验区改革开放方案》，上海将在洋山保税港区和上海浦东机场综合保税区等海关特殊监管区域内，设立“自由贸易港区”。从自由贸易区到自由贸易港，中国的经济一体化又进入了一个崭新的阶段。

三、创新——城市发展不竭的动力

城市为知识呈几何式的集聚提供了空间，促进不同创新者之间知识与思想的交流，这种知识的溢出又给创新提供了可能，并因此形成创新中心。

（一）城市——创新的保育所

城市作为一个开放的复杂系统，是一个国家和区域的政治、经济、文化、科教等的中心，以及第二、第三产业的载体，是一个国家经济社会发展和现代化的重要标志之一。

城市科技创新功能在与其他功能的相互作用和博弈中，逐渐成为驱动城市发展的主要动力，这时城市就具备了科技创新的特性。[①]一般来讲，一个具有科技创新功能的城市都具有以下两个方面的特征：一方面，城市的其他功能如生产功能（提供设备）、教育功能（提供人才、知识）、金融功能（风险融资、贷款）、流通功能（技术产品的交易）、文化功能（激发创意、创业精神）等与科技创新功能有良好的互动关系。另一方面，城市科技创新具备了能带动其他功能升级的能力，如教育水平提高、制造业升级、服务业（特别是金融、贸易等现代服务业）效率与品质的提高等。

首先，城市在社会经济发展中占有重要地位，具备自主创新的经济基础。这是因为城市的产业体系相对完整，特别是一些中心城市，已经形成了具有先进生产工具和先进机械设备，具有先进管理制度和先进工艺流程的专业化

① 创新城市评价课题组，何平．中国创新城市评价报告［J］．统计研究，2009，26（8）：3-9.

程度高、分工细、协作强、产出效率高的社会化大生产体系，不仅可以为各种形式的创新活动提供可靠的资金支持，而且还可以成为创新活动的试验场所。

其次，城市在科技活动的发展中占有重要地位，具备创新活动的科技基础。城市科技资源丰富，拥有水平较高的高等院校、科研院所和企业研发机构，有相当数量的科学家和专业技术人员，经过多年发展，已经形成了较为系统的科学研究和技术开发活动运行机制，可以为各种形式的创新活动提供有力的支持。

第三，城市在创新文化发展中占有重要地位，具备创新活动的思想文化基础。城市具有便捷的交通运输网络，快速的通讯方式和完善的综合服务体系。在这样一个开放的空间中，新知识、新技术、新管理方法可以借助快捷的交通和通讯以及各种各样的交流场所得到快速传播。这一方面促进了创新成果的流动和转化，另一方面，还可以使长期生活在城市中的人能够随时随地接受创新文化的熏陶并养成解放思想、崇尚知识、崇尚科学、崇尚创新的生活方式，从而为创新活动提供理性支持。

马海涛等通过对欧美发达国家和国际权威机构的2012年的创新评价标准和评价结果进行分析，发现全球创新型城市具有以下8个基本特征①：

1.具有较强的综合经济实力和较大人口规模；

2.具有便利快速的对外交通联系；

3.拥有较强对外经济联系和广泛的全球市场；

4.集聚一大批多样化高层次创新人才；

5.吸引大量具有高研发能力的组织机构入驻；

6.具有发达的科技中介机构和科技服务能力；

7.建成国际著名的创新平台和空间载体；

8.具有开放性和包容性的创新文化氛围。

城市对于创新存在着职责和义务，就像最初城墙的构筑是给人的生活以保障一样，对于创新的人才和事物，城市应该设立一种保障的体系，给创新的能量以生长的土壤、成功的通道、权益的保障。

---

① 马海涛，方创琳，王少剑．全球创新型城市的基本特征及其对中国的启示［J］．城市规划学刊，2013（1）：69-77.

（二）创新型国家战略的载体和依托

发达国家的发展经验表明，一个国家或地区人均GDP达到3000美元左右时，就应该进入创新导向阶段。这个时期，资本、土地资源等传统生产要素对经济增长的贡献率出现递减现象，而技术创新、知识进步日益成为推动经济社会发展的主要动力。它的主导产业逐步向高加工度、精细加工为主过渡，它的经济增长方式由传统的高能耗、高物耗、高投入转向依靠科技进步为主导的集约型增长。半个多世纪以来，世界上众多国家都在各自不同的起点上，努力寻求实现工业化和现代化的道路。

建设创新型城市是建设创新型国家的重要载体和核心依托。改革开放以来，我国科技事业取得了突飞猛进的发展，但目前我国科技事业发展的状况与建设创新型国家战略的要求相比，还存在某些不适应，包括科技进步与经济结构调整、经济增长方式转变的迫切要求还不相适应，与实现全面建成小康社会、不断提高人民生活水平的迫切要求还不相适应。贯彻落实创新型国家战略很重要的一个环节，就是要发挥中心城市的龙头地位和重要战略支点作用，建设城市创新体系。通过进一步完善区域创新体系，大力推进城市科技进步和企业自主创新，以点带面，推动生产力质的飞跃，推进经济社会可持续发展的轨道。

以不同的观点看待创新型城市，对其会有不同的理解。有广义的全面创新型城市、狭义的以文化艺术等创意产业为主的文化型创新城市，以及在通常意义上所指的以自主创新为主要驱动力的科技创新型城市。通常意义上的创新型城市是在新的经济条件下，以创新为核心驱动力的一种城市发展模式，它一般是由区域科技中心城市发展演变而成，是知识经济和城市经济融合的一种城市演变形态，完善的城市创新体系是其主要特征。通过集聚和配置创新资源，在不断促进城市自我平衡和发展功能调整的基础上，推动建设创新驱动的集约型城市经济增长模式，最终实现城市可持续发展。

1.选择适合城市发展的构建方式。从主导方式分，创新型城市发展模式分为政府主导型发展模式、市场主导型发展模式和同时吸收政府与市场两种力量基础上的混合型发展模式。发展中国家往往采用政府主导型发展模式，发达国家一般采用市场主导型发展模式，长远意义上的创新型城市的建设将逐渐趋向自上而下和自下而上相结合的混合型发展模式。

从创新要素角度，将创新型城市发展模式分为知识创新型、技术创新型、产业创新型以及制度创新型四种发展模式。我国幅员辽阔，城市间境况差异较大，各地应根据自身条件选择合适的构建方式。

2.打造创新型城市融入经济发展新格局。创新型城市包含着城市系统多因素的创新，特别是各因素之间的整合和协同作用。打造创新型城市要以提升城市科技创新能力为主线，在创新文化、创新环境、创新体制、创新体系、创新管理等方面实现突破，使创新意识、创新精神、创新力量贯穿到城市现代化建设的各个方面，使创新成为城市经济发展的内在动力，成为驱动城市可持续发展的主导力量。

3.培育创新创业文化。倡导敢冒风险、勇于创造、鼓励成功、宽容失败的创业风尚。营造勇于创新、尊重创新、激励创新的氛围。使一切有利于社会进步的创造愿望得到尊重，创造活动得到鼓励，创造才能得到发挥，创造成果得到肯定。

4.营造良性创新环境。完善基础设施建设，营造优美舒适人居环境，吸引高端技术企业，留住人才；完善财政支持政策，引导企业加大研发投入；落实税收优惠政策，加大企业的研发投入；放宽市场准入，吸引社会资本参与企业创新，并参与项目研发投资；完善知识产权法律体系，建立健全与自主创新有关的知识产权管理和保护政策；改变对科技创新成果的评价模式，制定有利于促进科技创新和专利保护的政策措施。

5.完善创新体制机制。完善产学研合作机制，积极推进企业、高校和科研院所，以市场为导向，以产权为纽带，以项目为依托，形成各方优势互补、风险共担、利益共享、共同发展的合作机制；完善科技成果转化机制，强化成果转化和产业化激励机制，鼓励中介机构积极参与科技成果引进和转化；完善创新人才培育机制，大胆突破人才培养、引进和使用的体制障碍。

6.提升城市创新能力。创新体系是城市创新能力提升和发展的前提和保障。建立健全包括生产力促进中心，高新技术创业服务中心、人才市场、技术市场、信息市场和成果推广机构在内的技术市场和科技中介服务体系，提升城市产业创新能力；加快发展物流、会展、金融、中介和设计等生产性服务业，巩固和提升商贸、旅游、房地产等服务业，以高科技改造提升传统服务业，提升服务业创新能力；转变政府职能，实现政府管理创新、政府制度创新、政府职能创新、政府组织机构创新、政府管理手段创新，提高政府创新能力。

四、城市活力的营造：生产和消费

城市，竞争力和社会凝聚力的象征。生产和消费是永恒的主题，成为城市发展亘古不变的定律。

生活在城市里的每一个人都是消费者，为满足生活需要而购买、使用商品或接受服务用于满足个人或家庭需要。同时每一个人也要作为生产者从事各种工作，创造供给，换取报酬进行消费。同时作为消费者与生产者的人所引发的需求与供给是城市经济发展最重要的两个方面。在二者的关系探索过程中，古典经济学认为供给创造了需求，供给处在主导的地位；而现代凯恩斯经济理论则认为需求拉动了供给，需求处在主导地位。这两种理论表面上看起来似乎是相互矛盾的，其实只是经济学家站在不同的角度与经济运行的实际状态不同而导致了不同的结论①。

（一）生产空间的营造

城市的形成和发展源自于人们对高密度的需求，大量城市经济学研究发现，高密度和生产者之间的空间临近，能够通过原材料和中间产品共享、劳动力池和知识溢出等积聚经济机制提高生产力，促进城市发展。

建筑大师雷姆·库哈斯②认为，当代城市变化的真正力量在于资本的流动，而非职业设计。由于城市规模、功能和区位的差异，各城市地位与作用各不相同，但是都具有作为人流、物流、能流、信息流和资金流枢纽这一特征。当代城市作为物质形态载体为经济系统的运动提供了理想条件。人口流动需要城市为其提供生存空间和活动空间；物质运输需要借助交通工具；能源流动和集中使用必须依靠城市的各种设施；信息的流动需要利用城市的各种系统网络；资金的流动必须通过城市金融机构和金融市场的操作。因此，人口、物质、能量、信息、资金必然会在城市高度聚集并通过市场进行有效配置，然后向城市以外地区扩散。城市正是这一聚集与扩散过程的枢纽。

这种城市经济空间带来的效益表现在：聚集效益、组合效益、相邻效益、

---

① 陈文汉，王芳，杨玉荣．消费者行为学［M］．北京：北京大学出版社．2014：98-101.

② 雷姆·库哈斯，1944年出生于荷兰鹿特丹，著名建筑师，哈佛大学设计研究所的建筑与城市规划学教授。提出了普通城市（Generic City）的思想。

土地使用效益。聚集效益的具体表现是供给的多样化，分工协作的组织，对公共资源和基础设施的共同利用，对土地资源的集约使用等。当然，各经济要素在一定城市空间聚集必须有度，否则，容易产生负聚集效益，出现地价过高、交通拥挤、居住紧张等现象。组合效益是指城市各经济要素在组合的方式上处于最佳状态而产生的效益。相邻效益是指在一定的空间范围内某一要素作用于相邻要素所产生的效益。相邻效益有正负效益之分，如城市某区内一条道路或一家大型超市的出现，使其相邻地域地价上升，商业聚集或住宅增多，都是正相邻效益的体现。而所谓负相邻效益，是指因某一要素配置不合理给相邻地区带来不良影响。如一条车行道路从居民稠密区通过，会给邻近的居民带来噪声和空气污染。土地使用效益可以说是城市土地使用的一种经济形势，土地既是资源的本体又是资源的载体。只要涉及城市的物质形态，就必然面临土地使用问题。土地使用是城市规划关注的基本问题，形成了城市空间的二维基面。土地使用功能布局的合理与否，其开发强度、交通流线组织，都直接关系到城市的效率和环境质量。发挥土地使用效益，使城市的资源最大限度得以利用，是提高城市经济空间效益的核心手段之一。

（二）消费空间的营造

城市不仅是生产中心，而且是重要的消费中心。消费的能力和状态是一个城市活力最鲜明、最直接的表现。许多城市居民购物不只是消费的一种行为，而成为人们的一种交际、休闲的公共活动。购物活动已经渗透甚至重置了现代城市生活的方方面面：从市中心、主要街道、居住社区到飞机场、医院、学校、博物馆都有购物活动涉足，当代城市空间正在迅速消费空间化。

现代消费为当代城市提供了功能转型发展的契机，并由此改变了城市空间结构，成为当代城市形态演进中的关键因素[①]。高密度的城市往往促生更多样化的消费机会，而空间临近性的提高能使人们更便捷地享受这些消费机会，在消费的同时促成更为频繁和多元化的社会互动，而时尚又是消费的风向标，消费的行为有时是城市至关重要的亮丽的风景线。

库哈斯将人们的购物更多作为一种活动来理解，也就是一种生活状态。购物并不仅仅是为了获取商品，还可以为了放松、散步等。例如，人们不仅

① 蒋涤非．双尺度城市营造——现代城市空间形态思考［J］．城市规划学刊，2005（1）：32-36.

会去餐馆、咖啡厅、博物馆、游乐园等场所消费那里的产品和服务，还会在那里开展面对面的互动与交流。而城市作为消费中心的魅力和竞争力正体现在这些消费产品、服务及空间的数量、质量和特性上。显然，城市作为消费中心的魅力和竞争力，并不在于各个城市间并无明显壁垒和差异性的可贸易品，而是在于有一定数量、质量及独特性的不可贸易品。

当代城市消费场所出现了规模化、类型分化与结构化。满足不同消费需求的消费场所分布在不同城市区域，它们在空间功能上相互分离又相互联系，形成相互依赖、配套的结构系统。城市的购物中心已经成为一些城市的休闲中心、交际中心，家人、友人、恋人都在这里享用着它的空间，有时候购物和消费已经变成次要的或淡化的东西。

“建筑是城市形态的微细胞。现代消费带来的当代建筑物质价值、经济价值、社会价值、艺术价值等全面转向，在改变了建筑形态的同时，无疑也在微观层面影响着城市形态的演进。”中国科学院院士、中国勘察设计大师齐康教授在《大城市的生机与矛盾》中做过深刻的分析，他还指出：

深入剖析现代消费对当代城市形态演进的影响，可归纳为三条线索：其一，消费空间自身的极大发展带来城市形态的巨大改变；其二，对消费空间之外的其他非消费空间，现代消费展现出广泛、强烈的影响力，消费活动对消费空间的渗透，消费空间与非消费空间的交混成为现代消费影响城市形态演进的又一重要途径；其三，当代建筑乃至城市空间本身正由对消费逻辑的被动适应转向主动建构，越来越多的城市空间直接纳入消费社会的生产——消费逻辑，成为以获取利润为目的“刻意生产”的空间消费品，从而使现代消费对城市形态的影响进一步深化。

最典型的就是阿联酋迪拜，由一个普通的沙漠城市变身为“奇观城市”，它正以现代消费为动力，迅速向自由贸易中心和全球顶级的旅游中心、消费中心演进。

生产与消费是城市活力的永恒主题，生产空间和消费空间的布局取决于城市空间和土地使用规划。城市空间规划直接决定了城市人口空间布局，土地使用密度和强度则影响了人口分布的密度，而不同地段上人口分布的密度和人口结构决定了市场潜力。从更小的尺度上看，城市中每一个街区土地使用的规划（如商业规划、容积率限制等），决定了每一个区位上能否供给以及最多能够供给多少消费机会。合理的城市规划能够最大程度地匹配居住、办公和商业用地，并形成交通与土地使用相契合的开发模式，从而提高消费机会的供给效率，使得供给者能够充分响应市场需求，而免受非市场因素的制约。合理的城市规划提倡集约的土地利用形式，避免无序扩张，与之相关的还包括城市规划中的众多理念：精明增长、新都市主义、TOD发展模式、绿色城市发展、步行城市设计等。高密度、混合利用的城市规划理念深入人心，被认为有利于“具有活力的”城市和社区的形成。例如，为居住用地配置一定比例的商业用地和办公用地，有利于发展居住以外的其他功能，尤其是消费功能。此外，在街区规划中，还应考虑土地利用强度、是否有利于步行、是否有足够的车位和公共开敞空间等因素。这些因素影响了人口的密度、人的可达性，决定了人们是否在此停留和消费，也是影响城市活力的重要因素。

五、孕育城市多样性

我们越来越发现，对我们生活和游历的城市无法区别，当你置身在一个陌生的城市，早晨打开窗远眺时，几乎每个角落都和记忆中的其他城市相似。当你驱车经过城市街道，更是如此——同样的建筑、同样的街道设置、同样的广告牌匾标识、同样的天际色彩、同样的行人形态……

因多样性、差异性而存在的丰富多彩越来越暗淡，我们的城市显得乏味而丧失个性。城市的多样性主要体现在城市功能、城市特色、文化、经济、消费的多元化，以及功能混合使用，城市公共空间，城市的街区、道路、风貌、建筑、天际线等多层面的多样性。

（一）城市功能多样性

对任何城市来讲可能都是如此——多种产业并存和发展，经济效益大，就业机会多，是保障整体经济稳健发展的基础。反之，产业单一，难以获得大的经济效益，就业机会受到限制，经济抗风险能力脆弱。产业多元化，有利于形成经济防风林，减低受内外不利因素影响造成的经济损失。即使是某个产业或行业经受不住冲击而衰退，其他产业及行业发展良好，也会保持经济稳健发展。

关于城市的“多样性”，雅各布斯认为，“多样性是城市的天性”。在城市发展过程中，城市功能的多样性是一个普遍存在的重要原则。她对城市的多样性的另一个精妙的论述就在于将其分为两个层次：基本功用与从属功用。

她认为，基本功用是指那些自身吸引人们到某个特定地点来的城市设施；从属功用是指响应基本功用而出现的，是为那些被基本功用所吸引（聚集）来的人提供某种服务的城市功能。

在谈到雅各布斯的“城市多样性”时，国家住房和城乡建设部原副部长仇保兴在《追求繁荣与舒适》一书中这样写道：

> 雅各布斯还敏锐地观察到一个常被人忽视的现象：城市越大，小企业的数量及其所占的比例越高。她认为，小企业比大型企业更需要城市。大企业由于自身的部门很多，自给自足的功能较强，也有能力补贴那些不经济的功用部门，因此不需要待在城市。而小企业则正好相反，它们必须依靠许多来自它们自身之外的支持。它们的服务面很窄，它们必须对市场的变化非常敏感，没有城市这些小企业将无法生存。实际上，城市需要小企业，因为它们提供了丰富和灵活地变化。可以这么说，小企业依靠城市其他企业提供多样性的同时，也在加强城市的多样性。

专业化分工促使了产业集群的形成与发展，是一种降低交易费用而产生报酬递增的经济空间形式。专业分工是产业集群形成的重要力量，但是如果集群企业都是“小而全”，则引导比较困难。专业化分工也会促进社会化分工，人员的培训、销售网络的建立、运输成本的降低、原材料的供应都将纳入专业化分工网络，催生新的行业产生。这种专业化和社会化的发展，可能形成地区性的新产品、新技术孵化器，吸引和集聚新技术，从而形成企业集群发展壮大的良性循环机制，促进城市环境的多样性发展。在不同的环境下，企业分工合作，形成自主独立又相互关联的企业合作网络，依据专业化分工和协作而建立起一种具有长期性和指向性、企业间的组织联合体。

（二）城市文化多样性

城市发展，人口增长，造就一批“新移民”，势必会带来各自的本体文化在此碰撞融合。城市文化发展需要倡导多元化，但同时文化多元化也意味着区别与差异，意味着城市主流文化对外来文化的一种“同情”。如何做到真正的文化多元化和谐共融？城市空间作为文化多元化的载体和呈现，在表达中需要注重弥补户籍与非户籍、本地与外地、在职员工与农民工、早期移民与晚期移民以及种族、宗教信仰之间的文化裂痕。

（三）城市空间环境多样性

1. 主题社区功能日益完善

以往的社区公共服务建设做法比较单一，大部分是按标准和规范配套建设，但是建造了之后由谁来运营其实不是很清楚，很难真正做到社区服务。未来的社区空间多元化，主要是增加就业功能。“单位解体后的城市是陌生人社会和移民社会，社区的认同感在哪里？”不同主题的价值共同体可能是未来社区的模式。具有同样兴趣爱好的人群就可以选择在同一个社区生活，比方影视传媒爱好的社区，社区的就业空间和业态可能就是酒吧等媒体人创意阶层需要的消费空间，部分社区居民也可以在社区就业，比如提供社区服务。社区中心和配套也要符合居民共同爱好，好比主题社区。过去出现最多的主题社区是无车社区，共同价值是低碳环保，社区周围的租车服务和业态就比较丰富，符合社区居民共同价值的需求。城市创新驱动与转型升级可能会出现的共同价值是文化创意领域的不同层面，由此形成的社区就是一个圈子的集聚空间，会形成一个生活圈，有利于创新人群的创业和居住，有助于实现人才“引得来”“待得住”。

但是社区增加就业功能之前要明确公共空间权限，才能清晰收益分配。一般来说，要从两方面来考虑，一是拥有产权得到的租金，一是政府获得税收，反馈社区。深圳这种情况很多，比方开发一栋商业楼，25%的产权归社区老百姓，剩下归政府。如果不属于社区的物业，经营性活动又间接占据了社区空间，比如武康路的游客和临街商业消费空间，人潮拥挤，居民就很反感，这就是空间的争夺。好比道路的路权分配，空间分配也需要明确。主题空间要做到宜居、宜业、宜游、宜学，只有将空间功能界定好，哪怕是灰空间，才能处理好社区与城市的关系。

2. 居民消费需求日趋个性化

现在随着城市规模扩大，产权空间分配越来越明确，“写字楼属于白领、商场属于女性、咖啡厅属于文青”，但街道公共空间的界面形象和归属却相对模糊。流动摊位和低端餐饮、零售小店在某种程度上解决了人们“最后一公里”的购物问题。廉价的商品照顾到了对价格敏感人群的需求。驱赶式拆违打破了街道生态和原生消费空间的体系，导致街道公共空间安静有余、活力不足。街道空间利用不足，社区又缺乏公共空间，这是现阶段城市社区的不同问题。因此，激活街道的剩余空间，从强调“尺度”到强调“归属”，进行街道公共空间营造，增加社区所需的适宜性消费空间、功能补缺和认同性景观，有利于促进城市消费和满足居民购物后的休闲需求。这需要政府通过公共政策从空间正义的角度去平衡权利。

图2-2　人性化的街道空间设计

图片来源：吴元华，拍摄提供

在街道公共空间更新营造规划中，要格外考虑公共空间的开放性与灵活性。上海、香港、纽约都是世界金融中心，香港中环和纽约曼哈顿的业态明显更丰富，摩天大楼和商场周围分布了很多便利店和咖啡厅。在华尔街、时代广场的路口，流动摊位甚至成了标配，也没人觉得煞风景。陆家嘴却只有摩天大楼和商场，街道公共空间没有很好地满足上班一族的生活需求。在美国街头摆摊需要申领相应的许可证，各地都有规划一些露天摊位供人申请。摊贩销售区域要经过明确划分，不能越界。一般来讲，只要不影响到交通和居民生活，执法人员一般不会对摊主过多干涉。有了明确边界，流动摊位也可以参与城市街道的活力支撑，欧美博物馆门前才不会出现有违文化空间氛围的烧烤摊，但“9·11”国家纪念馆门口就专门设置了卖文创的小摊。

3.建筑和风貌多样性

简·雅各布斯提出，一个城市只有当其具有多样的物理环境时，才能变得繁荣和有活力。这种多样性需要满足四个条件：一是城市辖区必须具有至少两个以上的功能，才能吸引人们无论白天还是夜晚，能有不同目的、在不同时间来到室外。二是城市的街廊必须短，并且有足够多的路口，给行人创造许多交流的机会。三是城市内应该有不同年代和不同类型的多样性建筑，以满足低租金和高租金租户的需求。因为，一个仅仅具有崭新建筑的地区只能吸引一些能承担新建筑物高额租金的商务人士或者富裕人群。四是一个城区必须有足够密集的人口和建筑。事实上，影响城市活力的一个重要因素是拥有“第三空间”，承担城市客厅的功能，可能是酒吧、餐馆、教堂，也可能是购物中心、公园或者滨水空间，可供人们相聚并社交。保持城市建筑多样性和风貌的特色化，有利于形成“第三空间”，有利于促进社会交往，提高城市活力。

城市不同年代和类型的建筑存在，展现的是与本地底蕴相符的富有韵律、造型细腻的建筑艺术文化，记录的也是城市的历史和人们曾经生活过的故事，它将承载不同的经济活动、消费类型和文化情趣；不同的风貌特色将带给人们不同的感知和体验。美国著名规划师亨利·丘吉尔在《城市即人民》一书中，对北京城是这样描述的：

北京是最伟大的城市之一，是一个非常多样化的局部组成的整体，布局如古代青铜器上的图案一样精美，同时又不乏严格的秩序和组合规则。北京是13世纪中期为忽必烈规划建造的，马可·波罗曾经对它做了非常深刻的描述，并且用华丽辞藻加以赞美，就如多柯勒律治的梦境那样奇妙华丽。马可·波罗对北京的印象极其深刻，他也应该如此，因为当时的欧洲根本没有任何城市能和它媲美。尽管北京城布局中很多恢宏建筑和庄严秩序由于时间和战争而遭到破坏，但它的基本格局和给人的美好感受都保持不变：这是一个超级街区，城中主要的道路使中间的居住用地不受交通的干扰，在一个长方形的区域内填充无限的变化；这里也是一个宏伟的纪念性建筑群，它有一条又长又恢宏的通行大道，闯过外城的城门，一侧有天坛、地坛，然后穿过内城的城门，继续延伸，不久便至更加辉煌的紫禁城，即皇帝的宫殿，最后的高潮就是建于此处最高点的神坛。北京城是按照三维空间尺度来设计的，由两层宫殿建筑，有塔楼，有城门，所有这些都被条理分明地组织起来，为的就是取得预想的效果，那金色的琉璃瓦在普通人家灰瓦的陪衬下显得更加光彩夺目。

图2-3 北京紫禁城整体鸟瞰

图片来源：视野中国网站

这是一幅美丽的画卷，我们看到的是城市功能的多样性和城市特质的完美结合，是在城市布局和建筑的多样性中彰显的城市特质。

简·雅各布斯说："多样性是城市的天性。"然而"千城一面"是对中国城市建造现状的深刻描绘。究其原因，是城市在建造中，失去了鲜活的一面，缺乏特有的品质。城市是人类聚居的形态，是经济与社会的混合体。城市是流动的，没有特色的城市看似繁华和光鲜，实质充斥着令人窒息的刻板与教条，反映出的是城市的浅薄和浮躁。城市特色是城市多样性的最显著特征，体现在城市因地制宜、因时制宜、因势制宜的城市肌理，体现在邻里关系和街区设计，体现在职住平衡和城市风貌中蕴含着错综纷杂的城市功能多样性、差异化，体现在空间结构的人性化。这样的城市才具有包容性、开放性，以满足不同的需求，并彰显城市的活力。

◎ 链接：巴尔的摩内港区

巴尔的摩市滨水之地的内港区曾经是美国主要的工业港口之一，后来由于工业衰退，码头、仓库空闲，港区衰败。20世纪50年代中期开始，巴尔的摩城市规划委员会开始策划启动城市更新的开发项目，1965年制定了滨水地区总体规划，通过一系列改造，滨水区域由原来的工业区转变成为巴尔的摩的商业文化中心、公共活动中心，使之重新焕发活力，成为世界滨水区改造的典范。为了该区域的持续发展，2003年更新了地区规划，鼓励文化、商业、娱乐、休闲功能的发展，控制大型办公、停车场和酒店的进一步建设。

巴尔的摩内港区发展历程

	1 启动期	2 塑性期	3 调整期	4 后续发展期	5 可持续发展期
开始时间	1956年	1971年	1985年	2000年	2003年
阶段特征	完成规划，正式开发	旅游业发展，各种功能建筑建设使用	商业区发展，港区内部调整	高科技产业发展	文化设施、商业、休闲娱乐等继续发展并注重与其他区域的连接
开发项目	•1965年完成总体规划 •1965年内港开发管理公司成立	•1976科学中心 •1977世界贸易中心 •1979会展中心 •1980港湾市场 •1981国家水族馆	•1991Oriole公司 •1990年代中期会展中心扩建 •1995哥伦布中心 •1998Raven体育馆 •1999滨水旅馆	•内港改建工程继续 •西区公寓项目 •数字港口 •生物科技园区	•国家水族馆的扩建 •马里兰科学中心扩建 •西岸新的游览中心 •新的办公楼和停车设施

分区	主要特点
InnerHarbor	旅游胜地，博物馆、国家古董店、酒店等
FellsPoint	有小意大利之称，拥有悠久的历史和丰富的夜生活
DownTowm	中央商务区，这里有大量的办公楼、商业区、集市和珠宝店
MidTown	城市最舒适的地区，这里有行为艺术区、艺术博物馆、华盛顿纪念碑、博尔顿山、查尔斯大街等
SouthBaltimore	由工业区转型升级，出现了众多的餐馆、酒吧，还有旅游景点联邦山
NorthBaltimore	这里分布着一些景点，如约翰霍普金斯大学、华盛顿山
SoutheastBaltimore	城市最大的工业区、外国人聚集地（波兰人、爱尔兰人、希腊人等）
WestBaltimore	这里有众多著名的景点，德鲁伊山公园、马里兰动物园、伦敦马场、埃德加·艾伦·坡故居、巴尔的摩老建筑等
EastBaltimore	这里聚集了一些非常著名的功能建筑，如霍普金斯医院、克里夫顿公园高尔夫球场、鲱鱼跑公园等

巴尔的摩内港区已成为巴尔的摩市最主要的旅游目的地，当地居民游客喜欢享受巴尔的摩内港区以及周边区域提供的各式餐饮、文化体验和令人兴奋的生活休闲体验。这里聚集了大量的公共文化、休闲娱乐设施，如国家水族馆、马里兰州科学中心、会展中心、画廊、海港市场以及大量的博物馆。

来源：https://wenku.baidu.com/view/1821180f998fcc22bcd10ded.html

六、增强投资吸引力

对于许多城市地方政府而言，最需要优先考虑的是如何增强投资吸引力，从而发展具有竞争力且高效运行的城市。快速的城镇化已经成为地区持续增长和显著减贫的主要动力。经济的成功依赖于高层次的开放贸易、有效的资本投入和地区生产力的提高。为了促进经济繁荣，保持现有的竞争力，就必须制定新的策略，以最大限度提升对外竞争力并吸引外部的支持。在这方面，改善基础设施和降低企业成本成为两个关键因素。

（一）公司在寻求什么

按照一般理解，企业指的是以盈利为目的的经济组织。制度经济学认为，企业的产生和存在的理由不仅仅只是表现在交易费用的节约。①因为市场的运行是有成本的，通过形成一个组织，并允许某个权威（一个“企业家”）来支配资源，就能节约某些市场运行成本。企业家不得不在低成本状态下行使他的职能，这是鉴于如下的事实：他可以以低于他所替代的市场交易的价格得到生产要素，因为如果他做不到这一点，通常也能够再回到公开市场。从这个意义上看，企业主要是通过其制度安排节约交易成本而实现利润最大化的经济组织。

但是20世纪80年代以来，企业社会责任运动开始在欧美发达国家逐渐兴起并在国内传导扩散，特别是近年来，随着经济社会发展，社会舆论对于环境保护、个人价值实现等日渐关注，对企业产生及存在的理由的探讨日益深入。

1.公司真的只是为了钱吗

联想集团创始人柳传志说，他创业的原因是为了实现人生价值。如果只是为了钱而创业，有了钱也不知道怎么花，“那和通过卖宅基地获利并无二样”。所以，创业者能否变成企业家，就看是否有更高的要求。

一个公司的存在，绝对不能仅仅以赚钱为唯一目标。公司除了营利之外，还要担负起更多的社会责任（corporate social responsibility）。不能仅仅以最大限度地为股东们赚钱作为自己的唯一存在目的，应当最大限度地关怀和增进股东利益之外的其他所有社会利益，包括消费者利益、职工利益、债权人利

① 罗纳德·科斯.企业的性质［EB/OL］.https://wenku.baidu.com/view/d16a13d149649b6648d747f5.html

益、中小竞争者利益、当地社区利益、环境利益、社会弱者利益及整个社会公共利益等内容，既包括自然人的人权尤其是社会权，也包括法人和非法人组织的权利和利益。公司社会责任理论与利益相关者理论表述虽有不同，但其核心内容相同，都体现了对公司营利性之外的社会性的关注。公司社会责任的核心价值观是以人为本，而非以钱为本。公司社会责任既是一种公司治理理念，也是一种制度安排，更是一种商业实践。没有公司社会责任的理念，便没有成熟的制度设计，没有自觉的公司社会责任实践，公司社会责任理论也就成了无源之水。而其中的制度设计则扮演着承上启下的作用。

除了赚钱之外，公司还应该服务社会、创造价值、提供就业机会、把高质量的产品和服务以最低的价格提供给消费者。这些都是公司应该具有的目标，也可以说是公司的使命。一个公司如果从管理层到普通员工都能形成这样的责任感，那么这个公司最终一定会有大的发展。仔细研究那些世界著名公司，我们会发现，任何一家公司都不是以赢利为自己的最高使命，它们大多将服务社会、造福人类、改变生活之类的崇高使命作为自己企业文化的核心。责任感并不仅仅是公司的事情，公司的所有事情最终都要落实到每个员工身上。使命感是员工前进的永恒动力。工作绝对不仅仅是一种谋生的工具，即使是一份非常普通的工作，也是社会运转所不能缺少的一环。一个团队的伟大并不是由于团队某些成员的伟大，而是他们作为一个集体的伟大。当这个团队所取得的成就让人产生敬佩之心时，团队的每一个成员都会在心中形成荣誉感，以团队为荣，以自己是这个团队的一员而自豪，促使团队的成员用实际行动去维护团队的荣誉和尊严。中国有句古话："天下兴亡，匹夫有责。"公司每个员工都应该对国家和社会有一种责任感。

2. 如何在城市发展中胜出

既然城市发展是一个自然历史过程，那么它在发展过程中必然有其自身规律。

经济学理论告诉我们，任何一个地区或城市的发展，都是通过空间结构的调整和优化来完成的，都是把结构调整作为转变经济发展方式的主攻方向，都是建立起既符合"五位一体"总体布局要求，又适应域情的特色个性空间结构。只有将空间结构与生产力布局有机结合起来，才能够实现城市全域空间资源的优化配置。

调整和优化城市产业结构。产业结构是城市经济社会空间高质高效运行的支柱，也是确保城市持续发展、创造百姓就业的基础。调整和优化城市产业结构，需要强化城市主导产业的甄别和选择机制，充分发挥市场在资源配置中的决定性作用。切实关注长远发展的重大问题和关键领域，找准矛盾和问题，选对路径和方法，形成城市发展空间的现代产业体系，从而真正实现产业发展与城市建设的融合联动。

在产业转型、供给侧结构性改革大经济环境下，公司会有怎样的启示，公司应该如何顺应国家经济趋势转变发展？重点还是在城市。

在“十三五”时期供给侧结构性改革的大背景下，公司更好的选择是通过转变发展方式、创新生产模式等途径来转型，具有一定基础的企业要注意合理布局产业、均衡分配资源，以高效率的方式争取转型的红利。我国经济增速换挡已经进入关键时期，想要抢占第六次工业革命先机和国际经贸规则的主导权，实体经济的转型升级必须及时快速。而在方式上，实现实体经济与金融的良性互动，势在必行。改善金融系统既是为实体经济提供转型的风险缓冲空间和发展助力，也是为企业提供着资本、渠道和发展方式的多种空间。从国家及市场的角度而言，发展公司的资本运营能力，以及产品的金融化操作能力，都是当代公司、企业寻求壮大的新路径。

3.公司在城市中寻求什么

（1）城市功能完善。随着科学技术的发展和城市的产业结构转型，企业的发展越来越追求附加值更高的“高、精、尖”和“短、平、快”，布局条件也在发生着变化。城市发展不可避免地需要在空间和功能上针对企业的发展需要进行优化和调整。城市发展到今天，内部已经形成了各自不同的功能分区，只有对各个分区的内部价值类型有一个清楚的认识，才能够做到“一区一策”，根据区域特点制定相应的更新策略，从而在社会效益和经济效益之间寻求到更好的平衡点。

（2）成本低廉。企业发展往往追求更低的成本，追逐利益最大化。比如，以内销为主的小规模企业，追求的是通过产品差异化、提高营运效率、市场营销及人力资源开发等手段寻求竞争优势，对劳动力数量的需求最大。集群建设业多为出口型企业，常为跨国公司供应链合作伙伴，追求的是通过在业内寻找“集群”伙伴获得低成本优势，竞争优势主要集中在性能、价格和质量上。咨询服务及经纪人类企业主要通过对信息和政策的分析来给出趋势性预测和咨询，追求的是信息检索和分析归纳能力超强的高素质劳动者。因此劳动力成本与产出率的比例对企业而言将是一个重要吸引力。

（3）相应的人才，即公司所需的各种专业及技能型人才。

4.有效率的政府忙些什么

从制度经济学的角度来看，①政府是一个超级企业，能够通过其行政决定影响生产要素的使用，这就决定了有效率的政府能够通过其行政行为降低市场交易成本，为企业的市场运营提供良好的环境和必要的支持。

（1）既要“有效的市场”，也要“有为的政府”。我国建设的社会主义市场经济，既不是机械地从马克思主义经典著作中找到现成答案，也不是照搬西方的资本主义市场经济模式，而是具有中国特色的社会主义市场经济，是以公有制经济为主体，多种所有制经济共同发展的市场经济。我国的社会主义市场经济是中央政府总调控，地方政府具体协调的政府调控的市场经济。因此，社会主义市场经济不是自由市场经济，而是政府调控的市场经济。

首先，要发挥市场在资源配置中的决定性作用。经济运行的主体是市场，不是政府。资金、劳动、土地、科技、信息等生产要素和资源的配置功能，主要由各类市场实现。政府、企业、劳动者，互相之间交换各种生产要素也主要通过各类市场实现。通过市场机制这只看不见的手，引导生产要素合理流动，实现资源的最优配置。

其次，要发挥政府在经济调节中的有为作用。只有在完全竞争的市场条件下，市场机制发挥自发调节作用，才可以实现资源的最优配置。而在现实经济生活中，由于存在着不完全竞争、垄断外部效应等因素，必然导致市场有时会失灵。因而全靠由市场机制调节的经济，很难达到资源配置的最优化。为了消除市场失灵所造成的资源配置的效率损失，政府必须进行必要的干预。具体而言，②在资源配置方面，政府的作用主要体现在以下几个方面：第一是提供公共物品，由于公共物品具有非排他性和非竞争性，因而不能由市场提供，而只能由政府提供，比如各类基础设施。第二是通过产业政策的调整，鼓励对基础产业及支柱产业，高新技术产业进行投资。第三是政府对资源合理利用施加影响，如通过立法或行政干预，控制环境污染，避免对自然资源的掠夺性开采等。

（2）发挥政府投资的领头羊作用。在任何社会中，社会总投资都可以分

---

① 罗纳德·科斯．社会成本问题［EB/OL］.http://vdisk.weibo.com/s/apffCcE7eWlOP

② 郭小聪．政府经济学（第4版）［M］．北京：中国人民大学出版社,2015：22-51.

为政府投资和非政府投资两大部分，和非政府投资相比，政府投资具有“四两拨千斤”的作用。[①]其一，政府部门与宏观调控主体可以从社会收益和社会成本角度，来评价和安排自己的投资。政府投资可以不赢利或低利，但是政府投资项目的建成，如社会基础设施等，可以极大地提高国民经济的整体效益。其二，政府财力雄厚，而且资金来源多半是无偿的，可以投资于大型项目和长期项目。其三，政府可以从事社会效益好，而经济效益一般的投资。总之，由于政府在国民经济中居于特殊地位，可以而且应该将自己的投资集中于社会基础设施以及农业、能源、通信、交通等有关国计民生的领域内。换言之，在投资主体多元化的经济社会中，如果政府不承担社会基础设施投资的责任，或者这方面的投资不足，该社会的社会基础设施的供应就可能短缺，经济发展就会遇到瓶颈障碍。

第一，引导促进产业升级。中国作为一个发展中国家，固然有很多过剩产能的产业，但产业升级的空间还非常大，与欧美发达国家相比，中国的产业基本上在中低端，可以往中高端升级，升级会有很高的经济回报，也有很高的收益。

第二，完善基础设施。过去高速公路、高速铁路、飞机场等方面的投资非常多，但主要是连接城市与城市的，城际交通基础设施，城市内部的基础设施还相当短缺，比如地铁、地下管网等基础设施还不完善，这部分的投资也有很高的经济和社会回报。

第三，加强环境治理。经济高速增长付出的代价是环境污染非常严重，要改善环境，应在现有的生产基础上改进技术，采用节能环保的新技术，这方面投资的社会回报和经济回报会非常高。

第四，推进城镇化。2017年中国城镇化率是58.5%，发达国家城市化的比重一般超过80%，甚至90%，中国要向高收入国家迈进，还要不断地城镇化。人口进入城镇，需要住房、交通基础设施等一系列公共服务。这方面的投资，也会有很高的社会回报和经济回报。

应对当前纷繁的市场投资，应坚持选择“三驾马车”中的投资，坚决反对粗放投资，盲目投资，政府不仅需要投资，更需要有效的投资，因为今天的投资结构就是明天的经济结构。

---

① 樊丽明，李齐云，等．政府经济学［M］．北京：经济科学出版社，2011：117-119.

（二）创造最佳营商环境

世界银行发布的《2018年营商环境报告》显示：新西兰、新加坡及丹麦营商环境排名全球前三名。中国内地排名保持在78位。报告采纳截至2017年6月1日的数据，从10个方面对全球190个经济体的营商环境进行评估，这10项包括开办企业、缴纳税款、获得信贷、办理施工许可证、获得电力、办理破产、跨境贸易、执行合同、保护少数投资者和财产登记，满分为100分。中国内地开办企业所需平均手续已从上一年评估时的9项减少到了7项；所需平均时间也从28.9天缩短为22.9天；税收占企业盈利的平均比重也从去年的68%降到67.3%。由此可以看出，虽然我国营商环境有所改善，但较之世界强国还有巨大差距，总的来说，要想创造一个最有效的营商环境还需要更加努力。①

1.放（权）

所谓“放”，就是相关政府部门与职能管理部门适当地将手中的权力完全放给市场，以此来刺激市场活力。“放”是中国在经济体制改革开始阶段，针对高度集中的计划经济体制下政企职责不分、政府直接经营管理企业的状况，为增强企业活力，扩大企业经营自主权而采取的改革措施。

审批卡口越多，地方政府权力越大，相形之下，基层工商业发展空间就会变小，发展速度就会缓慢，甚至会出现因法律法规审批制度等引起的发展瓶颈的问题。所以，开放第三方监督、开放民众监督是一个较为稳妥的办法，最终达到全民监督，从根本上抑制了一放就乱的局面。

2.管（理）

一个高效和透明的市场，必须是一个有效率的市场。当然，市场不可能每时每刻都是有效的，公平竞争是市场经济的基本原则，是市场机制高效运行的重要基础。建立公平竞争审查制度，有利于克服市场价格和行为扭曲，调动各类市场主体的积极性和创造性。

“放权不等于放任，而是为了腾出手来加强监管。”正如李克强总理在2016年5月9日的全国推进简政放权放管结合优化服务改革电视电话会议上所说：“当前，我国市场经济秩序还不规范，不公平竞争现象还大量存在。只有管得好、管到位，才能放得更开、减得更多。”

首先，转变政府职能，理清政府与市场的边界。在市场经济条件下，政

① http://www.myzaker.com/article/59fa6cb41bc8e0f81e000002

府通过实施负面清单对市场进行管理，主要发挥监督引导调节作用，通过事中事后监管、逆周期调节及公共品提供来发挥作用。

其次，密切配合，处理好政府与市场之间的关系。在理清各自边界之后，还需要定位政府与市场的关系。建设社会主义市场经济，需要建立统一开放竞争有序的市场经济体制。在这一体制中，政府与市场其实是相辅相成、不可分割的统一体的关系，要充分让市场这只“无形的手”，通过价值规律等自主发挥调节作用。政府为市场发挥作用提供良好的环境，起到监督作用。即使是在市场失灵时发生经济危机期间，政府逆周期调节经济，也是起到四两拨千斤的作用，稳定经济化解危机，而不是大包大揽直接去干预市场。

再者，发挥市场在资源配置中的决定性作用。市场经济就是充分发挥价值规律，以价格作为高度灵敏性和灵活性的市场调节手段自主发挥调节作用。通过价格上升刺激供给或抑制需求，价格下降刺激需求或抑制供给，更加有效地推进市场供求处于平衡水平，并且促进资源集中到更加有效率的领域。

3.服（务）

在社会主义市场经济条件下，政府是重要的宏观经济管理与调控组织。作为宏观经济管理组织与调控组织，政府的主要职能是经济调节。

政府实行科学决策，制定一定时期的国民经济和社会发展的战略规划，确定全局性的国民经济和社会发展的重要指导性指标，决定其他必须由政府统一决策的重大事项。例如，为保护土地资源而控制某种资源消费方式、控制人口增长等。同时，政府制定并实行包括财政政策、货币政策、收入分配政策在内的宏观政策，引导和调节国民经济的健康发展，调节收入分配，达到共同富裕的目标。

政府通过健全法律体系，规范各类经济主体的行为，限制各种不正当行为，创造公开、公平、公正的竞争环境，维护正常的市场秩序。提供完善的法律、法规和规则，以奠定市场经济顺畅运行的基本前提。提供道路、交通、公共卫生、义务教育等方面的建设和投资；保护各类产权主体合法的财产权利；提供社会治安、维护社会秩序；进行国防建设，维护领土完整与主权独立，营造一个有利于国民经济发展的和平稳定的环境。

要积极建立地方政府公共服务能力考评体系。公共服务能力考评以地方政府公共服务承诺为内容，以公共服务结果为依据，能为建立和发展新的公共责任机制，提高公共服务质量提供重要的途径和方法。目前，我国的政府绩效评估体系还不完善，往往将地区的经济增长指标作为政府绩效的主要评估标准，而忽视了社会满意度、公共利益的实现等其他指标的作用。有鉴于此，各级地方政府应积极推进地方政府政绩评估系统的开发与管理，确立公共服务能力的评价指标。要把基本公共服务的满足程度纳入地方政府绩效评估体系，在民主监督、公开透明的前提下，真实地反映地方政府公共服务的能力与水平，并且要强化考核结果的指导力，即增加公共服务能力在地方政府工作绩效考评指标体系中的权重，将公共服务能力考评结果作为地方政府公务员职务晋升、工资调整以及奖励、培训、辞退的重要依据。

（三）增强投资吸引力的适用法则

1.良好的投资环境

良好的投资环境是吸引外来投资的前提和基础。投资环境主要包括硬环境与软环境。硬环境是指有形的、能直接以自身的存在表现出来的客观条件。如较强的经济基础、广阔的消费市场、优越的地理位置、丰富的资源能源、便利的交通运输、优良的城区环境等都是企业赖以生存和发展的物质条件。这些条件和因素是投资兴业的前提和必备要件。软环境是指无形的、无法以自身的存在表现出来的要件，如良好的服务、较高的工作效率、科学的政府管理、高品位的员工素质等，这些是一个城市发展的活力所在。

（1）较强的经济基础。一个城市或地区的经济发展水平，是影响城市投资的客观因素。一方面，城市经济发展水平影响城市居民的收入水平，城市居民的收入水平和富足程度，不仅会影响到他们的需求水平，还会影响到他们的消费结构。事实证明，一个城市的经济发展水平越高，居民收入也越高，人们的消费观念越前卫，消费需求越旺盛，消费结构越复杂，也就越能够为投资者提供广阔的利润空间和机会。另一方面，城市经济基础越雄厚，交通越发达，信息越灵通、基础设施越完善，综合服务能力越强，越能够为投资者节约投资成本，从而增强投资的吸引力。

（2）广阔的市场规模。市场规模是当前影响我国城市投资吸引力的主要因素之一。新经济地理学认为，一个地区对投资的吸引力取决于该地区对经济活动的聚集力和分散力。聚集力有三种形式[①]：首先是人口的聚集，人口的聚集能够扩大对最终消费品市场的需求规模，从而使企业产生规模效益；其

① 周舒.我国东中西部地区投资吸引力因素的静态分析[J].商贸观点,2009（8）：92-93.

次，巨大的规模效益又吸引各类企业在城市或地区的聚集，各类产业的聚集扩大了中间品的市场需求规模，使原本不值得贸易的中间品形成了专业化生产，从而降低了企业的生产成本；另外，多种产业的聚集又能促进地区或城市科技服务业的发展，而科技服务业的发展进一步吸引了产业的聚集。另有资料显示，地区市场规模是地区投资吸引力乃至地区经济差异的主要决定因素。

（3）充足的人力资源。人力资源是城市或地区发展的核心与精髓，也是吸引投资的关键所在。这里所指的充足的人力资源，指的是构成城市建设、管理与服务的主体员工的群体素质、观念、作风和办事效率。本质上说，也就是人才环境和优质服务的环境。人是一个城市或地区发展的主体，也是城市建设中最关键的因素。

2. 灵活的投资政策

地方政府灵活的政策设计有利于创造更好的投资环境，促进投资及早落地，推进落地项目尽早开工。

（1）统一的政策法规。政策法规的不统一及多变性、随意性，将会造成外资政策成本的上升，不利于长期稳定吸引外资。统一的法规可以降低外资成本，地方政府要根据自身定位和招商引资政策进行细分，使之有区别于其他地区，坚持自己的长期战略，稳定外商投资信心，进而有利于整体引资格局的稳定。

（2）差别化引资方式。针对不同外资来源打造差别化引资方式，也是增强城市投资吸引力的一个有效方法。①以长江三角洲地区为例，台资和港资一直是长三角外资的重要来源。但在台资方面，由于政治等方面因素的影响，他们对投资可能更缺乏安全感。为了打消对本地市场不确定性的顾虑，长三角地区对台资采取积极的鼓励政策，致力于改善台资的投资环境，如加强引资法制化、制度化，提高办事效率，进一步改善治安环境等。事实证明，鼓励政策与投资之间有明显的正相关关系。而获得现有投资者较高评价的地区对后续投资者也更具吸引力。而对于港资，由于中央政府与香港特区政府签署了《内地与香港建立更紧密经贸关系的安排》，与内地合作则显得非常积极。长三角由于其优越的区位条件和强大的市场潜力成为其首选目标。所以，针对港资，长三角地区从策略上使港资意识到本地的潜力，利用产业优势和一定的工业基础，制定一系列的优惠政策，如将进口关税承诺降低到零的规

① 徐晶. 投资环境与招商引资［J］. 改革与开放，2005（3）：17-19.

定等等，引资形势一片大好。

（3）对社会投资开放力度。开放程度体现一个城市对城市外区域的吸引力和城市的扩散、辐射作用。建立市场经济，参与世界竞争，要求的是高度开放、竞争活跃的市场体系。因此，一个城市的开放度、外向度是城市竞争力的一个重要组成方面。[①]一个国家（或地区）的对外开放度以及鼓励政策与外资在该国家（或地区）的投资有显著正相关关系。

3.强大的区域协作能力

区域间经济合作是区域间为了各自经济利益的增长，防止减少相互之间的经济利益损害，在经济发展中以一定的方式联合起来，协调行动、互利互惠的区域经济组织方式。区域经济合作，可以冲破要素区域流动的种种障碍，促进要素向最优区位流动，增强区域之间的经济联系，从而形成复杂的区域经济网络，提高区域经济运行的整体性和协调能力。无论是国际还是地区，参与区域合作发展是非常有利的，区域合作具有强大的生命力，在提升竞争力中大有可为。

地方政府要深入研究区域间进行深度经济合作的政策。用产业链效应和政策作用，推进城市与周边地区间经济深入合作，为投资创造更多空间。要充分意识到整体合作对带出高效的规模经济的重要性。区域间通过合作，各自进行资源的合理配置和调配，以形成不同的城市分工和定位，发展优势产业，防止低水平重复建设，形成合力分工、重点突出、比较优势得以发挥的区域产业结构，并且打破行政垄断和地区封锁，促进各种生产要素在区域范围内自由流动、优化配置，让商品和服务顺畅流通，从而推进科技、人才与市场、资金、项目等资源的进一步深度对接。

一个地区对投资的吸引力取决于该地区对经济活动的聚集力和分散力。良好的投资环境、灵活的政策设计、规范的制度管理等能够为外来资本提供强大的物质基础和保障，并有利于整体引资格局的稳定，对提升城市的吸引力起着重要的作用。因此，为了在与其他经济区域的引资竞争中脱颖而出，就要加大力度改善投资环境，加强整体合作，打造引资差别化，强化有利因素，转移引资重点，努力扩大对外开放程度，及时认识和弥补不足，提高劳动力质量，以此占据全球性或区域性城市竞争中自己的那部分需求空间。

---

① 郝寿义．中国城市竞争力研究——以若干城市为案例［J］．经济科学，1998（3）：50-56.

第三章 培育可持续的竞争优势

在现代全球经济下，繁荣是一国自己的选择，竞争力的大小也不再由先天继承的自然条件所决定。如果一国选择了有利于生产率增长的政策、法律和制度，比如升级本国所有国民的能力，对各种专业化的基础设施进行投资，使商业运作更有效率等等，则它就选择了繁荣。

——迈克尔·波特（Michael Porte）

城市经济集聚效应，就是充分利用和吸纳城市本身、周边地区及国内外各种资源要素和积极成因，形成地方化和城镇化经济，增强城市经济实力和发展潜力的现象。扩散效应就是中心城市对其周边、腹地以及更大区域的辐射和带动作用。中心城市通过资本和人才的输出以及构建统一的劳动力市场、生产要素市场，带动周边地区的发展，并在这一过程中进一步增强以城市为中心的区域经济整体实力。因此，中国城市经济的主要功能在于集聚与扩散，而综合竞争力优势则集中反映为集聚与扩散能力的强弱。

一、有竞争力的城市

每个国家都应根据“两利相权取其重，两弊相权取其轻”的原则，集中生产并出口其具有“比较优势”的产品。一个国家或地区在选择产业发展道路时，只有充分发挥比较优势，才能最大限度积累资本，实现经济持续快速增长。

（一）从比较优势到竞争优势

比较优势理论是李嘉图于1817年提出来的，该理论认为，比较优势就是同质产品在不同地区间的机会成本差异，该差异的根源是不同地区间劳动生产率的差异。比较优势理论的核心是强调各国按照要素禀赋差异确定各自的比较优势，依据其要素禀赋，发展资源禀赋较为丰裕的要素密集型产业，以其参与国际分工和贸易，从而获得比较利益。

比较优势论虽然在短期内有利于资源的优化配置，但在长期内会导致路径依赖，创新能力弱化，不利于经济的持续健康发展。后来又出现了竞争优势理论，竞争优势理论由哈佛大学商学院著名的战略管理学家迈克尔·波特提出，他的竞争三部曲《竞争战略》《竞争优势》《国家竞争优势》是其代表作。竞争优势主要是通过创新来实现，通过创新，实现产品的差异化，且使产品技术含量增加，从而获取竞争优势。

比较优势理论与竞争优势理论既有区别，又有联系。从区别来看，比较优势强调的土地、劳动、资本、自然资源等基本生产要素，是一种先天的、静态的竞争力。而竞争优势主要强调的是在基本要素基础上的知识、管理、技术、制度等更高层次的要素创新，是后天的、动态的竞争力。比较优势理论是建立在完全竞争基础上的供给分析，而竞争优势理论是建立在环境变化上的需求分析。

因而，我们需要根据竞争优势理论，采取一些相应的措施，以促进国家和地区的比较优势向竞争优势转化。

世界上每年有很多官方和非官方组织对城市竞争力进行排名。瑞典洛桑国际管理发展学院（IMD）每年都发表《世界竞争力报告》，对世界主要国家或地区的竞争力进行排名。中国社会科学院也定期发布《全球城市竞争力报告》。虽然各个组织衡量城市竞争力的指标有所不同，但是城市竞争力的内涵大体一致，可以概括为两个方面。一是城市竞争力是城市在资源利用和争夺中形成的相对优势，体现在比其他城市占有更多的资源和要素。比如，在知识经济时代，作为科技能力载体的各类专业人才成为最重要的生产要素，很多城市纷纷出台吸引人才政策，就是为了在这一轮竞争中吸引、占有更多人才资源，形成新竞争优势。二是从生产角度看，城市竞争力表现为城市产品的长期可持续增长。把城市比作一个生态系统，如果这个生态系统能够持续生产，足以维护本系统运转的同时，还能够向外输送产品，那么它维持生存的能力就越强。反之，如果这个生态系统生产的产品不足以维护自身运转，与其他生态系统相比，它生存的能力就会很弱。城市也一样，只有城市产品长期可持续增长，才能使城市保持较强竞争力。

城市的竞争力有时候不在于经济之“竞”，文化之“争”，而在于是否能够为人共享，从而成为各种人才、资本、智慧的集聚之所。城市竞争力的强弱是一个动态过程，某种竞争优势一般都会经历形成、维持和消散的阶段。影响城市竞争力的主要有城市内部和外部两种因素。

1.城市内部影响因素

市场开放程度与城市创新环境。城市开放程度越高，创新环境越好，其资源利用效率就会越高，集聚与扩散的速度就会越快，能为城市带来较强的竞争力。比如，杭州的天使之城、电商之城、品质之城，都是靠开放和创新加速了集聚与扩散速度，为城市发展不断注入了新的活力。

企业竞争力。企业是城市的基本经济单位，企业竞争力的强弱构成了城市竞争力的基础，因此企业竞争力直接影响城市竞争力。纵观国内外城市发展，纽约、东京、北京、上海、深圳、广州等国际化大都市，无一例外都拥有一批具有较强国际竞争力的大企业集团，并成为城市名片。

产业竞争力。产业是若干个类似企业的集合体，产业竞争力的强弱对城市竞争力的影响显而易见。比如，我国改革开放之初，苏州、无锡、常州等城市通过发展乡镇企业实现非农化发展的方式，形成了一系列的产业链条，带动了城市的发展，形成了著名的“苏南模式”。

城市治理结构与政府机构的效率。城市规划建设、发展战略制定及日常管理都会对城市发展起到很大的影响，而这些工作的完成，需要城市治理者与政府机构参与。合理的城市管理机构职能设置，高效的政府工作效率，能够快速推动各项工作的完成，转化为城市竞争力。比如，很多人认为迪拜的发展是依靠丰富的石油资源，其实在其发展中更为重要的是依靠制度性基础设施建设，迪拜一直秉承“只要对商人有利的，对迪拜一定有利”的理念，致力于营造宽松、便利和友好的经济环境，吸引了众多企业到当地发展，带动了城市的发展。同时，迪拜还非常注重政府的服务意识，对政府的服务要求很高，每年都对政府服务进行一次评比，并将评比结果公布。通过完善制度性基础设施，迪拜营造了良好的发展环境，在贸易、金融、物流和旅游业等方面发展非常迅速，成为中东地区的经济和金融中心，被称为中东北非地区的“贸易之都”。

城市人力资本与居民的人文素质。人才是实现民族振兴、赢得国际竞争主动的战略资源。一个城市人力资源存量越大，其竞争力就会越强。居民的素质和受教育程度也直接影响城市的竞争力，高素质人口会使城市创新力增强，运行更加有序，能够减少更多的管理成本，让城市资本增殖，进而转化为城市竞争力。

2.城市外部影响因素

城市区位。城市由于所处的区位不同，所拥有的资源禀赋、交通禀赋等方面的因素也不同，而这些禀赋的不同会为城市带来不同的竞争力优势。比如，改革开放以来，东南沿海城市之所以能够获得较快发展，其中一个重要因素就是东部城市具有便捷畅通的商品出口通道，具有其他城市不具备的优势。

国家的城市发展政策。国家政策环境不仅直接影响城市经济运行，还会对各种潜在资源能否进入城市造成影响。比如，国家正在推动的“一带一路”倡议，将直接或间接促进更多资源流向“一带一路”沿线城市，增强这些城市的竞争力。

城市网络体系。城市网络体系是一定地理范围内以中心城市为核心，由一组规模不同、特点各异而又相互关联的城市组成的空间体系。网络沟通了区域内各地区之间的联系，充分利用各种经济社会联系把区域内分散的资源、要素、企业、经济部门及地区组织成为一个具有不同层次、功能各异、分工合作的区域经济系统，促进区域资源的优化配置，提高资源的利用效率，带动整个区域的全面发展。

城市竞争力是一个城市与其他城市相比较而言更有效率的创造财富、为居民提供更多福利的能力。城市可持续竞争优势是一个城市与其他城市相比较，更能确保当前和未来持续有效率地创造财富，为世代居民提供更多福利的能力优势。城市竞争力决定机制是在城市间的要素环境及产业的相互竞争进而趋向空间一般均衡过程中，实现要素环境决定产业体系，产业体系决定价值体系。城镇化体现在区域经济增长的过程。区域经济增长表现为生产能力提高和经济规模扩大，涉及的是时间问题，区域经济结构的演进表现为新的经济结构取代原有的经济结构，涉及的则是空间问题。统筹时间、空间问题，加速区域经济增长，提升城市竞争力，就必须提升城市的集聚效应和扩散效应。特别是在城镇化进程中，重点突出集聚效应，统筹推进辐射效应。强大的地方化经济有望促进特定城市的增长，然而强大的城镇化经济可以促进多样化城市的增长。地方化经济和城镇化经济对我国存在的多元化城市及特定城市的发展作用是一致的。经济集中，乃是城市效率的源泉。

提升城市竞争力的目的是为了使城市可持续发展，使生活在城市中的人能够有更多的幸福感、获得感。影响城市可持续发展的主要因素，包括城市经济、环境、社会可持续发展三个子系统。其中，城市经济可持续发展是动力，环境可持续发展是条件，社会可持续发展是保证。影响城市经济可持续发展的因素主要有人力资本、科技进步等因素，人力资本是否充足、科技进步如何，都直接作用于经济的发展。比如，二战后日本发展迅猛，主要得益于日本在科技方面取得的进步。但是近年来，日本的经济发展速度不断放缓，这与日本人口持续负增长，人力资本减少有很大的关系。影响环境可持续发展的因素是生态承载力，如果城市生态承载力有限，不足以承担城市的造成的生态损耗，如水资源枯竭，这些问题也会影响城市的可持续发展。影响社会可持续发展的因素主要有人口规模、社会资本、社会治理、城市交通等因素。这些因素直接关系到城市人力资本的多寡、城市聚集与扩散的效率，最终作用于城市的可持续发展。

（二）应对增长变化的能力

尽管不同的城市快速发展的原因、路径不尽相同，但几乎所有发展中的城市都会面临相似的挑战，这些挑战主要体现在四个方面：

1. 国际竞争的挑战

在世界经济全球化、区域经济一体化的背景下，经济要素可以跨越自然和政治边界流动，国家之间、城市之间的竞争将会更加激烈。城市作为国家竞争的最重要部分和企业竞争的载体，竞争力必然受到国际竞争的挑战。

2. 创造就业机会的挑战

随着城市的发展，越来越多的人口向城市集聚，也要求城市提供更多的就业机会。创造稳定的就业机会，不但要创造就业机会本身，还要加快发展生活性服务业。比如，近年来很多农民工进城务工，主要寄居在工地、餐馆，租住在城乡接合部，对城市的服务型功能要求相对较低。但随着城镇化进程的加快，更多的农民进城生活，不但要有稳定的就业岗位，也需要更加优质的服务保障，对城市的医疗、教育、住房、交通等提出了更高的要求。如果一个城市无法创造更多的就业机会，或者无法创造稳定的就业机会，人口流入将会受到影响，城市的集聚效应也会受到削弱，影响城市的竞争力。

3. 消除贫困的挑战

城镇化进程中，会出现绝对贫困和相对贫困两种情况。所谓绝对贫困，就是个人或家庭缺乏起码的资源来维持最低的生活需要。相对贫困就是指在一定的经济发展水平之下，个人或家庭所拥有的资源虽可达到或维持基本的生存需要，但是不足以使其达到一个社会的平均水平。无论是绝对贫困或是相对贫困，如果长期不予以解决，就会带来一系列社会问题，影响社会稳定，阻滞城市的发展。如何解决这些贫困问题，城市需要投入很大的物力、财力，会给城市发展带来一定的压力，对城市竞争力造成影响。

4.资源环境约束的挑战

资源环境是经济社会可持续发展的基础要件，资源环境对城市发展的约束作用越来越明显。《中国城市统计年鉴》1991—2005年间的数据显示，我国31个特大城市的建成区面积翻了一倍，其中经济发展较快的城市形势更为严重。北京、南京、广州、杭州等城市建成区面积扩张了2倍以上，重庆、成都等城市更是在短短的数年时间内扩张了4倍。伴随着城市的快速扩张，土地的过度侵占和浪费现象已经成为城市增长、城市化进程不容忽视的阻力。特别是我国水资源比较短缺，时空分布不均，对长江以北城市的人口与产业集聚是个严重制约。

城市管理是培养城市竞争力的过程。一方面，优良的城市管理，可以促进城市资本收益最大化，以较少的资源形成较强的竞争力。另一方面，优良的城市管理可以提升城市竞争力，使城市资本有序运行，进而实现增值。

城市资本泛指构成城市竞争力的重要能力，包括物质资本、人力资本、文化资本、社会资本和政治资本。这些资本是可以使资本增值的资本，提高城市资本的容量和水平，直接关系到城市培育竞争力优势。在做好城市管理的基础上，还可以通过以下手段促进城市资本增值。首先，引入竞争机制和企业经营理念，通过有效经营提高物质资产的价值和服务水平，降低管理费用。第二，鼓励多方投资于教育，促进基础教育、初中级教育和高级教育、成人教育、终身教育以及各种职业培训和市民教育，大力提高市民素质，促进人力资本的升值。第三，通过奖励政策，促进文化、科学技术发展的产业化，促进文化资本的增值。第四，鼓励和促进城市各类组织之间与人之间、团体间互动的数量和质量，不仅可以提高社会资本，而且还可以带来更大的资本。第五，通过政府改革，使城市政府具有适应城市发展、城市变迁的能力，与社会组织之间形成良好的合作关系和新型互动关系，注重城市生态环境的长期利益。

对于城市管理者来讲，应对城市发展面临的挑战，主要是通过制定城市宏观战略规划（进行功能定位、确立产业重点等）、改善城市环境（为经济主体清除障碍、提高市民教育水平等）、优化公共服务等来化解各个方面对城市发展带来的挑战，保持城市可持续的竞争力，推动城市不断向前发展。

对于城市发展来说，若想保持可持续发展，培育较强的城市竞争力，要从空间尺度和功能空间的专业化两个方面着手。在空间尺度上，城市竞争力是城市经济聚集运行的结果，城市空间结构是城市聚集经济的物质实体。因此，一个城市竞争力的强弱，在很大程度上体现在空间尺度的大小上。在功能空间的专业化方面，城市是由多个不同的功能区组合而成，如生产区、生活区等等。

（三）充分发挥相对优势

对于一座城市或城市区域而言，能否准确把握其存在的相对优势并充分发挥相对优势，进而形成有竞争力的优势，对于城市经济发展并在竞争中取得成功至关重要。城市的相对优势可体现在自然禀赋、地理区位、产业布局、人力资本等诸多方面。当然，城市存在的相对优势并非一成不变，在不同的发展阶段或者在外部条件发生变化时，可能会随着城市经济要素、市场供求关系等发生转变。

具有资源禀赋的城市在发展初期可依赖其丰富的资源储备，但当资源减少到一定程度时需要对其发展方式进行重新审视。如德国的鲁尔工业区，从20世纪60年代起，鲁尔区传统的煤炭工业和钢铁工业开始走向衰落，到80年代末，鲁尔区面临严重的失业问题。对此，鲁尔区设立新的劳动和经济促进机构，积极吸引外地企业投资，建立技术园区，大力发展轻工业和中小企业，大力发展生产性企业，维护原有企业向新的行业转变，形成新的替代产业，大力发展服务业等，通过产业变化的力量改变了整个鲁尔区的经济格局。

地理区位关系到城市的运输成本、市场潜力以及对外开放等先天条件，是城市最为重要的相对优势。一个城市的地理区位对城市的空间结构、规模结构、发展方向、职能结构均产生显著影响。具有良好区位的城市往往会发展成为区域乃至国家发展的中心城市。因此，城市产业发展的引导政策需要充分考虑其地理区位特征，并结合城市发展的阶段性目标进行设计。以郑州市为例，地处中州腹地，九州之中，十省通衢，是全国重要的铁路、公路、通信枢纽，物资集散中心和商贸城市。近年来通过扩大开放，集聚各种生产要素，建成了中国重要的集铁路港、公路港、航空港、信息港为一体的综合型交通通信枢纽，并带动电子信息、汽车工业、现代物流业发展。在中国经济发展格局中具有承东启西、连南贯北的重要作用。

城市作为经济活动集聚的中心，在促进产业规模化和协调发展方面扮演着重要角色。对于正处于或即将步入工业化阶段的城市而言，遵循经济规律并发挥城市在某类或某些产业发展方面的潜在优势，有助于城市竞争力的形成和城市经济持续快速的发展。以单一类型产业发展为主的城市可引导企业之间的市场共享，在扩大经济规模的同时降低交易成本，享受由此带来的经济效率提升等正向效果。与此同时，可促进上下游产业或互补产业之间的协调配合，通过主要产业带动城市内其他产业的发展，促进多元化的产业集聚。①

二、结构性变化成为城市发展的主要驱动力

国际经验表明，城镇化率超过50%这一重要临界点之后，城镇化进程将由量变逐步转向质变。其主要标志是经济增长的动力因素发生了根本性的转变，即经济增长动力由城市化初期的产业发展带动城市发展，转变为城市化后期的以“空间资源配置”推动增长的阶段。人口在空间上的集聚推动着技术进步、知识溢出和经济结构快速调整，以及城市自身创造的知识潜能的自生能力，可以减少特定物质条件带来的约束，成为城市发展的决定性因素。

城市演化意味着来自空间和实践中变异现象的发生，进而导致经济过程新形态的出现，其中也许会产生新的实体。因此，它本质上不是总量的扩展，而是一种结构性变迁，要求基于差异和多样性来识别经济活动及其功能的相对重要性的结构—过程方法（周振华，2017）。这种方法可以用来分析城市演化形成的因果关系，意味着一种“内在关系”变化以及城市发展的动力成因。

随着竞争从国家层面转向地区层面，城市间网络和多中心城市发展在实现竞争优势上的重要性使人们的注意力也转向对空间资源配置和区域内城市

① 联合国，国际展览局，中华人民共和国住房和城乡建设部，上海市人民政府．上海手册：21世纪城市可持续发展指南·2016［M］．北京：商务印书馆，2016.

之间联系的理解。人们普遍认为，城市协调发展和城际联系有助于发现竞争优势的新领域和城市区域国际化经营。同时，随着城市化规模达到一定程度之后，由于人口规模不断扩大，城市病也将会越来越严重，这个时期中心城市的运转将会面临很多问题。此时，在城市近郊发展次中心城市，可以缓解中心城市过度拥挤和缓解恶化"城市病"等问题，也帮助中心城市实现产业升级和结构调整，这样可以延续中心城市的竞争力。随着多中心城市地区的出现，会带来很多潜在的优势：

第一，通过地区内有效的资产汇集，可以使得企业实现更多的聚集和外部经济。

第二，可以鼓励区域内中心之间的互动，可以实现功能性分工。

第三，区域规划也可以提高开放空间的质量并且改善空间的多样性。

城市经济发展本质上是城市生产力的发展。城市经济功能的重组或创新，也必然要求对其生产力的空间布局给出科学合理的定位，而生产力空间布局合理与否，将直接影响着城市经济功能的优劣，进而影响到城市的功能品质与整体形象。在城市生产力的空间布局规划中，必须充分考虑城市生产力要素，如物资、资金、信息、技术、劳动力等资源的流动与配置在空间上的均衡性，提高城市交通等基础设施资源的综合利用效率，推动城市各个方位经济的均衡发展。

城镇化对经济增长的贡献主要来自两个方面——农村与城市的生产力水平的差异和城市中更快生产率的变化。在早期发展的几十年中，当大多数的人口仍在农村，从农村到城市就业的跳跃对经济增长贡献巨大。随着城市的扩大，城市中更快生产率的变化开始占主导地位，因为它在一个更大的基础上运行。所以，在城镇化过程中，需要通过经济结构、空间结构、社会结构、规模经济、集聚效应的不断变更，来提高全员劳动生产率。

（1）优化城市经济结构。城市结构优化本质在于使城市结构达到合理化状态，实现城市结构的优化升级，就是为了在保持现有资源以及技术条件不变的前提下，采取合适的主动性调控及引导政策，从而使城市的社会、产业、环境与空间系统的运行达到最理想的状态。通过重新组合、优化配置城市结构要素，将整体效益发挥到极致状态，实现城市地域经济的自我循环、可持续发展。

（2）优化城市空间结构。即合理管控密度、布局、形态三个方面的因素。

城市密度的增加，可以带来集聚效益的增加，同样的投入可以获得更高的产出，会刺激资本、人才、技术等生产要素流入的增加，推动城市经济以更大的规模和较高的速度发展。城市布局的优化，将缩短人、物、资金、能源、信息的流动时间和距离，将潜在的区位收益转化为现实的城市经济效益。城市形态总的分为两种，就是集中型和分散型，集中型便于集中设置较完善的生活服务设施，各种设施的利用率高、规模效率突出，便于行政领导和管理。

（3）优化城市社会结构。当前中国社会仍然是一种底层最大、中层与高层较小的“金字塔型”结构，而不是一种中层大、底层与高层较小的“橄榄型”结构。当中等收入阶层成为社会主体时，高收入者阶层与低收入者阶层之间的冲突就会受到阻止，社会矛盾和社会紧张程度就会大大缓和，极端的思想和冲突观念就很难有市场。当中等收入者人数占社会多数时，其生活方式就会推动并稳定消费市场。因此，使“金字塔型”社会结构转变为“橄榄型”社会结构，具有重大的社会经济意义。

（4）优化经济布局与结构。经济布局实质上是社会生产力的空间分布形式。经济布局作为经济发展的空间形式，它的发展演变与区域自然资源、生产技术和社会经济等诸因素有着密切关系。优化经济布局与结构，需要从机制建设入手，发挥市场在资源配置中的决定性作用，促进城市功能分区的有效落实，逐步实现城区和郊区的协调发展与良性互动。按照不同功能区域要求制定产业政策，着重促进产业调整和转移，引导产业向重点功能区和专业园区集聚。合理配置重大项目，重点是抓好制造、流通、公共服务等核心功能的重大项目布局，引导新建项目主要向城市发展新区和功能拓展区的重点开发区域发展。

三、主导产业与基础性产业协调发展

对一个城市或区域来说，主导产业是支撑阶段性发展的关键力量，在区域经济中起主导作用。从量的方面来看，主导产业在一个城市的国民生产总值或国民收入中占有较大比重，也可能在未来发展中占有很大比重。从质的方面来看，主导产业适应经济发展潮流，在技术创新、制度创新方面具有较强的优势，而且有较高的技术进步率和劳动生产率，市场的前景非常广阔，具有高增长率的特点，能够对一个城市的经济增长速度和质量起到决定性影响。在某个方面较小的发展变化，就能够带动其他产业和整个国民经济发生重大变化，对一个城市经济快速发展具有重要的战略意义。但主导产业在成长中又必须形成开放的产业体系来聚集整合更多的创新要素和发展资源，培育出更具生命力和高附加值的新兴产业。工业革命时期，英国大力发展棉纺织业为主导产业，由于需要更多的棉花做原料，带动了棉花种植业的发展。由于扩大了对纺织机和蒸汽机的需求，促进了机器制造业的迅猛发展，机器制造业又带动了采矿和能源业的高度发展，有力促进了英国经济的发展。同时，由于棉纺织业带动相关产业的发展，扩大了用工需求，更多农村人口进入城市务工，逐渐把人口汇聚在城市。通过棉纺织业这个主导产业，极大地推动了英国城市化进程。

一个城市由于资源、环境、区位、经济实力等不同原因，可以选择发展不同的主导产业，既可以选择发展一个主导产业，也可以选择发展多个主导产业。但前提是必须发展好基础性产业。发展基础性产业，需要重点完善物质性基础设施、社会性基础设施、制度性基础设施，并发挥好基础设施的公共性、功能性。

所谓基础性产业，也称功能性产业，是实现某项或某几项功能的基础产业，如基础设施建设（物质性基础设施、社会性基础设施和制度性基础设施）能够推动和促进技术创新和人力资本投资，维护公平竞争，降低社会交易成本，创造有效率的市场环境的产业，如基础研究产业、基础设施产业、教育产业、医疗产业等。基础性产业是支撑社会运行的基础，虽然不具备主导产业的高附加值和高增长率特征，但对社会经济发展起着重要的作用，有时候甚至是决定性作用。基础性产业可以为其他部门提供机会与条件，决定和反映了一个城市经济活动的发展方向与运行速度。基础性产业越发达的城市，其经济发展后劲越足，经济运行就越有效。改革开放以来，我国大力发展能源、交通、运输、原材料等基础性产业，目前基础性产业已占全国城市国有资产总量的70%左右，既为社会运行提供了有力支撑，也为主导产业发展提供了优质环境，这也是我国城市近年来高速发展的重要原因之一。

一个城市若想保持长期快速稳定增长，保持可持续的竞争优势，必须坚持主导产业与基础性产业协调发展，做到既有主导产业带动，又有基础产业做支撑，二者相辅相成、协调发展、相互推动，才能保证城市更具发展优势、更具竞争力。中国社会科学院与联合国人居署共同发布的《全球城市竞争力报告（2017—2018）》对全球城市的竞争力和可持续竞争力进行了排名，其中纽约稳居榜首，就是因为其教育、医疗、卫生、交通等基础性产业发展比较完善，为其发展金融业、服务业等主导产业提供了强有力的保障和支持，为其发展带来了可持续的竞争力。

四、有增长质量的集聚效应

城市的本质特征在于集聚。通过集聚可以把人类活动、社会冲突及不同的地方政治糅合成为一个复杂的城市集体，靠集聚规模效应产生效率。现实生活中，很多人就业往往选择大城市，因为大城市的机会多，所谓“机会多”就是能够积累经验和获取信息，这就是集聚发挥的规模效应。集聚经济是城市化的根本动力。通过居民和企业的相对集中，带来经济利益或节约成本，使各方更加发展壮大，为城市带来更大的发展活力。内涵式提升发展，必须注重有增长质量的集聚效应，尽可能多地减少集聚的负效应。必须摒弃以往片面追求城市规模扩大、空间扩张的做法，加快产城融合发展。

产业集群是指同一产业的企业以及该产业的相关产业和支持性产业的企业在地理位置上的高度集中。产业集群是基于地缘关系、产业技术链、价值链、供应链的集合。产业集群内的企业既合作又竞争，既相互学习又相互保密。在地缘上相互靠近的特定产业群落，不仅限于制造业，也存在许多服务业。综观我国城市发展历程，凡是产业集聚发达的地区，也必然是城市化水平较高的地区。比如长江三角洲的苏南、温州，珠江三角洲的东莞、中山等产业集聚发达的地区，也是我国城市化水平最高、城市密度最高的地区，城市的竞争力也较强。

1.产业集聚的要素整合。城市的增长，也就是产业成长的过程，一个城市是否能在未来的竞争中胜出，关键看其城市产业能力是否得到了提升，能否打通高价值、高创新、有可持续增长潜力的高端产业。以河南省郑州市为例，长期以来郑州市被国家定位为区域性中心城市，与相邻地区的武汉市国家中心城市的定位存在明显的层级差异，究其原因，最为核心的因素就是，郑州煤炭、纺织、建材等主导产业层次低、竞争力不强，而武汉的汽车、装备制造、电子信息等主导产业能级高、规模大、带动能力强。近年来，郑州市抢抓航空经济发展机遇，以郑州航空港经济综合实验区建设为契机和平台，大力发展以智能手机为代表的电子信息产业，先后引进了富士康等一批龙头企业，带动170余家智能手机生产企业入驻，提供了近30万个就业岗位。

2017年智能手机产量突破3亿部，约占全球手机产量的七分之一，年均增长4000万部以上，初步确立了全球智能终端制造基地地位。同时，成功吸引了东风日产、格力电器等一批行业龙头企业进驻，产业集聚带动了城市产业竞争力的提升和人口的集聚、生产要素的集聚，显著提高了城市竞争力，郑州市也成功跻身国家中心城市行列。

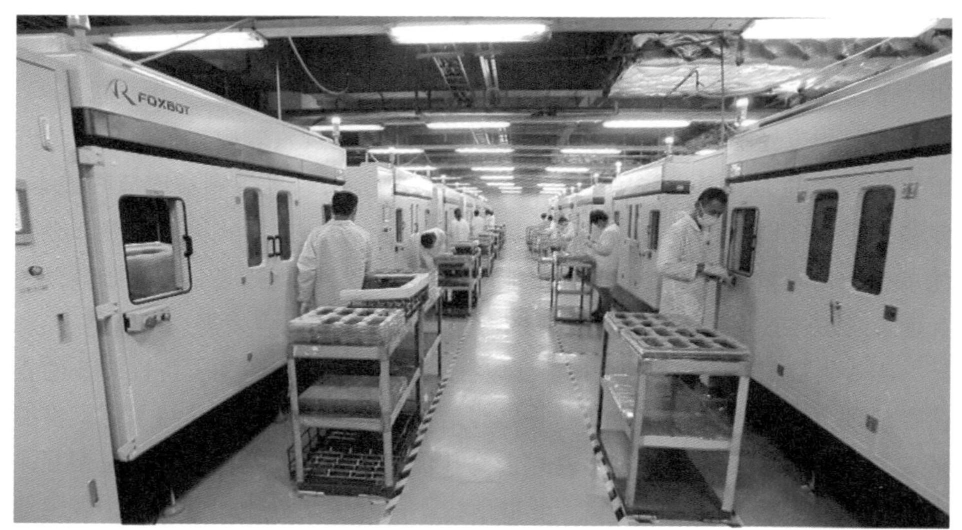

图3-2 富士康郑州科技园生产作业现场

图片来源：张占武，拍摄提供

2.为什么需要产业集聚？因为产业集聚将降低成本，提高研发协作能力，并相互协助，构建熟练的劳动力等，提供更多就业机会，并形成协同增长，进而带动城市和城市群的增长。产业集聚可以实现产业的分工与互补，能够促进产业专业化，并提升整个产业的效率，增强产业的综合实力。产业集聚能够使企业布局集中，形成高效的专业化分工协作体系，降低各种成本。集聚在一起的企业可以共享基础设施等公共产品，实现相同供给水平下公共基础设施和服务平均使用成本降低，使企业的成本优势明显，环境成本降低。企业相对集中，容易通过市场的变化，及时掌握最新的市场技术信息，大量节省信息成本。各种成本的降低，有利于企业不断向前发展。河南省民权县产业集聚区多年来立足打造“中国冷谷”，大力吸引制冷企业集聚，入驻园区130多家企业中制冷企业达到80多家，其中整机装备企业超过30家，配套企业有50多家，区内知名企业有广东万宝，青岛澳柯玛、冰熊、松川等，冰箱和冷柜装配能力达到每年1200万台，冷藏保温车生产能力1万辆。现在不走出园区所采购的散配件就完全能够组装一台冰箱或者是一台冷柜。全国专业做冷藏保温车的企业有6家，河南省有4家，在民权县就有2家，民权县冷藏保温车的市场份额在国内占40%左右。

3.为什么会出现企业集群？由于地理集中、专业化需求、竞争与合作、创新等的需要，使企业集中在一起，从而形成企业集群。比如，部分企业对供水、供电、交通等基础设施的要求比较相近，而一个城市能同时满足这些要求的地方不会太多，这就导致了很多有共同需求的企业集中在一起，这样既能满足企业共同发展的需要，也拉动政府对上述基础设施的供给，也有利于促进城市的发展。

2018年6月的一天，央视《新闻联播》报道了《河南：多式联运　打造立体便捷大交通》，令人耳目一新：

地处内陆的河南，以建设现代立体交通和物流体系为抓手，加快链接全球资源，推动自贸区快速发展。在刚刚过去的5月份，河南保税物流中心出口单量突破133万单，同比增长了约44倍。亮眼的成绩背后，是河南越来越好的交通优势。

由郑州开行的中欧班列，辐射欧盟、俄罗斯及中亚地区的100多个城市，但冷链运输一直是个短板。为此，河南投入5000万元，下大力气开发出中欧班列远程控温冷链系统。现在，通过远程控制系统可以很方便进行操作和管理。

建设贯通南北、连接东西的现代立体交通体系和现代物流体系，是河南自贸区的战略定位。河南在陆、空、网“三位一体”物流通道体系建设上全面发力。河南自贸区以贸易便利化、多式联运新模式为突破口，精心构建空中、陆地和网上现代物流体系，打造为“一带一路”服务的综合枢纽。河南将新开发中欧班列的南欧和北欧新线路；将新开通郑州至伦敦、莫斯科等洲际客运航线。与此同时，电子世界贸易组织核心功能集聚区也正在规划建设中。

一个越来越开放的河南正吸引世界更多的目光，已有140多家国内外货运代理企业进驻河南，其中全球排名前10位的有9家。整个自贸区新入驻企业已达2.8万家，注册资本近3600亿元。

4.城市的集聚功能主要表现在以下几个方面：

（1）城市成为重要的资源转换中心。

（2）城市成为价值增殖中心。

（3）城市成为物质集散和流转中心。

（4）城市成为资金配置中心。

（5）城市成为信息交换处理中心。

（6）城市成为人才集聚中心。

（7）城市成为经济增长中心。

促进集聚，要坚持做到“三头并举”。一是培育本土创业企业，一个城市如果没有有影响力的大企业，就会影响这个城市的竞争力、影响力。城市若想实现内生型增长，就必须重视培育本土创业企业。培育本土创业企业，可以发挥当地资源、环境等优势，壮大当地产业优势，促进地区经济平稳较快发展。同时，有利于解决招商引资项目的孤岛效应，带动相关产业、行业发展，形成完善的区域经济体系，服务于区域经济发展。二是有战略性地吸引外来企业，吸引外来企业入驻一个城市，可以快速有效地将各种生产要素集聚在一起，对发展和繁荣区域经济、促进就业、增加财政收入具有重要促进作用。特别对于那些发展相对落后的城市，由于缺乏发展资本，劳动力资源和市场潜能没有得到充分发展，如果没有外来资本的促进，仅靠自身积累，很难实现跨越式发展。我国东南沿海和南方城市，利用改革开放机遇和地缘等有利条件，在招商引资上先行一步，占得了先机，实现了率先发展，整体发展水平领先于国内其他城市。中西部地区的城市，凡是发展态势比较好、发展速度比较快的城市，往往也是招商引资做得比较好的城市。招商引资不仅可以吸引外来企业和外来资本，更重要的是可以引入资本搭载的先进技术、经营理念、管理经验和市场机会等，带动当地企业嵌入更大的产业链、价值链、创新链。三是努力提高配套和服务能力，城市功能的完善与均衡是城市先进性的重要标志。只有不断完善城市功能，才能提高城市对各项发展要素的聚集能力。近年来，我国很多城市载体功能有了很大提高，但由于历史欠账较多，道路、管网等市政设施老旧、破损严重，教育、医疗、体育、文化等公益设施不健全、服务水平相对滞后，对产业集聚的吸引力不强。而当前在产业转移过程中，越来越多的大企业特别是跨国公司正在由过去的土地、税收等优惠政策转向更为注重拟入驻城市的配套服务能力，尤其是高端技术人才和高层管理人才对目标城市的人居环境、休闲娱乐环境、人文环境、子女入学就医环境、城市美誉度等的考量，已经日益成为影响企业决策的重要因素之一，需要引起各级城市管理者的高度重视。

5.“三集一体”的路径选择。“三集一体”即产业集聚，人口集中，资源集约，城乡一体。城市化进程中需要投入资源、消耗环境容量，这些都是城市发展的成本。如果城市化成本过高，会直接导致城市竞争力下降，也会导致城市的规模效应被高成本消耗，城市的发展会因高成本而无法长久保持。城市化进程中，要着力降低土地、劳动力、资源、时间等四个方面的成本，每降低一个方面的成本都会对城市发展带来很大的动力。在降低城市化成本方面，新加坡做法值得借鉴。作为岛国，新加坡陆地面积狭小，人均水资源占有量居世界倒数第二位，一直面临着淡水资源严重匮乏的问题。400万民众的日常生活和工业生产用水主要靠收集存储雨水及从邻国进口淡水。为了改变这一状况，新加坡政府开源与节流双项并举，提出开发四大“国家水喉”计划，即天然降水、进口水、新生水和淡化海水。把水资源比作咽喉，其战略意义可见一斑。在节约利用土地资源利用方面，1995年新加坡提出了“白色用地”概念，目的是通过预留当时功能无法确定的用地，为将来提供更多灵活的建设发展空间。这说明，资源丰富的城市，可以通过技术等各种创新手段，节约利用资源，得到更好的发展，延续资源的利用时间，保持更持久的发展活力和竞争力。而其他一些城市即使资源不丰富，亦可通过节约资源的方式得到很好的发展。

有效降低城市运行成本，提升城市竞争力，这就需要以“三集一体”发展模式推进城市发展，即：以较少的资源、较低的成本、较快的时间，推动产业集聚、人口集中、资源集约、城乡一体。以产业集聚，增强城市对各类生产要素的吸纳与整合能力，提升城市产业竞争力。以人口集中，催生生活性需求、带动生产性需求。以资源集约利用，提高单位面积投入产出效益，拓展城市发展空间。城乡关系和城乡差距问题，是许多发展中国家在工业化阶段普遍存在的问题。城乡一体就是把工业与农业、城市与乡村、城镇居民与农村村民作为一个整体，统筹谋划、综合研究，通过体制改革和政策调整，促进城乡在规划建设、产业发展、市场信息、政策措施、生态环境保护、社会事业发展的一体化，改变长期形成的城乡二元经济结构。实现城乡在政策上的平等、产业发展上的互补、国民待遇上的一致，让农民享受到与城镇居民同样的文明和实惠，使整个城乡经济社会全面、协调、可持续发展。

6.产城融合发展。新产业空间与城市中心区的整合，既是对中心城区单向支持新产业空间机制的调整，也是对新产业空间发育起来以后和母体矛盾的缓和与调整。主要是功能的整合、设施整合，以及必要的行政区划套合。

坚持融合发展，首先应当坚持职住平衡，以产兴城的原则，采取集中与分散相结合的方式，推动形成城市中心区、城市外围组团和特色小镇协同发展的格局，实现城市建设与产业发展完美结合。

其次，以多层次规划统筹促进产城的系统融合。在宏观层面，要关注“城市+园区”的融合；在中观层面，关注园区内部“生产+生活”功能的融合；在微观层面，关注个体居民及家庭“园区+社区”的整合。坚持整体规划，分步实施，指导产城有序融合。

其三，科学规划公共服务体系、公用及事业配套体系，支持产城有机融合。公共产品作为政府掌控的重要空间引导性要素，应当成为新产业空间与城市空间整合的有力抓手。

五、成熟的城市系统

城市系统是指不同地区、不同等级的城市结合为有固定关系和作用的有机整体。也就是说，一定地区内性质不同，规模不等的城市相互联系、相互依赖、相互补充，形成一个统一的城市地域系统，在内部不断地进行物质流、能量流、人员流、信息流的交换。

（一）新陈代谢的城市发展机理

一座城市的新陈代谢包含物质的输入——能源、水和原料——依靠生物和技术系统并转化为废物和产品，或转化为城市的输出，也就是循环经济。一方面城市通过从生态环境中不断汲取自身发展所需的各种资源、能源，转化为发展的动力，构成城市新陈代谢的同化作用；另一方面，在城市运行过程中，不断释放能量来维持运转，还向生态环境中释放诸如工业污水、废气等产物，以达到城市发展的平衡，形成城市新陈代谢的异化作用。在城市进行新陈代谢的过程中，城市内部的各个节点，包括交通、建筑、能源、垃圾处理、污水处理等各个部分，相互交织成整体，所有要素都要得到良性循环，各个子系统都要协同发展，最终实现城市、环境和资源的综合效益，这就是“共生城市”。根据城市新陈代谢机理，通过对城市各个环节进行统一有机整体规划，将使各个子系统的组合达到“1+1＞2”的效果。比如，瑞典首都斯德哥尔摩，将水、能源和回收系统结合起来，以提高变废为宝的利用率，城市中75%的废弃物得到重复利用或用作燃料，生活垃圾再利用率达到95%，在生态环境保护方面的性能比一般城市提升了一倍。因此，为达到废物最小化的标准，城市必须具备两方面的先决条件：化石燃料使用和原料输入的最小化；能源、水和原料再循环与再利用的最大化。进一步说，可持续的城市发展要求城市化以一种循环的而非单向的新陈代谢方式来运作。理解现有城市如何运行高影响力的线性的新陈代谢系统，对思考怎样寻求有效的方式来将其转变为可持续的循环的新陈代谢系统是非常必要的。

（二）成熟城市系统的特征

1.在总体布局方面。城市生存和生长进入成熟阶段，在经济、政治、文化、社会、生态文明等方面的表现将呈现非常成熟的状态。

一是在经济建设方面。建成现代化经济体系，生产力得到极大解放和发展，社会创造力和发展活力得到极大激发，成为引领经济发展的主要动力，将实现更高质量、更有效率、更加公平、更可持续的发展。互联网、大数据、人工智能等和实体经济深度融合成为新的经济增长点，形成了新动能。经济体制也更加完善，形成产权有效激励、要素自由流动、价格反应灵活、竞争公平有序、企业优胜劣汰的自由公平公正的发展环境。对外实现高度开放，形成了引进来和走出去共赢的发展局面。

二是在政治建设方面。社会主义民主政治高度发展，更加制度化、规范化、法制化、程序化，人民可以依法通过各种途径和形式管理经济文化事业，管理社会事务。法治理念深入人心，建立法治型政府，在执法、司法等方面做到公平公正，人民大众可以在每一个司法案件中感受到公平正义。政府机构设置科学合理，党政部门及内设机构权利合理、职责明确。政府的职能更加完善，公信力和执行力全面提升，成为人民满意的服务型政府。

三是在文化建设方面。文化创新创造活力得到充分激发，文化软实力得显著提升。习近平新时代中国特色社会主义思想深入人心，社会主义核心价值观对国民教育、精神文明创建、精神文化产品创作生产传播发挥引领作用，社会主义精神文明和物质文明协调发展。人民的思想觉悟、道德水准、文明素养全面提升，树立了正确的历史观、民族观、国家观、文化观，形成了忠于祖国、忠于人民，向上向善、孝老爱亲的良好社会风气。诚信建设和志愿服务制度化，社会责任意识、规则意识、奉献意识大大提升。文化管理体制健全，公共文化服务体系完善，建成现代文化产业体系和市场体系，创新生产经营机制，完善文化经济政策，培育形成新型文化业态。

四是在社会建设方面。改革发展成果更多更公平惠及全体人民。教育事业全面发展，建成学习型社会，国民素质大幅提升。实现教育现代化，每个孩子都能享受到公平而有质量的教育，人民对教育事业高度满意。就业质量和人民收入水平不断提升，经济增长的同时实现居民收入同步增长，劳动生产率提高的同时实现劳动报酬同步提高，基本公共服务均等化，收入分配差距缩小。社会保障体系更加完善，全面建成覆盖全民、城乡统筹、权责清晰、保障适度、可持续的多层次社会保障体系。实现全面脱贫，现行标准下农村贫困人口实现脱贫。国民健康政策完善，建成共建共治共享的社会治理格局，实现政府治理和社会调节、居民自治良性互动。

五是在生态建设方面。实现人与自然和谐共生的现代化，既创造更多物质财富和精神财富以满足人民日益增长的美好生活需要，也提供更多优质生态产品以满足人民日益增长的优美生态环境需要。实现绿色发展，建立健全绿色低碳循环发展的经济体系，突出环境问题得以解决，生态系统保护更加严厉。形成人与自然和谐发展现代化建设新格局。

2.城市产业布局趋于合理。大都市主要从事服务业和高端制造业，一般性制造业分布在边缘地区。中小城市在从事制造业生产时高度专业化，专业化鼓励产业内部进行信息交流和技术创新，普遍地对劳动力开展在职培训以及企业间开展资源和产品交换。大都市是以发展服务于区域性市场的商业和服务业为取向的，但是它们同时也有多种制造业基地，集中于高科技和实验性生产。

3.地方化经济与城镇化经济。地方化经济是指那些由同一产业部门中多个企业的集聚而产生并由这些企业所享受到的经济。主要指同一行业或一组密切相关的企业，由于集聚在一个特定的地区，通过产业功能联系所获得的外部经济。地方化经济不仅包括工业，也包括商业。如果某一地区存在地方化经济现象，我们就可以预期，该地区产业集群的出现将极大地推动劳动生产率的提高，同时也将促进企业数量和就业人数以更快的速度增长。

城镇化经济有两种内涵，从狭义来看，城镇化经济是城市空间本身各种要素相互作用而产生的一种特殊的经济效应。即单个企业或行业的生产成本随着城市地区总产出的上升而下降的现象，它表现为整个城市范围内所有行业之间的整体集聚，这种经济性依存于城市基础设施的共享性效益。从广义来看，城镇化经济是指一定城市功能意义上的城市经济活动的运行。它与产业革命之后具有适应非农产业发展的城市功能的城市经济同义，而区别于产业革命前的城市的一般经济活动，其区别的关键点在于其经济活动是否引起了大量劳动力的非农业化和大量人口的城市化。

城镇化经济与地方化经济的区别体现在两个方面：一是城镇化经济源于整个城市经济的规模，而不单单是某一个行业的规模。二是城镇化经济为整个城市带来利益，而并非只针对某一个行业中的企业。城镇化经济出现的原因和地方化经济出现的原因是相同的，它是地方化经济效应从产业扩展到区域的结果，具体表现在：

（1）共享城市基础设施和公共服务业的效率不同。地方化经济是基于产业部门中多个企业的聚集使得生产规模和专业化水平提高，这不但使得产业生产中所需的中间投入的生产得以专业化，并且为这类生产企业的规模增大提供了保证，从而最终产生中间投入和公共服务生产中的规模经济。而城镇化经济则是提供中间投入品的厂商不仅仅为一个产业服务，而是为区域内多个产业服务。比如，类似机场、港口和铁路等交通设施一般情况下都具有外部性，可以为城市的每个产业提供运输服务；而一些投入品供应商在提供商务服务（银行、保险、房地产、旅店、建筑物维护、印刷、运输）和公共服务（公路、货物大宗运输、学校、消防）的过程中，都存在明显的规模经济，成本的大部分都是固定投入，使用量越大，平均使用成本就越低。所以，随着城市规模的扩大，基础设施和公共服务的种类也更丰富，对城市内厂商的外部性也越大，经济效率就越高。

（2）产业集聚和企业集群的区别。地方化经济中的范围经济与关联经济，表现为企业或行业的产品和生产过程集聚。而在城镇化经济中则发展到企业集群式的集聚，甚至形成了企业网络。在更广阔的空间中，范围经济使拥有多个行业的企业集团出现了，关联经济使企业纵向一体化不只限于工业企业，而是出现了科工贸一体化等更综合性的一体化形式。企业集聚范围的扩大和深度的扩展，使城市中生产经营的成本更低，增强了企业生产经营的灵活性，使企业建立起人与人之间的信任关系和保障这种信任关系的社会制度安排。从而积累社会资本、节省交易费用，使地方特色产业发展起来并保持声誉成为可能，使专业知识和技能特别是经验得以传播和扩散，激发新思想、新方法的产生和应用。这导致了产业和产业地区的簇起状态，在扩展城市规模的同时，提升了城市质量，增强了城市特色。

（3）交易集聚的城镇化经济。城市规模的扩大、人口的增加和人口密度的提高，使得讲求规模效益的商贸企业从柜台式零售发展到“超市”“综合购物广场”，从单店经营发展到连锁经营。前者利用了消费者的购物互补性和替代性，后者则充分利用了营销的外部效果。此外，大规模连锁经营的商业企业或有众多分支机构的企业集团获得了标准化和简单化的经济性。大规模商业企业在众多分支机构的选择、店铺的空间布置、店面的装修、设备的配置、商品的陈设等方面的标准化、简单化设施，一方面可以使其顾客降低购物过程中的信息搜索费用，并保持相对稳定的顾客群；另一方面更重要的是，通过标准化、简单化来降低企业经营成本，使企业经过长期摸索得出的成功经验能在众多分支机构中以一种标准化模式推广应用，从而取得更大的经济效益。

（4）城市劳动力集聚对地方化经济和城镇化经济均产生积极作用。大城市人口众多，一般具有比较多的劳动力储备，可以提供劳动力市场的共享服务，这对于城市内产业经营非常有利。从厂商角度来看，可以非常容易地雇佣和解雇员工，企业用工数量富有弹性，劳动市场的工资可以保持相对稳定。从劳动者角度来看，可以有效降低对工作岗位的搜寻成本和流动成本，方便地在产业间实现就业转移。城市劳动力市场保证了城市劳动力的总供给和总需求的稳定，这对于产业的长期稳定发展十分重要。

（5）智力集聚对地方化经济和城镇化经济的影响。知识、技术、人力集合起来能够产生更大的能量。人才一般多是一技独长，聚众之长就会形成人才集聚优势，形成合理结构，从而产生创新。首先，城市中集聚了各种类型的企业，需要各方面的人才，可以充分利用城市中智力集聚的溢出效应。城市地区中集聚大量人口，他们来自不同的地区，有各种各样的背景、兴趣爱好和专长，这些不同背景、不同专长、不同观点和不同行业的从业者之间进行交流，有可能通过思想火花形成创新。其次，在一个环境快速变化的动态竞争环境里，信息共享、资源互补，可以形成集聚的竞争优势，这种安排相对于刚性化与缺乏弹性的垂直一体化安排更有效率，对环境变化具有更强的适应能力。再次，对于组织及其成员的作用而言，智力集聚可以提高组织的运作效率，保证组织持续不断地产生创新成果，可以不断提高个人的技术知识水平和创新能力，为个人发展提供良好机遇和广阔空间。最后，城市让人们沟通更为便捷，一群独立自主又彼此依赖、相互关联的成员集合在一起，利用各自的智力要素，进行信息与知识的流动，有利于知识的积累与创新能力的加强。许多非正式渠道的沟通往往能为创新提供具有重大作用的关键信息，克服了正式渠道的时滞性缺陷。

地方化经济具体指某一特定产业内企业数量的增加，是相似或相同生产环节的企业集聚，重点是依靠隐性知识的获得，例如我国北京中关村。

中关村科技园起源于20世纪80年代初的“中关村电子一条街”，是中国第一个国家级高新技术产业开发区、第一个国家自主创新示范区、第一个国家级人才特区。尤其是在1988年5月国务院批准成立北京市高新技术产业开发试验区以后，中关村的高新技术企业数量不断增加，并且企业成为了创新的主题，已经形成了以电子信息、生物医药、航空航天、新材料、新能源、资源环境等为主的庞大产业群，建立了中关村软件园、生命科学园、电子城、生物医药基地等十多个特色专业园和产业基地。研发、信息服务、创意设计等产业经济规模已经达到中关村总量的一半以上，高技术服务业快速增长，在全国率先实现了产业结构向高技术服务业转型。

◎ 链接：三螺旋理论（Triple Helix Theory）

美国遗传学家里查德·列万廷最先使用三螺旋来模式化基因、组织和环境之间的关系，在《三螺旋：基因、生物体和环境》中，总结了他的生物哲学思想。他指出，并不存在一个既定的“生态空间”等待生物体去适应。环境离开了生物体是不存在的，生物体不仅适应环境，而且选择、创造和改变它们的生存环境，这种能力写入了基因。因此，基因、生物体和环境的关系，是一种“辩证的关系”，这三者就像三条螺旋缠绕在一起，都同时是因和果。基因和环境都是生物体的因，而生物体又是环境的因，因此基因以生物体为中介，又成了环境的因（方卫华，2003）。

通过引入生物学中的三螺旋概念，亨瑞·埃茨科瓦茨（Henry Etzkowitz）（1995）首次提出使用三螺旋模型来分析政府、产业和大学之间关系的动力学，并用以解释政府、企业和大学三者间在知识经济时代的新关系。自此，三螺旋理论被认为是一种创新结构理论。勒特·雷德斯道夫（LoetLeydesdorff）（1995）对此概念进行了发展，并提出了该模型的理论系统，如下图所示。三螺旋模型由三个部门组成：大学和其他一些知识生产机构；产业部门包括高科技创业公司、大型企业集团和跨国公司；政府部门包括地方性的、区域性的、国家层面的以及跨国层面等不同层次。这三个部门在履行传统的知识创造、财富生产和政策协调职能外，各部门之间的互动还衍生出一系列新的职能，最终孕育了以知识为基础的创新型社会。三螺旋模型理论认为，政府、企业和大学的“交迭”才是创新系统的核心单元，其三方联系是推动知识生产和传播的重要因素。在将知识转化为生产力的过程中，各参与者互相作用，从而推动创新螺旋上升。三螺旋模型理论还认为，在创新系统中，知识流动主要在三大范畴内流动：第一种是参与者各自的内部交流和变化。第二种是一方对其他某方施加的影响，即两两产生的互动。第三种是三方的功能重叠形成的混合型组织，以满足技术创新和知识传输的要求（吴敏，2006）。

三螺旋模型最发达模式是重叠模式，见下图，即通常所指的三螺旋创新模型理论。其具体结构是政府、大学、产业等三机构在保持各自独立身份的同时，又都表现出另外两个机构的一些能力，也就是说政府、大学和产业三机构除了完成他们的传统功能外，还表现出另外两机构的作用。该理论着重探讨了以大学为代表的学术界、产业部门、政府等创新主体，是如何借助市场需求这个纽带，围绕知识生产与转化，相互连接在一起，形成三种力量相互影响、抱成一团又螺旋上升的三重螺旋关系的。由于三重螺旋模型超越了以往的大学—产业、大学—政府、产业—政府的双螺旋关系模式，克服了以往的产学/产学研合作模式忽略国家层面考虑的不足。①

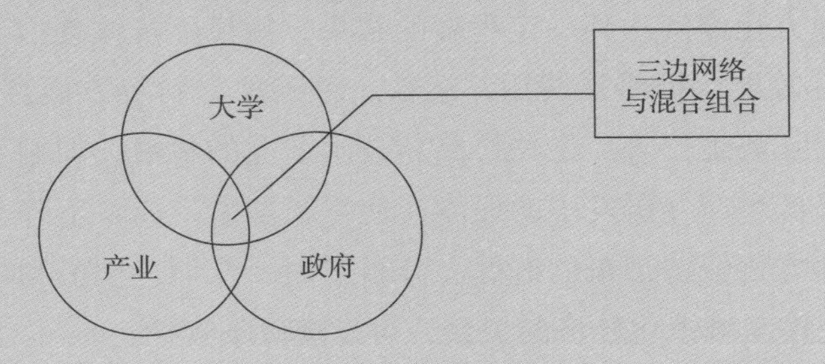

大学—产业—政府关系的三螺旋理论提供了一个方法论意义上的研究工具。其核心价值就在于将具有不同价值体系的政府、企业和高校在促进区域经济社会发展中统一起来，形成知识领域、行政领域和生产领域的三力合一，进而为经济与社会发展提供坚实的基础。创造这种合力的基石在于打破传统的边界，包括学科边界、行业边界、地域边界、观念边界等并在边界切面上建立起新的管理、教育和社会运作机制。

三螺旋理论认为，在知识经济背景下，“高校—产业界—政府”三方应当相互协调，以推动知识的生产、转化、应用、产业化以及升级，促进系统在三者相互作用的动态过程中不断提升。它强调产业、学术界和政府的合作关系，强调这些群体的共同利益是给他们所处在其中的社会创造价值。其中关键是，在公共与私立、科学和技术、大学和产业之间的边界是流动的。

大学和公司正承担以前是由其他部门领衔的任务，对政府来说，

① 边伟军，罗公利.基于三螺旋模型的官产学合作创新机制与模式[J].科技管理研究,2009,29(2):4-6+3.

在不同层次的科学和技术政策中，去塑造这些相互关系成为工作主线。总之，大学—产业—政府关系可以认为是以沟通为核心的进化网络的三个螺旋。显然，与“双螺旋”中的直接地相互作用相比，三螺旋结构要更复杂得多，也更可能贴近现实状况。①

中关村的发展，政府发挥的作用很大。随着政府的逐步介入，采取制定补贴、低税收、融资、技术支持、市场保护、出口激励等措施来促进科技园区技术创新，政府有意识地通过各种制度安排和产业政策，促进了高技术企业在中关村的集聚。除了政府主导作用之外，也源于规模经济的实现，规模经济其实是地方化经济达到一定程度的结果。规模经济体现出专业化、学习效应，可以有效地承担研发费用，运输、订购原材料等方面存在的经济性，价格谈判上的强势地位等。中关村高新技术产业的集聚，加剧了其专业化和学习效用，降低生产、研发中的成本，使得长期生产成本下降，这一系列表现都体现了地方化经济带来的好处。分析广州、深圳、佛山和东莞这四个珠三角的城市规模与城镇化经济的关系，可发现以下规律：

首先，制造业在四个城市的产业结构中所占的比例很高，其中包含的非农业常住就业人口也是最多的。佛山、东莞的产业集聚形成机理虽有较大差异，但其产业间的同构性较明显；广州、深圳的产业集聚形成机理也呈现明显差异，由于高素质人才的集聚，加强了城镇化经济对城市规模的推动。

其次，城镇化经济在不同城市所起的作用是不同的，甚至是一个相反过程。计量显示，城镇化经济有利于广州、深圳两市经济增长和城市规模扩大，不利于东莞、佛山两城市的经济增长和规模扩大，但这种作用短期内不显著。

最后，沿海城市对城镇化经济的敏感度明显超过内地城市，但在特定区域内，城镇化经济对城市规模的推动作用与该城市的多样化和专业化程度有关。多样化城市与城镇化经济之间呈正相关，而专业化城市与城镇化经济之间呈负相关。

六、可持续的城市竞争力驱动因素

首先，现代城市集聚的多样性，决定了城市优势不仅仅是专业化集聚的

① 武汉市机械工业促进办公室课题组．三螺旋理论视角下武汉先进制造业产学研结合调查［J］．长江论坛，2009（1）：19-24+31

比较优势，还要充分发挥集聚效应的竞争优势。从我国经济体制和经济增长方式正在发生深刻变化来看，一系列重大区域发展战略的实施，使区域经济发展格局发生新的变化，国内经济合作的范围和领域进一步扩大。在这种大的经济发展背景下，仅仅依靠自身区域比较优势而进行的产业结构调整，越来越暴露出其局限性。而依托区域比较优势，运用更多的竞争要素不断打造区域竞争优势，则成为区域经济发展的支点和根本的战略取向。

其次，随着城市规模的增长，城市集聚的负外部效应和成本必须纳入竞争力考察范围，未来城市的竞争力应该避免和降低集聚成本和负外部性条件下的城市优势的发挥。如果城市化成本过高，会直接导致城市竞争力下降，也会导致城市的规模效应被高成本消耗，城市的发展会因高成本而无法长久保持。

再次，城市竞争力不是短期的经济增长，而是能够带动城市长期增长和发展的多种因素的协同。从竞争力优势到可持续竞争力优势，使得更多因素被纳入考察，如环境的可持续和社会和谐的可持续。比如，作为全国一线超大城市，深圳却是空间、资源、环境容量小市，在北上广深中土地面积是最小的。作为改革开放大潮的起笔之地，深圳较早承受了环境的压力，充分认识到生态资源是长远发展的基础、生态环境是竞争力的关键因素、生态质量是深圳质量的重要内容。近年来，深圳市科学谋划生态文明体制改革，积极探索具有深圳特色的生态文明发展模式，先后印发了《关于加强环境保护建设生态市的决定》《关于推进生态文明、建设美丽深圳的决定》等，制定《深圳市生态文明建设规划》，把生态文明建设融入经济、政治、文化、社会建设各方面，落实在城市规划、建设、管理各领域。坚持“生态红线”就是“高压线”，以铁线铁腕铁律管控“生态红线”。早在2005年就率先出台《深圳市基本生态控制线管理规定》，将市域近一半土地划定为基本生态控制线范围，明确规定全市生态用地比例不低于50%。十几年来，线内面积不减，空间格局不断优化，生态质量逐步提升，有力地保障了城市的可持续发展。同时，保持可持续的城市竞争力，还要处理好开放多元的文化、知识与创新、城市间差距、社会公平、产业吸引和集聚、人才吸引、城市内外联系等因素。这些因素既是城市竞争力的外在体现，更是城市培育可持续竞争优势的基石。

可持续的概念可以有许多要素构成，有着众多需要解决的问题，但它也可以很简单，就是要给后人留下生存的空间。我们不可以也做不到把所有的事情做完。

第四章 城市规划、建设、管理的前思后想

城市或许是人类最复杂的作品之一，从来没有完成，亦没有确切的形态，就像没有终点的旅程。城市的演化，可能上升到伟大的程度，也可能没落到衰败的境地。它们是过去，现在，更是未来。

——简·雅各布斯（Jacobs Jane）

城市规划的一个重要特性是高度的综合性、长期性，它涉及城市的方方面面，而不仅仅是方案设计过程。规划是城市的灵魂，规划的价值在于预见到这些后果并提出解决方案，并最终归到对现有资源的管理上来。

城市规划者的目光应该深入到城市的背影之中，去寻找它的历史，它在发展过程中留下的足迹，以及它对未来城市的畅想。

一、前思后想些什么

城市的快速发展，有时候像一把“双刃剑”。城市在演化进程中会带来一系列城市问题，同时由于城市差异的出现，呈现出一系列不均衡、不充分发展的现象。推动城市包容性发展，不论从伦理道德的观点来看，还是从“面向所有人的城市”角度来看，都应当包含了更平等的社会和经济利益。城市中每一个社会成员都能够参与共建共治共享，并在其中谋求公共利益和每个人的利益达到最佳状态。

（一）消除城市分化羁绊

城市必须制定出切实可行的应对当今都市挑战（贫民区、可负担的土地、基础服务、公共交通）的政策，尤其要在城市扩张的过程中，让合理

的规划政策和控制城市无序发展的相关行动参与进来。[1]

城市的集聚，使得人口和生产活动高度集中，且具有相对的流动性。如果一个城市规划不合理，建设无序，行政管理薄弱，或出现功能性障碍，可想而知，势必会出现各种问题，造成城市的分化，即“不平等”。这种由城市分化造成的不平等主要体现在：一方面对城市资源占有的不平等，另一方面是享受公共服务的不平等并因此带来城市人口分配机遇的倾斜。

城市规划、建设、管理的任务，就是要努力消除城市分化的羁绊，推动包容性城市发展，构建和谐社会。

（二）包容的城市

城市化进程的特征，不仅在于农村人口向城市迁移或城市人口的增长，还在于社会不同方面由此带来的变革。如，以农业为基础的生产活动转变为工业化为基础的规模化生产和大量的服务业产生，就业结构发生了变化；社会价值观和行政管理模式发生了变化，居民点的居住结构和功能发生了变化；社会、文化和民族群体构成发生了变化；等等。这一切，又构成了特有的城市优势，相对农村来说，城市能提供更多的公共物品及服务、公共娱乐和文化设施、交通出行及公用设施，以及各种机遇的充足性和多样性。变化引发变革，这就需要一种整体的、平衡的、多元文化的发展模式。

城市具有明显的优势，城市优势体现的正是公用事业、教育、文化、健康和一个城市力求集中的供需平衡，以及其他机制的密度和规模的城市功能。这就要求城市规划建设和管理将城市优势贯穿始终，兴利除弊，使包容城市成为重要的指导思想和行动准则。

二、重新审视城市规划

城市规划的目标是什么？什么是社会规划？它与城市规划之间有什么关系？《不列颠百科全书》这样描述城市规划：

城市规划与改进的目的，不仅仅在于安排好城市的形体——城市中的建筑、街道、公园、公用事业及其他的各种要求，而且更重要的在于实现社会和经济目标。

---

① 联合国人类住区规划署．世界城市状况报告 2010/2011：弥合城市分化［M］．北京：中国建筑工业出版社，2014.

（一）城市规划的本质是公共政策

城市规划是政府调控城市空间资源、指导城乡发展与建设、维护社会公平、保障公共安全和利益的重要公共政策。城市规划的公共政策属性，其实也关乎伦理，关乎一种对市民应有的信守。

中国规划界和学术界对城市规划作为一项公共政策，或城市规划具有公共政策属性（石楠，2005）已基本认同。实际上，强调城市规划的公共政策性，可以使城市规划有效应对利益主体的多元化。能够有效体现城市规划的民主化和法制化，还将实现城市规划的社会化，并可以保障城市空间实现利益的最大化。①

城市规划本身就是公共政策，具体而言就是政府在城市发展建设和管理领域的公共政策。它为城市的发展提供目标，并为实现这一目标提供不同的途径，协调城市发展过程中的各种矛盾，对具体的建设行为进行管理和规范，其目的在于追求公共利益的最大化。

广州市较早在总体规划层面开展“法条化”探索和实践，工作的本质是对总规公共政策属性的回归，其重点是强化总规内容的可实施性，是城市规划编制和管理工作的进一步法治化。在2011版广州市城市总体规划编制中，按照公共政策“可实施、可监督和可管理”的基本特征，从实践角度对总规“法条化”命题给出的尝试性解答，对于强化总规科学性、权威性和实操性具有一定的参考意义。

广州总规“法条化”结合广州实际，是以增强总规严肃性、权威性、可实施性为目标开展的。主要工作包括以下四个方面：一是通过“三规合一”工作增强不同部门空间规划的协调性，夯实总规作为公共政策的技术基础；二是深化以市域“三区四线”为主要载体的底线管控，促进总规“对上可用于管理”；三是规范成果内容和表达形式，使总规成果尽量符合政策法规的文本范式；四是尝试制定总规批后实施指引，促进总规“对下可指导实施”。

（二）城市规划的核心价值——效率与公平

效率与公平被认为是城市规划的核心价值，其中效率价值体现了城市规划的经济意义，公平的价值取向则体现城市规划承担的资源再分配

① 冯健，刘玉．中国城市规划公共政策展望［J］．城市规划，2008（4）．

作用所具有的社会意义。公众参与则是实现城市规划效率与公平融合的有效途径。[①]

兼顾“公平”与“效率”的城市规划编制公众参与机制探索：

1.组织机制的建立——构筑公众参与规划编制的基础。

2.工作体系的梳理——明确公众参与规划编制的要求。

3.工作方法的优化——提高公众参与规划编制的效率。

表4–1　公众参与规划编制程度表

		参与广度	参与强度	组织机制
法定规划	城镇体系规划	★★★★	★★	城市规划公众参与委员会、部门联席会议
	城市总体规划	★★★★★	★★★★	
	县市域总体规划	★★★★	★★	
	近期建设规划	★★★	★★★★	部门联席会议
	专项规划	★★★	★★★	城市规划公众参与委员会
	控制线详细规划	★★★	★★★★★	小区规划办公室、社区参与和发展委员会等
	修建性详细规划	★★	★★★★	
非法定规划	发展战略规划、概念规划	★★★★	★★	（根据各项目特点具体设置）
	城市设计	★★	★★★	
	规划专项研究	★	★	

（三）系好第一粒扣子

城市规划并不是一张概念描述的图纸，而是创造一种不同的方式，它是一个帮助领导者把愿景转化为现实的行动框架，它把空间作为发展的核心资源，并让利益相关者始终同行，参与其中。[②]

城市规划在城市发展中起着战略引领和刚性控制的重要作用，做好规划，是任何一个城市发展的首要任务。在新时期、新常态背景下，只有以时代眼光和改革思路，创新规划理念，改进规划方法，提高规划的科学性、实效性，

---

① 罗鹏飞 . 公众参与新时期城市规划编制的机制探索——由效率与公平视角引起的思考［J］. 浙江建筑 ,2012,29(1):1–3.

② 联合国人居署 . 城市规划——写给城市领导者［M］. 王伟，那子晔，李一双，译 . 北京：中国建筑工业出版社，2016.

切实维护规划的权威性、严肃性，才能充分发挥城市规划的战略引领作用，保障城市健康协调可持续发展，才能营造良好的城市人居环境，实现“城市，让生活更美好”的目标。

城市规划是一个系统性的工作，要发挥城市规划的法定效力，健全而行之有效的决策和执行机制必不可少。城市工作是复杂的社会巨大系统，城市的资源总是十分有限的，每一步规划，没有城市利益相关者的广泛参与，规划就可能会因为缺乏客观、科学因素而成为“负规划”，进而造成资源的巨大浪费。因此，规划是城市发展的龙头，是建设工作开展的起点，是正衣襟的第一粒扣子，牵一发动全身，需要站在为人民负责的政治高度推进规划体制改革。

用一种更加动态的城市规划体系代替当前这种基于各种标准的规划体系，对中国而言，将是有利的。将综合以下几个方面：战略和长期的经济规划；部门规划与融资的协调；开发活动对交通环境、公共服务等城市系统的影响等。

三、规划建设管理三位一体

伴随着城市成长的全过程，城市规划、建设、管理环环相扣，无时不有，无处不在，并不断影响着城市的健康发展。

（一）“三位一体”的总体理解

1.整体性——城市发展的“大合力”

如果把城市比作一个“生命体”，那么，“规划”就是描绘城市的“成长坐标”；“建设”就是塑造城市的“骨肉之躯”；“管理”就是打通城市的“血脉之源”。城市的规划建设管理要通盘考虑，谋划城市发展的“大棋局”，形成城市发展的“大合力”。全面实施规划、建设、管理“三位一体”综合治理措施，坚持统筹谋划、重点突破、有序推进。

2.阶段性——规划巧“布局”，建设重“中盘”，管理控“收官”

凡事预则立，不预则废。城市的规划、建设、管理三者相辅相成、相互促进、三位一体、缺一不可。规划是蓝图和行动纲领。只有搞好规划，才能确保资源利用和效能最大化，才能确保建设的质量。不重视规划，或者规划不科学不合理，就会盲目施工、浪费资源、遗患久远。规划一旦敲定，必须

图4–1 围棋之道：规划巧“布局”，建设重“中盘”，管理控“收官”

图片来源：张豫东，拍摄提供

严格执行，不能随意中途更改甚至更换，不能“纸上画画，墙上挂挂、执行变卦”。同时加强对规划执行的督查指导，防止执行走样，确保落到实处。

先规划后建设，精细化管理。引用围棋术语，就是规划巧“布局”，注重大局观、构思、效率；建设重“中盘”，注重战斗、实干落地；管理控“收官”，注重精细、算账。

3.精细化——三位一体形成合力要靠“精”

精心谋划，以成功实践的先进城市为标杆，高标准执行导则规范。强化地域特色、人文内涵等方面的全面统筹，强化城市形态色彩、整体风格等方面的设计管控，全面提升项目设计水准，塑造城市形象。

精准施策，横向到边，纵向到底。层层灌输精细化建设管理的理念与标准，层层落实精细化建设管理主体责任和工作要求，层层组织精细化建设管理示范宣传和考核奖惩，汇聚工作合力。

建设精品，制定精细化建设管理标准，引导和规范建设行为。开展城市建设动态调整施工时序，加强施工管理，“回头看”督办整改，打造完美工程细节。

精细设计，遵循人性化、精致化的理念，认真落实地上地下、立面空间“一体化”和“到边到角”的要求，更加注重节点、细部精细化衔接，以细节打动人心，确保质量。

风貌精致，精心打造，扎实推进绿化、美化、亮化、净化工程，完善城市功能，改善人居环境，美化城市景观，促进人与环境和谐发展。将城市装扮得更加靓丽，精致宜居的城市特色不断显现。

精打细算，积极创新城市治理方式，推动城市智慧治理，提高常态化管理水平和效率；加大宣传力度，积极调动各方积极性、主动性和创造性，提升市民文明素质，协同推进城市共治共管、共建共享。

（二）规划篇——谋划城市发展的“大棋局”

1.城市总体规划改革

城市总体规划在空间规划体系中仍然发挥着至关重要的作用，包括：“转型指针”“战略纲领”“法定蓝图”“协同平台”。以城市总体规划为主导，建立市县层面的空间规划体系。在未来城市总体规划的改革中，应落实五大发展理念、对接空间规划体系，实现与时俱进。

城市总体规划的改革方向，有以下几个方面：

（1）强化创新空间引领；

（2）强化城乡、区域协调发展；

（3）强化绿色发展理念；

（4）强化对外开放协作；

（5）强化社会多元包容。

对接空间规划体系，以资源承载力分析和用地条件综合评价为前提划定“两线三区”，对全域建设活动实施统一规划，统一管理，建立全域空间规划信息平台，简化内容、有效管控。

2.编审分离——“编审督”制度系统改革

总体规划改革坚持“刚弹并重、系统联动”的思路。一方面要强化总体规划的严肃性，实现全域覆盖、底线控制，完善规划实施传导和监管机制。另一方面要提升总体规划的适应性，加强刚性的同时改进规划的弹性，明晰规划事权、提高审批效率。加强总体规划的严肃性，需要提高强制性内容的约束力。而提升总体规划的适应性，则需要合理界定中央和地方事权，重点

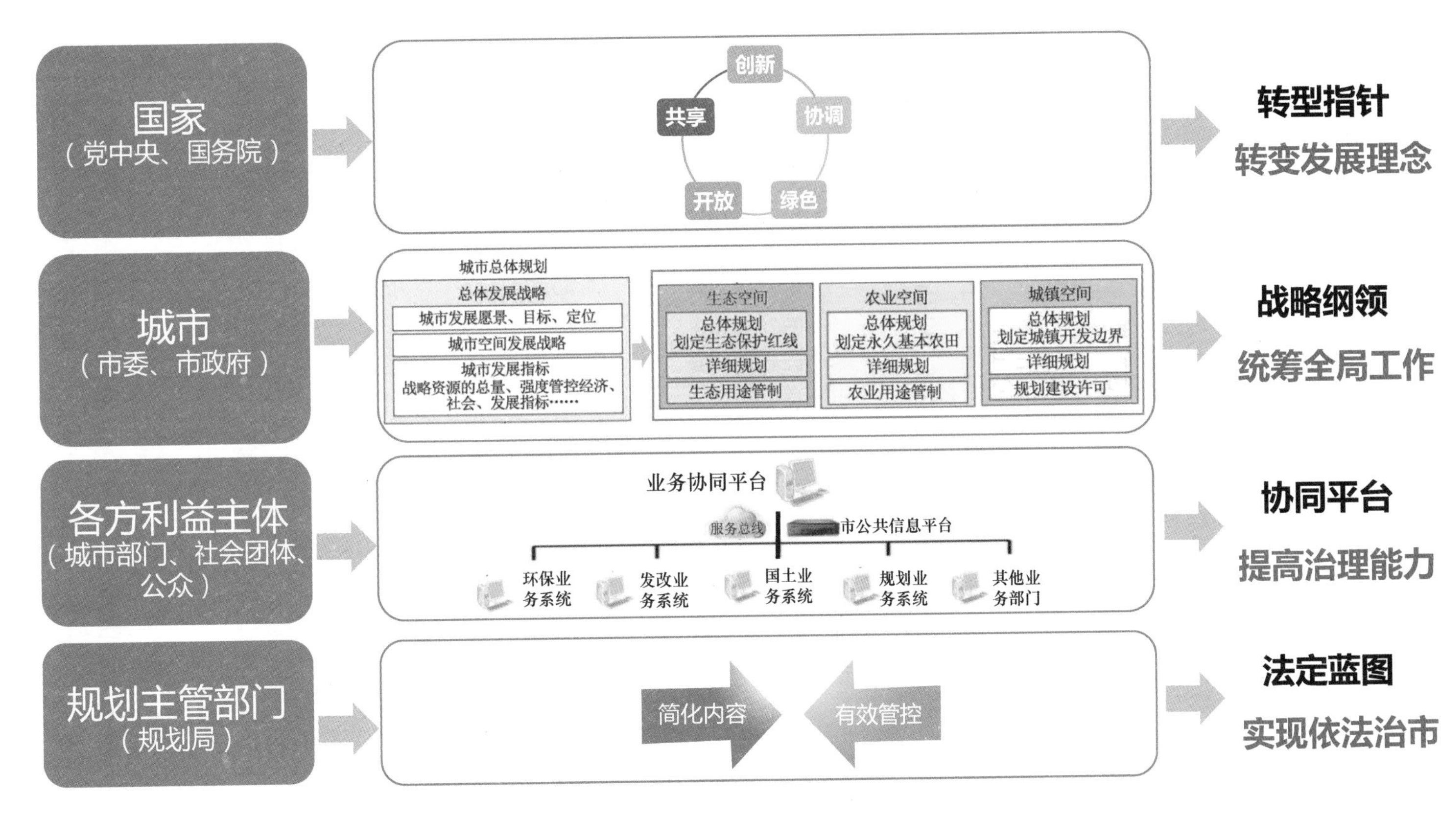

图4-2　总规改革四个基本目标与总规四个基本职能的对应关系

图片来源：董珂，张菁．城市总体规划的改革目标与路径［J］．城市规划学刊，2018（1）．

改善强制性内容刚性过刚、弹性不足的问题。可见，强制性内容的合理界定和把握是决定总体规划编审督制度改革成败的关键所在。

按照改革精神，结合对相关研究和文献的梳理，成都市的总规形成了中央政府重点把握涉及全局和长远发展的战略要求，省级政府着力统筹区域协调和资源环境监管，而地方政府具体负责公共服务供给和具体建设布局的共识。基于此，对规划编制的强制性内容，特别是各类空间管制边界的"一张图"（开发边界、城市四线等）逐条、逐项进行了管理事权层级划分，作为总体规划成果制定的前提和基础，在成果制定中重点比较了"编审分离"和"分级管控"两种方式。

按照"编审分离"的方式，规划成果分为上报版和完整版。上报版主要包括发展目标、城市规模、区域协调、空间结构、国省事权的空间管制等内容。完整版还包括发展战略、用地布局、地方事权的空间管制内容、分区规划指引等。

比较以上两种成果制定思路，对"编审分离"来讲，"编"的内容是简化的，"审"的是上级政府事权的强制性内容，而"督"的权责集中在中央政府。编审督的对象是内容简化、固定不变的一张蓝图，如果规划执行过程中发生强制性内容调整的情况，必须按照原程序重新启动总规修编过程。而"分级管控"中，"编"的内容是完整的，"审"的不仅是强制性内容还有其管理规则，"督"的权责分配给不同层级政府。编审督的对象是内容完整、动态维护的一张蓝图，强制性内容既可优化又可增补，编审督是一个持续、动态的政策过程。

3.生态优先的发展道路

党的十九大报告提出："坚持人与自然和谐共生。建设生态文明是中华民族永续发展的千年大计。必须树立和践行绿水青山就是金山银山的理念，坚持节约资源和保护环境的基本国策，像对待生命一样对待生态环境，统筹山水林田湖草系统治理，实行最严格的生态环境保护制度，形成绿色发展方式和生活方式，坚定走生产发展、生活富裕、生态良好的文明发展道路，建设美丽中国，为人民创造良好生产生活环境，为全球生态安全作出贡献。"

4.规划改革试点工作

为了促进城市发展由高速度转向高质量,住建部在全国15个城市开展城市规划改革试点工作。首先,要强化城市规划的两个重要作用：一是战略引领作用；二是刚性约束作用，在资源和要素配置上要“以人为中心”来考量。其次,要确保规划的落实和执行。

（三）建设篇——塑造城市的“骨肉之躯”

1.一张蓝图——城市建设要始终贯彻顶层设计理念

从总体上看，城市建设与城市的发展历史、发展目标以及总体战略密切相关。顶层设计为城市建设工作提出了总体要求、基本活动，及其相关活动的主要任务、通用方法、基本要求等，为城市建设工作提供了很好的指引。

德国自二战以后，全面启动城市废墟的治理和重建，核心理念就是坚持生态原则，注重生态体系建设。以柏林、法兰克福为代表的生态城市成为世界绿色城市的代表。当前，德国的生态城市建设着重以可再生能源利用、能源效率提升为战略。

同时，注重节能、环保、交通、医疗等重点领域的应用。2011年日本福岛核事故后，德国实施能源转型战略，制定了包括6个法律和1个法规在内的“一揽子能源法案”，成立了能源监管独立专家委员会，制定了3年资助35亿欧元的能源研发计划，大力发展风电、太阳能和少量的生物质能、地热，提出到2050年可再生能源占到德国能源比例的80%，到2020年实现二氧化碳减排40%的目标。

2.分期实施——城市建设滚动式发展

因地制宜，试点先行，确保城市建设取得实效。城市建设是一项复杂的系统工程，是一个城市不断发展长期演进的过程。要从城市的经济和社会发展现状出发，充分考虑当地的资源禀赋、经济水平、发展特色、产业基础、信息化水平、市民素质等各项要素。进行科学合理的顶层规划，明确长远的发展目标和近期的重点建设项目，然后务实推进、分步实施。要从每个城市的实际出发，选择与当地居民关心关注和政府社会管理中的难点领域开展试点，由易到难，由点到面，由分到合，逐步解决城市发展中的关键问题。

3.民生导向——项目谋划要满足社会公众的需求

以人为本、民生导向，不断满足社会公众的需求。项目策划时，认真仔细调研，充分考虑当地居民需求，根据意见和建议对项目方案进行修改完善，并鼓励公众参与，通过多种手段让市民及时了解并参与城市建设，甚至让市民融入项目，成为建设的决策者、参与者。

4.经营城市——PPP模式助推城市建设

在具体项目的选择和运营方式上，政企合作，多方出资，积极推进多元化投资模式。城市建设是一种经济行为，需要社会资本的参与，特别是企业的投资合作。积极探索政府与企业合作的PPP模式，形成了运营模式多元化的特点，提高投资和管理效率。

按照政府与企业在投资、建设领域的不同角色，构建政府投资运营、企业参与建设，政府与企业合资建设与运营，政府统筹规划、企业投资建设、企业建设运营、政府和公众购买服务等多种模式并存的模式。

5.群众满足——以公众体验和群众满足作为检验城市建设成败的关键

城市建设要注重城市历史文化传统的传承，尊重群众的意愿、习惯和需求，方便社会公众的参与和共享。选定的建设项目也要接地气，符合本地和群众的实际，不能片面贪大求全求洋，摆花架子，搞形象工程，要以公众体验和群众满足作为检验城市建设成败的标准，从民众的角度而不是从一个管理者的角度建设城市。

（四）管理篇——打通城市的“血脉之源”

1.破解“九龙治水”——综合城市部门职责，强化综合治理

“相关部门”“踢皮球”是很多百姓跟政府打交道时遇到的高频词。“相关部门”不关联，相互“踢皮球”原因是部门职能交叉或权责不清、存在盲区，导致城市问题无法得到解决或有效解决。尽管各地城市成立了城市管理行政执法局，建立了相对集中行政处罚权的城市管理体制，执法过程中和其他部门沟通协调困难，仍出现“九龙治水”局面，仍须对现有的城市管理机构职能整合。

另一方面，现有管理方式“运动式”效果突出，长效性管理不足，城市管理意识需要提高。城市的大活动带动型管理模式——大活动开展期间对城市实施一些阶段性、大强度的管理，是当前城市管理的典型现象。例如2008年奥运会筹备过程中“给北京洗脸”活动，以及创建各类称号城市或过节期间突击性的严格城市管理。

2.以人为本，公众参与——现代化城市管理模式的基础

公众的价值观念多元化，需求多元化，民主素质的提高和参与意识的增强，这些对政府工作提出了新的要求。政府管理决策需要更加科学民主、扩

大公众参与，具有更强的包容性，具有较强的应变力和创造力，对公众的要求具有响应力，更多地使公众参与管理。

当前我国通常是行政主导或叫政府引领式的发展。即城市领导者往往代替市场或者老百姓，认为需要什么就增加什么、不需要什么就控制什么，许多决策和项目以及管控，未必符合实情、切合民意。政府、市场和民意之间沟通制度不完善，尚未形成良性互动的管理格局。其次在具体落实上通常“外科手术式”城市管理，对城市某些问题，处理方式过于简单。比如街头流动商贩，政府往往期望城市整洁、有序，而市民希望的是便捷、实惠，商贩的诉求有时不仅是赢利欲望，可能还有生存的问题。所以关键不单纯是如何定点、定时、合理的管理，而且还关乎到城市规划、人文关怀等。

公众参与，协同管理，是以人为本思想和民主管理思想的本质要求和体现。广泛的公众参与有利于城市政府在决策过程中听取不同城市利益相关人的多种利益需求，政策透明公开，有利于监督。有广泛的公众支持基础，凝聚了社会共识，有利于执行。同时，参与制度也是一种防治腐败和经济节约的城市管理方法。

政府要起好牵头作用，为公众参与城市管理，理顺各方关系，解决法制、体制等难题，搭建平台，形成良性互动，为公众提供良好的参与环境。比如借助“互联网+”，给公众提供一个参与城市管理的线上平台。再者，以社会组织、社区、企业、学校为纽带调动全体市民参与城市管理的积极性。

3.创新城市治理方式，优化城市管理平台——城市的精细化管理

城市精细化管理是指综合运用市场、法律、行政和社会自治等手段，通过城市管理目标量化、管理标准细化、职责分工明晰化等，形成以“精致、细致、深入、规范”为内涵的城市管理模式。精细化管理原本是一种企业管理理念，它是服务质量精细化对现代管理的必然要求，是将常规管理引向深入的创新管理模式。

我国城市发展的质量相对滞后于城市发展的速度，无法满足人民群众日益增长的需求。而从粗放型发展到精细化发展，是城市发展的基本趋势。西方国家城市在20世纪六七十年代，也面临严重的环境污染、交通拥堵、公共服务缺失等问题，最终通过更为精细化的管理方式而改变。

城市精细化管理的基本措施可归纳为：

（1）把依法管理贯穿于城市精细化管理的始终。法律制度是各项工作规

范高效运行的根本保障，应全面梳理城市管理的法律、法规和规章制度，细化自由裁量权标准，确保处罚的合理性与公平性。整合执法资源，建立并推进综合执法。

（2）把建立标准化管理体系作为城市精细化管理的基础。城市标准化管理体系建设主要包括制定管理标准、建立标准化体系两方面内容。建立管理标准，就是按照执法标准化、管理标准化、公共服务标准化的要求，在各部门建立管理标准，实现城市管理的制度化、规范化。建立标准化管理体系，就是在各部门管理标准的基础上，形成整体的管理体系，从职责明晰划分、服务工作流程、岗位工作要求、服务质量要求、质量评价考核等方面对城市管理行为进行规范。

（3）建设以网格化为支撑的智慧城市管理服务系统。城市网格化管理是以一定地域范围为基本单位，以社区行政区为分界，将辖区划分为若干个网格单元，由城市网格监督员对所分管的网格进行全时段监控，同时对静态城市部件与动态城市事件进行定位分类管理服务的一种方式。网格化管理为精细描述管理对象、精确采集管理服务信息、精准处理管理问题提供了技术支撑，可以保证管理服务活动快速灵敏反应。在网格化管理的基础上，应将智慧城市理念运用于城市管理，大力发展智能规划、智能建筑、智能交通、智能园区建设。通过信息资源的整合与运用，建立网格化、数字化、智能化、便民化和属地化的管理服务模式。

（4）建立社会组织参与城市管理的管理网络。城市精细化管理的最终目的是为了让市民生活得更舒适、更健康、更方便。因此，应特别强调在便民、利民基础上的精细化管理，由政府管理向社会治理转变，强化社会化导向，倡导公众参与。城市精细化管理的社会化，是指以社会需求为导向，鼓励各类社会组织和公众参与城市管理。应推行公共服务社会化，采用服务外包和购买服务等方式，用市场化的方式解决城市管理服务中的难题，降低城市管理服务成本。推行社区管理社会化，提供居家养老服务，加强流动人口和出租房屋管理，拓展社区服务职能。

（5）建立城市精细化管理和服务指标考评体系。可以组建以政府为主导、政府机构和第三方中介组织为主体的城市精细化管理服务考评队伍。构建以城市规划建设、管理组织保障、综合执法、市政设施、市容环卫、数字化管理等内容为主体的城市精细化管理服务评价指标体系，并将其纳入各部门目标责任考核体系。考评结果定期向社会公布，让广大市民监督。根据考评结果，对相关部门管理和服务行为进行调整，为城市精细化管理绩效评估提供依据。

城市精细化管理，是新型城镇化的必然要求。对于城市发展来说，这种阶段的跨越是一个变革性问题。面对城市发展中渐渐增多的社会事件、各种频发的自然灾害，如果地方政府没有服务意识的变革，没有整体性的安排，还是此前的粗放型发展思路，头痛医头、脚痛医脚地被动式应对，就不可能有效提升城市管理的质量。

4.规划管理实施

所谓“三分规划、七分管理”。随着城市社会经济活动规模的扩大和城市系统整体功能的复杂化，我们对城市规划的重要性的认识越来越明确，但是在城市规划的管理上还存在不少问题，城市规划在规划实施和城市年度建设计划中没有发挥统筹协调作用，也没有体现规划的引领作用。首先城市的建设时序十分混乱，出现建设项目不配套，不能尽快形成便利舒适的城市生活环境，居民小区建好了，周边道路没连通，学校、医院、商业服务没同步，公交、燃气、供热不通。路面修了但地下基础设施未同步，道路重复开挖等种种乱象。还经常出现绿地被临时占用，大量遗弃建筑垃圾等情况，城市生活环境受到严重污染。其次在城市的建设过程中经常出现随意提高开发强度，随意破坏历史建筑，对地区风貌造成影响的情况。再次，在城市的建设过程中经常出现废水、废气不经处理就直接排放的问题，严重污染周围的环境。这些现象的存在说明在城市规划的过程中还没有进行有效的调控和管理，城市规划在监督管理方面的工作还十分不到位，其具体原因有：

在城市规划的实施管理过程中没有健全的法制保障，经常出现规划缺位的现象。出现城市规划缺位的主要原因为：第一是城市规划实施中，规划管理部门没有发挥应有的统筹协调作用。第二是我国在城市规划中没有健全的法律体系。出现了很多建设单位钻法律漏洞，违章乱建、对各种建筑进行扩建的问题，这严重阻碍了城市的规范化发展。我国很多的城市规划因为受到国家规划部门和地方政府的双重领导，规划和管理部门之间会存在一定的冲突，对政策的执行和贯彻产生了消极影响。同时，各行政部门之间无法进行协调配合，在规范审批权的过程中规划局缺乏相应的法律规定，而只能依据政府要求和规划原则进行制定，这在一定程度上影响了城市的整体效益，导致一定的损失。

缺乏规划管理手段。很多城市容易轻视执法主体管理职能的规范，没有形成一体化、民主化、规范化的城市管理模式，这导致城市很难贯彻落实协调统一规划。目前，很重要的问题是规划管理部门在城市建设管理决策中的权威不够，政府决策，规划部门担责任的情况非常普遍。政府为解决当前的焦点问题或吸引重要招商项目而常常弃规划于不顾。同时，城市规划在依法审批管理方面的工作十分不到位，加上在城市规划管理经费方面的投入不够，增加了城市规划管理工作的难度。

在城市规划管理中缺乏公众监督。一些城市将规划决策权集中在部门领导者手中，这导致其缺少一定的公众监督作用，在城市规划的经济效益、社会效益方面的评价，没有客观性。主要是因为规划由管理部门和地方政府的少数人决策，所以自由裁量权比较大，但是其实施工作和规划管理一直是规划管理者的单方面行动，容易出现决策主体错位的问题，缺乏公众的有效监督。此外，也会导致群体利益取代公众利益的现象，忽视城市发展中规划管理维护社会公平的重要作用。因为没有进行有效的监督，很多领导者会利用职权便利来干预规划建设，以谋取私利。①

（1）制定地方化规划管理细则，与规划实施紧密结合。

当前，我国行政法制化力度不断加大，城市规划建设管理的法制化进程也应不断加强。要逐步建立健全一套城市规划管理的法制体系，为城市规划管理提供法律依据和法制保障。这种法制体系不是仅仅为政府的行政管理提供便利，也必须为生活于城市的每一个利益主体提供完善的利益保障机制。但自2008年《城乡规划法》实施以来，长期没有制订《规划实施条例》，城乡规划法中确定的一些原则性条款缺乏细则难以实施。

（2）通过规划分层管控，实现规划刚性与弹性的结合。

城市总体规划在空间布局与管控方面，既包含体现公共利益的、需要政府实施刚性管控的内容，也包含引导市场和社会开发建设的内容。而在刚性管控内容中，既包含总规层面应该实行严格边界管控的内容，也包含在空间上定位定界具有不确定性的内容。但传统总规往往采用一张终极蓝图的表达方式，即空间布局具体到每个地块的用地性质和用地边界，未能区分空间管控的刚性与弹性，导致下位规划编制和规划实施面临“不好用”和“难落地”

① 冯云．李芬浅谈当前城市规划管理面临的问题及对策［J］．探索争鸣，2010（5）．

的问题。

明确刚性管控的核心内容，区分刚性与弹性的边界，并实现刚性内容的有效向下传递和时间分解，是实现总规“好用”和“落地”的关键。以厦门市城市总体规划为例，其刚性管控内容的“纵向传导”与“时间分解”下的动态实施机制相结合，实现了空间布局与管控的“刚弹结合”。

通过分层刚性管控保障公共利益，通过主导功能区预留空间弹性。总规中的刚性管控内容是总规体现公共政策属性、保障公共利益的核心内容。厦门总规明确城市空间中需要刚性管控的核心资源要素，针对不同管控内容建立分层管控体系，实施更为严格的刚性管控。厦门总规在市域层面实施全域空间管控，将保障生态与人居环境质量的底线约束作为刚性管控的核心内容，划定生态保护红线、永久基本农田、城镇开发边界以及生态空间、农业空间和城镇空间。对城镇空间内的核心资源要素进行严格管控，其中重要公共服务设施采用“定布局结构”“定规模总量”等方式进行管控，其具体位置和用地边界在下层次规划中落实。重要绿地、河湖水面、历史文化资源和重大基础设施则沿用绿线、蓝线、紫线、黄线的“边界管控”方法。而对于需要下层次规划落位的公共资源要素，在总规层面通过构建指标体系、规定配置标准但不明确具体落位的方式为下层次规划编制提供指导。

由市场和社会主导开发建设、管理维护的空间与设施，以及在空间定位定界方面有不确定性的公共资源要素，在总体规划中应留有充分的空间弹性。厦门市城市总规采用主导功能区布局的方式，不仅可以对城市空间布局进行总体结构引导，也为市场和社会配置空间资源预留了弹性。主导功能区是指划定城镇空间内各个片区的主导功能，并规定主导功能的用地比例和制定负面清单，但并不划定具体地块的用地边界和用地性质。主导功能区的分类方式与现行《城市用地分类与规划建设用地标准》（GB50137–2011）的用地分类相对应。这种方式一方面落实了城市空间结构，对城市功能布局进行了结构性引导。另一方面又为具体地块的规划布局预留了弹性，尤其是对市场和社会主导的空间布局内容给予了较大的灵活性，同时也促进了土地的混合使用。此外，厦门总规还尝试建立空间留白机制，将目前无法明确最优功能用途的用地规划为白地，待条件成熟后再明确其最优用途，从而为不可预期的重大事件和重大项目做好应对准备，为未来提供更灵活的建设发展空间。

建立总规和控规之间的传导“接口”，以保障刚性内容的有效传递。总规作为战略性的法定规划，其责任并不是直接指导具体的开发建设。因此，需要为总规建立能保障其发展战略和管控意图落地的纵向传导机制，以实现总规的“落地”。厦门总规建立了“市域—规划实施与管理单元”的两级纵向传导体系。将规划实施与管理单元（以下简称管理单元）作为总规向控规传导的“接口”，既保障总规的刚性管控内容得到有效传递，又给予地方政府一定的弹性与自由，实现刚性前提下的适度弹性。结合主导功能区边界、行政边界、主要道路和自然边界等，将厦门的全域空间划分为61个管理单元，其中城镇开发边界内有46个城市型发展单元，每个单元大小10—20平方公里，生态控制区内有15个生态型发展单元，全部按照镇级行政区划划分。未来管理单元应编制控制性详细规划，落实总规的刚性管控内容。

为保证总规规划意图和管控内容的有效传递，厦门总规对各个管理单元提出指引内容和管控要求，包括对人口规模（包括常住人口和就业人口）提出预期值，并以人口规模为基本依据，对公共空间、公共服务、交通和

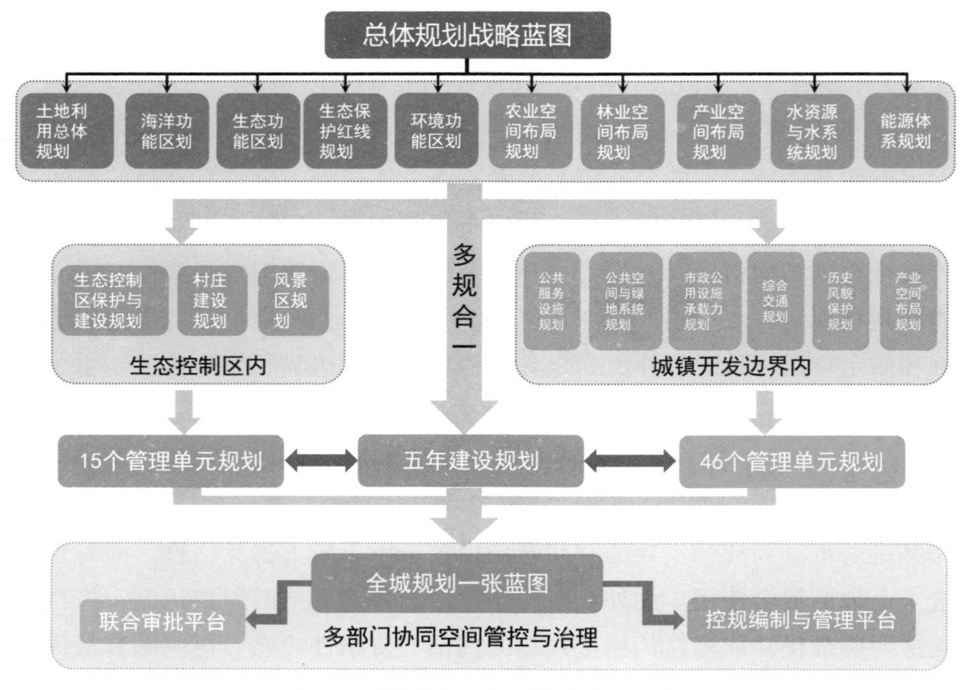

图4-4　厦门总规的空间管控与治理体系

来源：中规院厦门总规组，2018年2月

市政公用设施等提出建设要求。管理单元的指引与管控内容包含两个层次：一是将总规层面确定的人口规模、主导功能和重要设施的管控要求分解落实到各个管理单元。二是将总规对下层次规划设施配置的要求直接在各个管理单元中进行细化明确，以指导控规编制。如将15分钟社区生活圈的划定与管理单元的边界相衔接，根据总规提出的社区级公共服务设施和公园绿地的配置标准，明确每个管理单元应配置的社区服务中心和社区公园的数量和规模，而控规则应严格按照管理单元提出的数量和规模要求落实具体用地布局。①

在时间维度上，厦门总规充分衔接国民经济和社会发展中长期规划，通过编制五年实施规划，分阶段落实总规确定的目标指标、战略策略、空间布局与管控等内容。以五年实施规划为指导，按照“事权对应”的思路，各区政府、各部门组织编制五年行动规划和专项规划。规划部门依据各区、各部门的五年行动规划，编制年度实施计划，指导项目生成、招商服务。通过以上对总规的时间分解，形成了“总体规划——五年实施规划——各区/部门五年行动规划——年度实施计划”的分阶段实施体系。该体系不仅打破了传统总规终极蓝图的静态描绘方式，而且将总规的技术性文件与政府的公共政策相结合，实现了“技术性规划”向“政策性规划”的转变，保障了总规的有效实施。②

（3）加强公众的参与，确保规划的有效公开。

加强多层次、多形式的规划宣传，让城市广大市民了解城市规划。公众参与规划的前提条件是规划宣传，只要让人们了解规划，才能更好地参与规划。但是要使城市规划意识深入人心需要一个过程，因而加强规划宣传必须持之以恒。规划部门可采取咨询或召开情况通报会以及通过电视节目、互联网定期向市民通报规划管理的内容、范围、技术指标要求等，给市民提供一个了解规划的机会。同时要多邀请市民参加城市规划论证座谈会、听证会；聘请市民担任城市规划社会监督员；在报刊上开辟“城市规划人人参与”等专栏。此外，要主动到社区、学校、机关企事业单位开展规划专题讲座，发动机关干部、青年学生、知识分子，应用他们的聪明才智参与城市规划。同

① 规划中国.如何实现城市总体规划在空间的“好用”和“落地”？——厦门总规在空间布局与管控方面的探索［EB/OL］.Https://www.sohu.com/a/221063845.611316.2018-02-05.

② https://baijiahao.baidu.com/s?id=1591981612309774085&wfr=spider&for=pc

时要向先进的城市学习，积极创造条件，建设城市规划展览厅，逐步完善规划宣传的硬件设施。

实行新型城市规划委员会制度。借鉴深圳、香港等城市的先进经验，实行城市规划委员会制度，加强公众参与规划，推动规划的科学民主决策。成立城市规划委员会，成员由公务员、专家学者和公众代表组成，增加非公务员委员比重。规划委员会对审议内容采取无记名投票方式做出表决，规划委员会的审议意见必须经参加会议的三分之二以上的委员通过。规划一经批准，非经法定程序不得任意变更，未经规划委员会审议的规划，城市政府不得审批。

进一步加强规划公示，强化规划监督管理工作职能。在与公众的沟通过程中，对这种全面而宏观的规划最感兴趣的是专家。众多建设单位关注的是规划的实施与管理，对于普通市民来说，最关切的却是规划实施的监督与检查。因此，后两者也成为规划部门所致力公示与公开的重要方面。如规划审批的程序、时限、要求等，各项规划管理的法规、规定、规范和技术指标，控制性详细规划的调整，规划方案的评审，等等。这些涉及老百姓切身利益的内容，要逐步地向社会公开并引入公众参与机制。要畅通公众信息反馈、接收渠道，及时将公众的反馈意见和建议，经过整理，融合到规划编制和管理中去。同时，要采取激励措施，对参与热情高、意见建议质量好的公众给予一定的物质和精神奖励，逐步营造一种宽松和谐的公众参与环境。①

四、战略规划引领城市发展模式转变

城市规划的广义理解是对城市未来的一种研究和假定，并以此形成城市发展的纲要。从这个意义上讲，城市规划首先要解决的是城市长远发展的基本架构，而不是城市某个时期的发展状况，这就是传统规划方法在现时“捉襟见肘”的原因——常常出现换一任领导，改一次规划的情况。如果把城市规划划分为“战略”和“战术”两个层面的工作，那么“战略规划”的层面应该更多地考虑城市无限发展的基本架构，只有在确定城市发展基本架构之后，才有资格谈城市在某个时期内的发展规划。

① 曹艳. 关于城市规划中公众参与问题的思考［J］. 中国城市经济 ,2011(08).

（一）战略规划对比总体规划的优势

1.战略规划谋划得更加长远、期限更长

涉及城市的复杂性和综合性以及城市建设周期、发育周期等等因素，战略规划的谋划期限一般在30年以上（当然也存在中近期的专类战略规划）。所谓“战略”和“战术”的划分也是相对的，如果从时间坐标去划分，那么战略管用的时间长一点，战术管用的时间短一点。站在更高的层面角度展望，10年规划甚至20年规划对于一个城市的长远发展来说都处于战术层面。要管好城市的长远发展，必然要提战略规划，势必在众多的城市规划概念中筛选出一些最基本的、最有共性的战略要素。[①]

战略规划是中长期规划的理论依据、探索区域（城市）发展终极理想状态的有效手段。如社会经济发展规划、城镇体系规划、城市总体规划、基础设施发展规划等等规划文件，都可依据或参考战略规划进行延伸安排。

战略规划与国家发展意志和社会发展阶段安排同步对接，以国家建设的时间表、路线图为参照，与次区域、地方的远景发展诉求相呼应。

我国的国家战略，就是党的十五大报告首次提出“两个一百年”奋斗目标，第一个一百年，是到中国共产党成立100年时（2021年）全面建成小康社会；第二个一百年，是到新中国成立100年时（2049年）建成富强、民主、文明、和谐的社会主义现代化国家。

因此，城市（区域）战略规划的理论、目标与任务制定，应与国家层面“两个百年”战略保持同步，实现“中国梦”的美好愿景。

2.战略规划更加强调愿景目标，目标指标化

东罗马时代莫里斯皇帝的著作《战略》是第一部战略学著作，即为“将军之学”。西方战略思想史的一代大师克劳塞维茨认为，如何使用会战以达到战争目的的学问就是战略。城市发展战略就是为达到城市在区域竞争中获胜目的而分配和使用城市资源的艺术。[②]

战略规划凸显顶层设计意图，突出城市远期的目标性研究，重在辨明方向。其核心是目标的确立，即城市在未来的一定时间内，发展方向的选择、指导思想、主要原则、规划导则、基本任务等。在此基础上，分配和组织利

① 林树森.战略规划应该突出三个“概念”[J].城市规划，2011（3）.

② 赵艳莉，郑声轩，张卓如.从战略规划与总体规划关系探讨两者技术革命[J].城市规划，2012,36（08）.

用区域（城市）各种资源活动。2018年4月颁布的《河北雄安新区规划纲要》就是一次很好的战略规划制定范例，充分体现了顶层设计的意图。

同时，战略不是指导如何实现单一目标的计划和执行，而是协调各个单项计划的关系，以求达到总体目标。战略的目标是综合各方面因素确立的全局性目标。

3.内容上可以整合大量非空间要素的规划

城市和区域的多项物质性、非物质性构成要素不仅对城市空间产生重要影响，其本身及相互之间的错综关系对城市空间发展也有着深刻影响，包括经济、社会、文化、环境等要素都是城市空间发展战略规划研究的对象。因此，经济产业、社会人文、生态环境等非空间要素层面，同样是战略规划重点研究的领域。同时，战略规划可以有效协调城市发展中的“条”与“块”的关系，为众多职能部门协调提供统一的空间框架。

4.跳出现实和近期利益的束缚，强调核心问题的长远谋划和坚持

城市资源都是有限的，战略本来就是一个选择问题，因此，战略规划的核心是目标的确立，即城市在未来的一定时间内，要向什么方向发展，这是分配和组织利用各种资源活动的指引。城市从现在到未来可能有很多条发展道路，究竟哪条道路符合城市长远发展利益，使得城市具有可持续发展竞争力，这是战略规划应该深入研究并作出恰当选择的核心工作内容。有以下几个原则：

（1）资源集中的原则。战略规划更重视战略分析而非专注战术运用，它更关注重点问题而不追求面面俱到，它更注重资源的集中有效使用而不是追求均衡。

（2）重点突出的原则。辨明主要的目标，找到症结所在，针对问题进行重点研究，是城市发展目标选择有效的方法。

（3）概念鲜明的原则。战略规划涉及城市发展的长远目标、功能定位、区域策略以及当前的规划布局和行政纲领，其重要价值在于提出鲜明清晰的城市发展战略概念。

5.表现形式更灵活，摆脱十全大补丸的套路，更加通俗

传统法定规划拙于应付难以预测的社会经济变化和不断出现的热点问题，战略规划不是我国城市规划法定体系的内容部分，规划的内容和要求也没有具体的规定，战略规划研究过程中更为注重思维的灵活性和前瞻性，主

要包括内容组织、工作方式、成果表达等。

不拘泥于传统编制要求和表达形式，国内战略规划类型可归纳为三种：政策文件、前期研究、咨询研究。

战略规划更为关注城市发展目标和发展动力等内容，效率优先成为价值理性标准。对当前城市发展现实需求的积极、恰当而有效的回应——快速对城市当前社会经济、空间布局中的问题作出反应和研究。

（二）战略规划的引领作用

1.顶层设计的地位，统筹多规合一

国内战略规划的发展趋势是：推进城市战略规划从一种城市规划形式向城市治理核心工具的转变。在此背景下，战略规划是落实战略意图的有效手段和途径，系统指引社会经济各项规划对接与协调。

战略规划中的几个统筹：

统筹社会经济。战略规划直接指引区域社会经济发展规划，“发展是硬道理”，无论是中央政府还是地方政府，都在不遗余力地推动经济发展。城市发展战略是指，对城市社会经济环境的发展所作的全局性、长远性和纲领性的谋划。因此，战略规划是一个区域、城市规划期内经济社会发展的方针政策、战略目标、主要任务、实施重点，是具有战略意义的指导性文件。

统筹土地利用。战略规划要解决的土地使用的首要问题应是不可用于开发使用的土地规模与界限。也就是说战略规划土地使用的概念就不单是传统的规划方法，土地使用只考虑工程地质、水文、气候、地形地貌和经济效益，更多的是强调基于环境承载能力和整体用地格局。从城乡资源供应、环境容量、设施支持等角度出发，提出城乡发展的全局性宏观框架和引导策略，从协调城市规模与环境承载能力的关系去考虑城市用地。

统筹综合交通体系。从城市发展战略考虑，当地的交通状况越改善，当地居民就认为人居环境比原有进步而越不想外迁。过于囤积于老城中心高密度地区的交通建设只能更加强化其功能和土地价值而形成新一轮的交通堵塞，这就是被动应对交通规划方式形成的恶性循环。

统筹重大基础设施，城市规划中的工程规划，包括城市给排水、电力系统、供热供气、道路网络。

统筹生态环境。社会经济的迅速发展及现实环境条件的日趋复杂使得准确地预测城市未来的可能越来越小，寻求在环境容量允许的情况下，城乡空间结构在动态发展中更具有灵活性和富有弹性，以应对社会经济发展增加的不确定性是非常必要的。所以，淡化规划期限，跳出以时间为限的规划模式，根据城市环境的承载能力考虑城市的整体发展格局，应被提到战略的层面进行研究。

按生态文明建立起来的生态城市含有城市融合的理想，是城乡共生系统，已不是传统城市规划所划定的规划区。生态也不是指单纯的“自然生态”或狭义上的生物学概念，而是包括社会、经济、自然复合的大系统。因此，统筹区域生态环境必须放在战略规划的范畴中研究。

2.全域谋划，适应城市区域化、区域城市化的格局

战略规划对于区域空间布局的大结构、大格局可以做出前瞻性研究、判断。对于当前我国城市集中涌现出的城市规模无序扩张、土地财政效应膨胀、生态环境破坏、交通拥堵等“城市病”，科学编制“空间战略规划”对区域空间大格局进行“塑形”，构建生态优先、基础设施效益最大化的布局结构，以战略规划引领城市发展模式转型，而不是片面强调城市“增长主义”。

战略规划对于边界相邻的不同行政属地的空间、交通、基础设施、产业布局等方面进行研究，从而进行跨区域一体化的系统规划和布局。比如国家战略层面将珠三角区域一体化发展摆上重要日程，从而将广州城市发展置于更为广阔的空间背景之下。因此，要跳出广州谋划广州的发展，在新一轮战略规划中凸现广州作为珠三角中心城市在广佛同城化、广佛肇经济圈建设和珠三角一体化发展中的龙头作用，更加凸现出珠三角区域一体化的要求。

（三）战略规划与总体规划的互动

总体规划是法定规划，它的编制和审批有严格的内容要求和程序规定，总体规划更突出全局性、综合性和控制性。

城市发展战略是城市体系规划的灵魂，是贯穿整个规划的思路，城镇空间布局结构是城镇体系规划的核心，是城镇发展战略的具体表现。

从共性看，城市发展的目标定位研究和近期行动计划是两个规划共同的工作内容，是总体规划和战略规划内容的交集，也是两者相互衔接的连接点。

从差异看，总体规划属于法定规划，程序正义和公平优先成为首要关

注目标。总体规划需要花大精力去协调平衡各利益主体的关系，而战略规划更为关注城市发展目标和发展动力等内容，效率优先成为价值理性标准。

表4-2　城市发展战略规划与城市总体规划的比较表

	战略规划	总体规划
概念	实现可持续发展能力和区域竞争力的思想方法及行动计划	确定城市的规模和发展方向，协调城市空间布局和基础设施等综合部署和具体安排
目的	对城市重大问题进行深度研究，为城市政府提供发展的思路、策略和决策咨询方案	协调三生的功能和布局关系，发挥城市土地空间资源的最大效益
特征	纲领性、目标性、长远性、抗争性	全局性、综合性、长期性、控制性
技术路线	寻找问题—拟定目标—途径策略—行动计划	获取信息—分析评估—定位目标—远期方案—近期实施
主要内容	在区域中找准城市的发展地位；诊断城市发展问题，发掘城市发展的原动力，重点以城市整体发展策略和土地空间开发的政策为研究对象，确定全局性、战略性、前瞻性发展目标，提出城市空间发展的宏观框架，制定经济、社会、环境等发展引导策略，并提出实现战略的行动建议	合理制定城市经济和社会发展目标，确定城市的性质定位、发展规模和建设标准，安排城市用地的功能分区和各项建设的总体布局，布置城市道路交通运输和市政基础设施系统，统筹郊区生活供给基地，制定近期建设规划实施步骤和计划
法定定位	非法定规划，更多体现地方政府发展意图	法定规划，较多体现上级政府的管制意图

战略规划与总体规划的关系有学者归纳为五种关系：衔接论、替代论、反替代论、务虚论和指导论。如果从空间规划体系来讲，区域规划—总体规划—控制性规划的空间体系边界更为清晰；再者，从在实践中发挥的作用来看，绝大多数战略规划主要起到指导城市总体规划编制的作用。因此，“衔接论”更符合我国规划体系和城市建设管理的发展实际。这种思路既承认战略规划研究的现实意义，又从根本上肯定城市总体规划的作用和法律地位。①

欧美等发达国家从20世纪初开始研究制定50年发展战略，分为国家层面和地方层面。地方层面上，如英国的“未来城市”、美国的“区域未来50年”等。这些都属于战略规划，而且都是建立在对全球、国家或地方层面上科技、经济、社会、人口、资源、生态、环境等的发展趋势和科学预测基础上制定未来发展目标或方向的纲领性文件。这一做法，值得我们借鉴。

① 赵艳莉，郑声轩，张卓如．从战略规划与总体规划关系探讨两者技术改革［J］．城市规划，2012, 36(8):87−91.

第五章 用好城市空间结构“密钥”

知常容，容乃公，公乃全，全乃天，天乃道，道乃久，没身不殆。

——《道德经》

城市空间结构可以通过预测城市未来的方向，制定符合现行空间结构的战略。一是建成区人口分布，二是城市单中心还是多中心模式。这其中“密度”是开启城市空间结构的“钥匙”。它来决定城市的布局与形态，功能与规模，土地使用情况，交通等基础设施的安排，公共服务的布局，步行条件的创造等。

一、“密钥”的由来

密度是城市规划学用于衡量土地资源配置效率和城市化程度的一个概念。近年来，随着城市规划学和城市经济学的发展，城市密度除了原本用于描述城市占有土地特征，即单位用地面积内人口数量和建筑面积外，还被赋予更多的含义。比如，用于描述街道、路网分布程度及由此形成的街区用地开发程度。再比如，用于描述社会、经济、文化活动或资源在城市单位区域内的聚集、毗邻和重合程度。

密度这一概念的背后，衡量的是城市各要素在城市单位面积内的分布。比如，就业分布，直接决定城市的空间形态；人口分布，根据居民居住地来统计;资本分布，与就业分布的密度直接相关联;建筑分布，表现为建筑密度、高度和容积率，也表现为土地利用的强度；交通设施分布，它们是连接其他各种分布的通道载体，通过它们城市才能活起来。

不同的分布状态就意味着不同的要素密度。这些密度之间是相互关联的，最好生活和工作的地方是那些紧凑的，居住和工作在一起，基础设施有效使用，只需适当调整而无须再开发的地方。

一座城市内各区域的要素分布之所以存在较大区别，主要是该区域所承载的城市功能不同，即城市发展动力主体的需求是城市功能空间分布的基础，所谓一切形式服从于功能就是这个道理（如图5-1）。因此，我们研究城市的空间结构更要根据城市的区位条件和功能布局特点，结合产业发展、生态环境保护等因素，探讨土地开发强度的宏观布局，进而确定城市密度的合理分配，实现有限的城市土地资源优化配置。

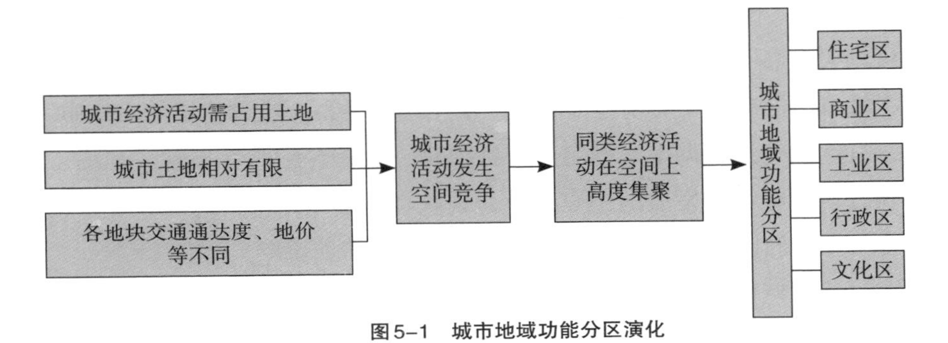

图5-1　城市地域功能分区演化

因此，有人说城市的本质在于密度。城市的大小，不在于面积，而在于密度，具有一定的高密度，是城市内涵式提升与集约式发展模式的内在要求。

1.城市职能与城市性质[①]

城市职能是指城市在一定地域内的经济、社会发展中所发挥的作用和承担的分工，是城市对城市本身以外的区域在经济、政治、文化等方面所起的作用。但也有一些学者认为城市职能应包括为城市本身服务的活动，即城市中进行的各种生产、服务活动均属于城市职能范畴。城市职能是随社会经济发展或自然资源、交通运输、供水、用地等建设条件的改变而变化的。例如，中国的省（区）政府机关所在地城市，以及沿海、沿江港口和铁路枢纽城市，在历史上的主要职能是行政中心或交通运输和商业中心。随着国民经济的发展，这些城市兴建了许多工业企业、大专院校、科研机构，对外交通条件也有很大改善，使原来的行政中心成为具有多种职能的综合性城市，有些变成工业居于突出地位的经济、文化中心。[②]

城市性质是城市在一定地区、国家以至更大范围内的政治、经济、与社

① 《城市规划基本术语标准》（GB/T 50280—98）.

② 《城市规划基本术语标准》（GB/T 50280—98）.

会发展中所处的地位和所担负的主要职能，是城市在国家或地区政治、经济、社会和文化生活中所处的地位、作用及其发展方向。城市性质作为描述城市发展战略目标的一种方式，是对城市定位与职能的高度概括，具有指导城市建设的战略性意义。确定城市性质能为城市总体规划提供科学依据，使城市在区域范围内合理发展，做到真正发挥每个城市的优势，扬长避短，协调发展；为确定城市合理发展规模提供科学依据，城市规模是否合理，主要表现在城市职能作用是否得到充分发挥；可明确城市内部及城市所在区域范围内，重点发展项目及各部门间的比例关系；可合理使用土地资源，提高土地有效利用率，城市内部多是工业用地偏高，生活用地不足，应通过确定城市性质，有计划、有步骤地进行调整。确定城市性质是一项综合性和区域性较强的工作，必须分析研究城市发展的历史条件、现状特点、生产部门构成、职工构成、城市与周围地区的生产联系及其在地域分工中的地位等。

城市职能与城市性质都反映城市为外部服务的作用，在国家或区域中的分工，确定城市性质一定要先进行城市职能分析。在单一职能的城市中，城市性质与职能一致。多职能的城市性质较难辨别，需进行多方面分析论证才能确定。城市性质对一个城市的发展方向，对其生产、生活及其本身的发展与建设有深远影响。城市性质是城市主要职能的概括；城市职能一般指现状，城市性质一般指规划；城市职能是客观存在，城市性质决定了城市的布局结构和主要功能，城市职能是指城市在经济、政治、社会、文化、生态等方面的作用。

2.城市定位

城市定位是根据自身条件、竞争环境、需求趋势等及其动态变化，在全面深刻分析有关城市发展的重大影响因素及其作用机理、复合效应的基础上，科学地筛选影响城市地位的基本组成要素，合理地确定城市发展的基调、特色和策略的过程。其含义是通过分析城市的主要职能，揭示某个城市区别于其他城市本质的差别，创新个性化的城市形象，抓住城市最基本的特征，引领自身发展的目标、占据的空间、扮演的角色、竞争的位置。城市定位是城市发展和竞争战略的核心。科学和鲜明的城市定位，可以正确指导政府活动、引导企业或居民活动、吸引外部资源和要素，最大限度地聚集资源，最优化地配置资源，最有效地转化资源，最有效地制定战略，最大化地占领目标市场，从而最有力地提升城市竞争力。否则，城市定位不准，就会迷失方向，丢掉特色，丧失自身的竞争力。

城市定位是否准确，不仅关系到城市本身的发展前景，同时也牵涉到区域各级城镇的合理分工和协调发展。因此，城市定位是城市发展战略必不可缺少的内容。其意义和作用可归纳为以下几方面：

（1）市场经济的条件下，区域中的每个城市的发展既有相互竞争的一面，同时又有协同互补的需求。城市之间的竞争是一把双刃剑，它可以激励城市的快速发展，但如果城市不考虑自己的优势和特色，盲目地加入恶性竞争的行列，就会适得其反。

（2）对一个城市而言，只有合理的定位，才能突出城市特色，充分发挥城市的优势。城市定位不准，就会迷失方向，丢掉特色。一旦城市的发展和城市的风格与别的城市雷同，最终将丧失自身的竞争力。

（3）城市定位是制定城市发展方针和产业政策的重要依据。城市发展方针是指导城市发展的纲领，其主要内容是确定城市发展的目标、发展重点以及相关的公共政策。城市方针要从城市的实际情况出发，突出城市的特点，才具有针对性和可操作性。因此，城市的性质、定位，就成为制定城市发展方针的重要依据。

城市功能是城市在国家或地区的政治、经济、文化生活中所承担的任务和作用，以及为本市居民生产生活所必须提供的服务，是城市生命力之所系。城市的主导功能决定了城市的性质，城市的定位和类型是一个历史概念，而非固定模式，它将随着城市的主导功能变化而变化。

二、城市的最佳规模

规模效益是指企业将生产要素等比例增加时，产出增加价值大于投入增加价值的情况。只有当经营规模扩大，其产量增加的比例大于全部要素投入量增加比例时，这种经营规模才具有规模效益。

（一）城市规模效益

城市规模效益主要指城市人口数量多少与城市经济效益高低的关系。按人均经济指标计算，城市经济效益远远高于乡村，原因之一就是因为城市人口相对集中、密度大，从而可以高效率地利用社会分工与协作所产生的生产率，更好地利用科学技术的潜力，最大效率地利用各种公共设施。一般情况下，随着城市人口规模的增大，城市的经济效益也会提高。但并不是城市人口规模越大越好，也不是城市人口规模越小越好。根据中国城市人口规模的经济效益状况，大城市经济效益高于小城市，但也有其他方面的社会问题，如城市交通拥挤、失业率高。小城市也有优势，如可以在国家城市建设资金不足的条件下，较快地自我发展，吸收更多的农村劳动力和人口，合理布局城市的规模结构与地域分布。但其发展也要解决一系列问题，如防止多占耕地、解决好环境生态保护问题等等。

（二）城市合理规模

城市之所以能够吸引大量的经济活动，是因为它能为企业和居民带来收益，也就是说城市的总生产函数必然是规模收益递增的，这是吸引经济活动向城市靠拢的聚集力。另一方面，城市的规模又不会无限制地扩大，随着城市规模的扩大，出现企业竞争加剧、居民生活成本上升、拥挤等现象，又会给企业和居民带来成本和负效用。这些伴随着经济活动的集中而产生的拥挤成本是阻碍经济活动在城市集聚的分散力。

城市是聚集经济的产物，这种聚集经济来源于市场接近效应和生活成本效应。市场接近效应是指企业选择市场规模较大的区位进行生产并向规模较小的市场区出售其产品的倾向，因为市场规模较大地区的需求规模较大，企业可以实现规模经济。各种经济活动和人口高度集中在城市，因而城市的需求规模巨大，显然任何企业都愿意选择城市为其生产区位。生活成本效应是指企业的区位选择对当地消费者生活成本的影响。经济活动高度聚集的地区，在本地生产的产品种类和数量比较多，从外地输入的产品种类和数量就比较少，而输入的产品种类和数量较少就意味着包括运输成本在内的各种交易成本较少，因而经济活动聚集地区的总体价格水平较低，消费者的生活成本也较低，在名义收入相同的情况下，实际收入水平相应较高，从而生活水平就较高。

企业在城市中可以获得知识与技术外溢、中间投入品共享等外部收益。在上述各种力量的共同作用下，人口和企业不断向城市聚集，城市规模不断扩大。经济活动和人口的聚集会导致负效应，这种负效应称为市场拥挤效应。市场拥挤效应是指经济活动的高度聚集导致彼此之间争夺消费者的竞争加剧，这种竞争导致该地区企业生产成本的上升和平均利润率的下降，企业利润率的下降又导致工人工资水平的下降，进而降低该地区居民的收入水平。因此，当企业和人口高度聚集在某一区位时，竞争力较弱或生产成本增长迅速的企业倾向于选择竞争者较少的区位，城市人口也产生了向郊区或其他城市转移的动力。这样，城市的吸引力减弱，从而构成了约束城市规模的分散力。

约束城市规模的分散力主要受以下因素影响，一是自然资源因素，主要是土地资源和水资源。目前我国大多数城市尤其是北方城市都属于重度缺水地区，这直接制约了这些城市的产业扩张和人口膨胀，限制了城市规模的扩大。二是环境容量或环境质量因素。随着人类对生态环境保护重要性认识的加深，更多层面上使人们去大城市的欲望不断降低，从而限制了城市规模扩张。三是经济因素。首先，交易成本的扩大限制城市规模的进一步膨胀。城市就是为了降低交易成本而出现的，城市化就是把大量的交易活动集中在某一区位来降低交易成本的过程，但是如果城市规模过于庞大，则不仅不能降低交易成本，反而还会增加交易成本。当城市规模超过某一临界值时，距离的增大不仅增加城市生产的工业品输送到消费者的交易成本，同时也增加农产品从产区到市场区的交易成本。这种交易成本如果由生产者来承担，就会降低生产者的利润，如果由消费者来承担，就会降低消费者的实际收入水平。其次，城市拥挤将导致生活成本或社会成本上升，这种成本的上升将约束城市规模的进一步膨胀。尽管城市降低居民的生活成本，提高居民的实际收入水平，但城市规模持续扩大时，在土地面积有限的情况下，人口密度必然增大，这就造成了城市的过度拥挤，继

图5–2　重庆夜色

图片来源：程小克，拍摄提供

而造成土地价格、房地产价格和物价的普遍上升，居民的生活成本和企业的生产成本不断上升，从而限制了城市的进一步扩大，企业和居民不得不寻求其他地区作为生产区位和居住区位。

目前，这一趋势已经在发达国家的许多城市中发生，繁荣转移到了远郊区，出现了衰败的城市中心。同时，高密度的人口迫使城市的建筑不断冲出新高，交通系统也向多层发展，地铁、高架桥、立交桥等都需要极高的建筑成本。交通堵塞也日益成为城市人口生活中的重要成本，[①]据统计，城市拥挤造成的直接损失常常达到当地GDP的5%—10%，间接损失可能要加倍。同时，城市中人口和企业的高度密集，势必会造成环境的恶化，这使得居住在城市中的社会成本上升，如空气污染、噪声、疾病传染、垃圾堆积等问题。人口集中的大城市还产生热岛效应。不临近大江大湖的大城市还存在供水紧张的问题，而解决供水紧张的短期办法就是开采地下水，结果使地下水位降低，地表下沉，失去地下水再生能力。总之，城市规模有扩大的趋势，但由于各种约束条件的存在，城市规模也就不可能无限制地扩大。城市合理规模是城市的聚集力与分散力恰好抵消时的规模水平。尽管我们无法精确描述何时聚集力和分散力正好抵消，但我们可以感觉到排队时间越来越长、出行成本越来越大或生活不像过去那样舒适和方便，此时已经接近了或超越了原有城市的最优规模。

（三）城市最佳规模

选择合适的空间格局中最基础的是确定城市的规模。而静态的最佳规模是不存在的，因为城市的最佳规模是动态变化的。城市规模也是存在S型曲线的。随着规模的增大，城市专业化程度增高，经济效益增大，需要的人均建设用地、基础设施和公共服务配套设施减少。但过大的城市规模会导致城市的平均生活费用由于面积的扩大而上升，同时环境问题、交通问题、资源问题也制约着城市的发展。城市经济学家巴顿依据经济学原理对城市规模画出一条成本效益曲线，如图5-3，当到达最小城市规模P1时，城市人均效益与平均支出相平衡，这个时候边际收益MB仍高于边际支出MC，人口持续进入，直至人口边际收益MB等于人口边际支出MC时，即达到理论上的理想规模。

① 安虎森，吴艳红．最优城市规模：聚集力与分散力相抵消［N］．中国社会科学报，2010-08-31.

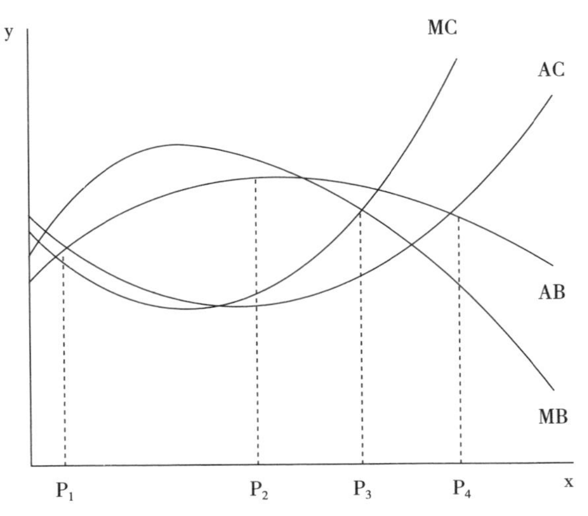

图5-3 城市最佳规模的经济学模型

（巴顿，城市规模的成本效益曲线图）

（MC：城市边际支出；AC：城市平均支出；MB：城市边际收益；AB：城市平均收益）

（P1：城市最小经济规模；P2：城市人口净效益最高时的规模；P3：城镇化所得到的总的纯效益达到最高时的规模；P4：城市最大经济规模）

但这种理想规模也只是存在于理论之上，没有人能精确地算出城市的合理静态规模到底是多少。在不同的经济发展阶段，最佳的集聚度和城市规模是动态变化的。随着经济发展水平的提高，特别是服务业比重的提高，经济的集聚度和城市的最佳规模也逐步上升。如果横向比较的话，随着一个城市的功能逐步转向服务业，其最优规模也是随之变大的，这就是经济发展的客观规律。

我们一直提出要控制城市规模，到底是城市人口规模还是用地规模，城市规模合理性到底是什么？城市人口的流动是一个自然经济的过程，人作为趋利本体，具有追求较高经济利益的属性。从世界范围内的横向对比来看，我国的大城市还有进一步增长的可能性，只有集聚了一定数量的人口，才能集聚起一定等级的经济业态和服务，一定规模的城市腹地。因此城市用地应当是城市规模控制的主要方面。用地规模与人口规模并不一定是成正比的关系。在城市外延式发展的过程中，规划的制定往往是通过人口的预测和人均用地面积的赋值，来确定城市的建设用地规模。但是进入了城市内涵式发展阶段，城市（尤其是特大城市），可新增的建设用地变得极其有限，城市的用地规模已经难以有较大的发展。比如上海2040年城市总体规划明确提出建设用地总量零增长，其实就是利用土地约束倒逼城市土地和产业的升级。因此在城市规模的反思中，我们应当着重思考两个问题。一个是城市的密度，即如何用有限的土地资源承载更多的人口和经济活动。第二则是空间结构，即如何通过建构合理的空间结构，有效组织城市经济活动，将规模负效应降至最低。

（四）综合确定城市规模

从城市形态上来讲，城市实质上是有一种临界状态。即在一定容量中保持人们的宜居：人体、环境、城市机能都保持合理状态。在这个容量中包括人口、工业、环境、用地、交通、建筑等综合的城市元素。

影响城市规模的因素是多种多样的，生态承载力、主导功能、辐射范围、人口结构，都可能影响城市的最佳规模。而在生态承载力之内城市合理规模的确定，主要还是依托城市的功能定位，不同的城市定位，其所需要的人口规模或集聚人口规模的能力也是不尽相同的。无论是人口还是用地，归结到底规模的大小还是与城市格局相适应的。

不同等级的城市腹地范围不同，城市的主导产业不同，而不同的主导产业也基本明确了城市的大致人口规模。比如全球性的中心城市由于集聚更多的要素，往往成为产业链中的控制中心，是生产要素和资源配置中心，行业主要集中于金融、总部经济和高端服务业。这些产业需要一定的人口密度和创新浓度，在密集的信息交流和互动中产生经济效益。同时，这些高端生产性服务业必须要有腹地坚实的产业制造为基础，这类城市产业能极高，经济效益强，能吸引和承载大量人口进入，人口规模一般在1000万人以上。次中心城市的产业强调集中自身优势资源，与核心城市形成错位发展，一般是次级区域的综合服务中心以及某一专业产业研发制造的区域中心，主要集中于高端制造、贸易物流和新技术开发等。这些产业对人口规模的要求要远低于高端的生产性服务业，人口规模一般在300万—800万人之间。而城市群内部的其他专业从事某一大类产品的制造业生产，需要高度专业化。它的区域服务功能更多的是生活型服务功能，一般的人口规模都在50万—100万人。而与乡村密切联系的集镇，作为城市与乡村贸易交换的重要平台，它的规模仅几万人就能满足城市发展的需求。

处在全球化浪潮中，每一个城市都不是孤立存在的。一个城市的人口规模与所在区域的其他城市人口规模有着大致的比例关系。城市的规模结构总是呈金字塔型，形成中心城市—次中心城市—中小城市—中心镇的等级结构体系。中心城市集聚了城市群中大量的人流、物流和资金流，无论是从人口来看还是从经济规模来看，都具有极强的首位度，为城市提供了规模效益和集聚效益，形成区域增长极，参与更高层级的城市分工。等级较低的城市数量较多，规模较小，产业专业化程度较高，与周边城市形成区域联动，共融发展。一般认为，城市首位度小于2，表明结构正常、集中适当。大于2，则存在结构失衡、过度集中的趋势。①

从世界的范围内来看，无论是世界级的城市群还是区域的城市群，都具有明显的产业分工与城市层级的特征。从世界级的城市群的角度来看，每个城市群都有一个以金融商贸服务等高端服务业为核心的城市，控制着区域的生产资料的核心要素，是区域中规模最大的城市，如全球中心城市伦敦、纽约、东京、上海等。第二层级是以高科技产业为核心的城市，他们控制着区域中主要的生产过程，若干专业型的产业为本区域甚至更大的腹地服务。他们的规模往往是第一层级城市的40%—60%，比如波士华城市群中的波士顿、华盛顿、费城；日本沿太平洋东岸城市群中的大阪；长三角城市群中的苏州、南京、杭州等城市。第三层级则是更具专业化的区域专业中心，比如波士华城市群中的巴尔的摩、日本沿太平洋东岸城市群中的名古屋、长三角城市群中的宁波，他们的人口规模往往是第二层级城市的40%—60%。这种法则在区域级的城市群也同样适用。无论是哪一级的城市，除了若干个全球中心城市外，都处于不同金字塔中的不同层级，通过相互对比校核，从区域的角度，为确定城市具有合理性的最佳规模提供了一种新的思路。

三、精明增长与紧凑城市

当前，我国许多城市仍然继续使用着20世纪全球标准的城市化模式。通常以快速路（主干道）为骨架，城市内遍布着城市街区，城市高度分区化且高楼林立等。这种城市化模式起初给城市带来了快速发展，但逐渐暴露其弊端，造成了对能源的高度消耗，对交通流动性的需求，甚至城市社会的割裂

① 1939年马克·杰斐逊（M. Jefferson）提出了城市首位律。首位度一定程度上代表了城市体系中的城市发展要素在最大城市的集中程度。为了计算简化和易于理解的需要，杰斐逊提出了“两城市指数”，即用首位城市与第二位城市的人口规模之比的计算方法：s=p1/p2.

和不公平发展。因此，需要对城市发展模式进行再思考。

为了支持“绿色经济”理念，在城市发展模式上，这里引入了精明增长和紧凑城市的概念，作为一个实现可持续增长与绿色发展的重要途径。同时，从中国的国情出发，对我国大部分地区城市来说，这也是用好城市空间结构“密钥”的支撑，显得非常重要。

（一）精明增长

2000年，美国规划协会联合60家公共团体组成了“美国精明增长联盟”（Smart Growth America），确定精明增长的核心内容是:用足城市存量空间，减少盲目扩张；加强对现有社区的重建，重新开发废弃、污染工业用地，以节约基础设施和公共服务成本；城市建设相对集中，空间紧凑，混合用地功能，鼓励乘坐公共交通工具和步行，保护开放空间和创造舒适的环境，通过鼓励、限制和保护措施，实现经济、环境和社会的协调[①]。精明增长并没有确切的定义，不同的组织对其有不同的理解。环境保护部门认为精明增长是“一种服务于经济、社区和环境的发展模式，注重平衡发展和保护的关系”；农田保护者认为精明增长是“通过对现有城镇的再开发保护城市边缘带的农田”；国家县级政府协会（NACO）认为精明增长是“一种服务于城市、郊区和农村的增长方式，在保护环境和提高居民的生活质量的前提下鼓励地方经济增长”。总的来说，精明增长是一种在提高土地使用效率的基础上控制城市扩张、保护生态环境、服务于经济发展、促进城乡协调发展和人们生活质量提高的发展模式。精明增长最直接的目标就是控制城市蔓延，其具体目标包括四个方面：一是保护农地；二是保护环境，包括自然生态环境和社会人文环境两个方面；三是繁荣城市经济；四是提高城乡居民生活质量。通过城市精明增长计划的实行，促进社会可持续发展。另外，精明增长是在拓宽容纳社会经济发展用地需求的途径的基础上控制土地的粗放使用，改变城市浪费资源的不可持续发展模式，促进城市的健康发展。

精明增长的主要原则是：1.混合多样的土地使用。2.垂直紧凑的建筑设计。3.创造一系列住房机会和选择。4.创建带有强烈居住场所感的、富有个性和吸引力的社区。5.保护空地、农田、风景区和生态敏感区。6.加强利用

---

① 精明增长［EB/OL］. https://baike.baidu.com/item/%E7%B2%BE%E6%98%8E%E5%A2%9E%E9%95%BF/1341738?fr=aladdin.

和发展现有社区。7.提供多种交通工具以供选择。8.做出可预测的、公平的和能够产生效益的发展决定。9.鼓励社区和利益相关人一起合作参与发展决策。

城市增长的“精明”主要体现于两个方面：一是增长的效益，有效的增长应该是服从市场经济规律、自然生态条件以及人们生活习惯的增长，城市的发展不但能繁荣经济，还能保护环境和提高人们的生活质量。二是容纳城市增长的途径，按其优先考虑的顺序依次为：现有城区的再利用—基础设施完善、生态环境许可的区域内熟地开发—生态环境许可的其他区域内生地开发。通过土地开发的时空顺序控制，将城市边缘带农田的发展压力转移到城市或基础设施完善的近城市区域。因此，精明增长是一种高效、集约、紧凑的城市发展模式。

（二）紧凑城市

紧凑城市理论是在城市规划建设中主张以紧凑的城市形态来有效遏制城市蔓延，保护郊区开敞空间，减少能源消耗，并为人们创造多样化、充满活力的城市生活的规划理论。它最早的积极倡导者是欧洲共同体，其理论构想在很大程度上受到了许多欧洲历史名城的高度密集发展模式的启发。紧凑城市理论主张采用高密度的城市土地利用开发模式，一方面可以在很大程度上遏制城市蔓延，从而保护郊区的开敞空间免遭开发。另一方面，可以有效缩短交通距离，降低人们对小汽车的依赖，鼓励步行和自行车出行，从而降低能源消耗，减少废气排放乃至抑制全球变暖[①]。另外，高密度的城市开发可以在有限的城市范围内容纳更多的城市活动，提高公共服务设施的利用效率，减少城市基础设施建设的投入。紧凑城市理论提倡适度混合的城市土地利用，认为将居住用地与工作用地、休闲娱乐、公共服务设施用地等混合布局。可以在更短的通勤距离内提供更多的工作，不仅可以降低交通需求，减少能源消耗，而且可以加强人们之间的联系，有利于形成良好的社区文化。紧凑城市理论认为，城市的低密度开发使人们的交通需求上升、通勤距离增大，在出行方式上过度依赖小汽车，从而导致汽车尾气排放过多。因此，该理论强调要优先发展公共交通，创建一个方便、快捷的城市公共交通系统，从而降低对小汽车的依赖，减少尾气排放，改

① 郭万清.紧凑城市：关于新型城镇化的一点思考［EB/OL］.http://cs.aass.ac.cn/2014/zxdt_1225/3231.html.

善城市环境，这与TOD开发模式相同。紧凑城市理论是针对西方城市郊区蔓延和“边缘城市”无效性等问题而提出的回应，其研究的范围目前主要集中在美国、欧洲、澳大利亚等工业化国家和地区，对发展中国家的研究涉及较少。而随着发展中国家的城镇化进程的加快，已经有发展中国家的某些发达地区开始了对紧凑城市理论的实践。

关于紧凑型城市的特征，联合国人居署编著的《城市密度杠杆——致力于绿色经济的城市模式》一书中提出：城市紧凑型是关于密度（density）、多样性（diversity）、设计（design）、目的地（destination）和到达换乘点的距离（distance to transt）的概念，即所谓的5D，其具体内容如下：

（1）与环境相适应的密度增大需要。

（2）一个恰当的用地混合（多样性）——换言之，提升工作—住家—服务三者的关系（work-home-services relationship），包括住房类型选择、经济机会、多功能绿色空间和社会设施的多样化。

（3）偏重于步行、自行车和公共交通的相互衔接的街道和交通走廊的设计，即“适宜步行的城市”（a walkable city）。

（4）人口和/或就业的集中，使目的地到服务设施之间的通达性非常好，从而发挥城市集聚的优势。

（5）增加通向各种公共交通、绿色生态系统和其他公共设施的途径，同时缩短距离（适宜步行）。①

衡量一座城市是否紧凑的标志是城市的规模是否紧凑、功能是否紧凑、结构是否紧凑。比如，曼哈顿是由240多条街道和8—9条大道组成的格子化的城市形态，街道和街道之间的距离只有100米左右，每条马路都很窄，但是在这样格子式的街区里面商业资源和服务业资源非常丰富，生活非常便利。可见，建设紧凑型城市，不能单看人口密度和建筑密度提高多少，还要考虑街道的密度、路网的密度、公共服务设施的密度等等。着力打造高密度、功能复合的城市系统，创建更为细致紧密的城市肌理。换句话说，不是看你道路有多宽，而是看你道路是否多，服务功能是否配套。

① 《城市密度杠杆——致力于绿色经济的城市模式》联合国人居署编著2013年。

四、选择适合自己的城市格局

城市是一个超级复杂的巨系统，具有多样性特征。在这样一个复杂的巨系统中，通过明确城市自身格局，对预测城市未来的方向，制定符合现行空间结构的战略具有十分重要的战略意义。对特定城市而言，选择适合自己的城市格局，首先，明确城市的功能定位，因为定位决定地位；其次，地位决定发展格局，因为格局决定布局，即规模、结构、发展方向、产业支撑、资源环境利用等；其三，构建发展愿景，因为布局决定结局。

（一）城市自身格局

明确城市的功能定位是选择城市格局的前提。城市发展首先要看清楚城市发展的态势和区域分工协作，在区域经济、社会分工中能够担当的角色。能够提供什么产品，然后结合自己的资源、环境、文化特点，努力去满足包括生产和消费、服务的内在需求。城市功能定位的确定是了解城市发展路径、空间、结构、规模的基础。首先，要明确城市的能级是什么，通俗地来说就是腹地覆盖了多大的范围。其次是明确自己的职能是什么，就是在区域经济、社会分工中能够担当的角色是什么，能够提供什么产品，是综合型的服务中心还是专业型的产业中心。最后结合自己的资源、环境、文化特点，努力去满足包括生产和消费、服务的内在需求。每个城市的主导功能也许不是单一的，不同的功能服务的腹地范围也有所不同，要理清城市规模，必须先理清楚定位问题。

适合城市特点的发展格局是选择城市格局的基础。芒福德曾经说过“城市的首要功能之一是将想法转化成普遍的习惯和习俗，将个人选择和设计转化成城市结构”。城市发展动力主体的需求是城市功能空间分布的基础。而城市发展动力主体的需求表现为：人口分布、就业分布、资本分布、建筑分布和交通设施的分布。其中最重要的是就业分布，其直接决定城市空间形态。如果一个城市的就业集中于一个地点，譬如一个大的工厂，或一个中央商务区（CBD），就形成了单就业中心城市；如果一个城市有两个或两个以上集中的就业地点，就形成了双中心或多中心城市；就业的地点多而不大，就形成了多就业中心城市。新增人口在哪里集聚，新的产业资本趋向何处，城市是单中心或者是多中心，是向外扩张或者存量发展，不仅仅是城市自身发展的需要，更多体现的是领导人的决策与规划的科学判断。

（二）把握影响城市格局的因素

城市合理格局的影响因素很多，从空间上而言，最重要的两大因素是城市规模与空间结构。城市规模是有效经济效益的体现。城市规模越大，经济集聚能力越强，平均产出的边际成本越低，城市的经济活动更为活跃。但城市规模不能无限制扩大，城市规模扩大会导致平均生活支出成本增高，生活舒适程度下降，而合理的城市结构恰能化解这一弊病，合理的空间结构为城市规模的进一步扩大提供可能。

影响城市合理格局的要素一般有四类：

一是自然禀赋，包括江河湖海，山川矿产。自然禀赋优势是城市兴起的原因，也决定了城市的基本定位，是港口城市，工矿城市或者是边防城市。自然禀赋优势在很大程度上决定了城市发展的定位与规模。比如随着人类交通条件的改善和技术条件的提升，逐渐从内河文明走向海洋文明，入海口的崛起成为必然趋势。国际化大都市大多都处于河海交汇处，比如上海之于长江，广州之于珠江，伦敦之于泰晤士河、巴黎之于塞纳河。河海交汇就成为这些城市发展的天然优势，也逐渐形成了这些城市的城市中心，其他的优势在天然禀赋的叠加下也事半功倍。

二是腹地因素。腹地优势就是城市为多大的区域服务。服务的区域越大，城市的规模也就越大，而城市主要腹地的方向也确定了城市未来发展的重要方向，腹地因素的改变主要是交通条件的变化。

我国人地关系状况决定了集约使用土地的大方向，我国仅以占世界7%的耕地，养活占世界22%的人口。中国人均可用于农牧林业的土地为1.97英亩，而美国为11.8英亩，是中国的6倍。因此，照搬美国的经验在中国进行开发建设是行不通的。

三是区域人口。区域人口的基数和城镇化水平，基本确定了城市需要服务范围的消费总量，从而进一步明确了城市经济生产的规模。中国城镇化发展的空间格局是基于国家资源环境格局，经济社会发展格局和生态安全格局，而在国土空间上形成的规模有序，职能分工合理，辐射带动作用明显的城市空间配置形态及特定秩序。我国在地理上存在一条神奇的分界线——胡焕庸线，是我国人口密度的对比线。胡焕庸线以东南方向是我国发展的重点地区，受东南季风影响，气候湿润宜人，自古以农耕作为经济基础，人口繁盛，城镇密集。而胡焕庸线以西北则是草原、沙漠和高原的地貌特征，人口相对稀疏。因此位于胡焕庸线以东的城市在未来的城市发展中可能更容易获得较好的发展机遇，在城市格局的考虑上应当更多地注重城市扩张的可能性。

四是定位优势。这是具有中国特色的影响因素，也是由于我国特殊的国情体制，使得集中力量办大事成为可能。举国体制可以集中全市全省乃至全国之力，通过政策优惠的倾斜、基础设施的建设、大中企业的导入，改变原本的资源禀赋。很多新区的建设都是通过定位的手段，从白地变为城市乃至全国的经济文化中心，定位优势在其中起到决定性的作用。其次就是对有特殊作用的城市，如边防重镇、海港城市，其特殊的功能定位决定了城市的城市格局。

（三）有效的城市形态

城市形态是体现一定价值取向、内部各种构成要素互动的具有整体性的城市形式和结构，是各种构成要素动态秩序的体现。[①]我们只能选择适合自己的城市格局和城市形态，有些东西是大自然造物已经规定好了的。它赋予你的高山、河流、湖泊、森林或者沙漠、荒原、丘陵，以及除了自然形貌之外的气候、矿产、资源等等，都影响着城市建设的规模、形态和发展趋势。

1.城市形态是城市各要素之间的复杂关系的外在体现形式，研究城市形态需要研究各种要素之间的关系和组合方式。

2.城市形态不断变化，具有动态的特点和发展的性质、总是在一定条件下存在的，随着城市各要素内外矛盾的演化而变化发展。城市的各种功能相互影响，它们一方面相互争夺空间资源，另一方面相互配合，组成综合的整体。城市形态的发展有其自身的规律，形态结构的转换有一定的法则和约束。

所谓有效的城市形态，在目标上追求城市形态的有机性；在方法上寻求多种功能的最作结合点；在操作上注重与现有城市结构的衔接。有效的城市形态，首先表现为城市构成要素的关联性，充分利用不同功能之间的关联性和不同功能之间的协调运作，达到整体大于部分之和，打破既有模式，产生新的城市形态。其次，表现为城市功能的高度聚合性，以满足城市形态的公共性和社会生活的复杂性。最后表现为城市形式的多样性和灵活性，与现有环境相结合，依据不同的环境塑造场所，满足城市生活丰富多彩的要求。

① 叶蔚东．基于适应性的城市网格设计研究［D］．南京：东南大学，2015.

图5-4 俯瞰巴黎：低层高密度城市形态

图片来源：李辉，拍摄提供

打造有效的城市形态的目的是构建城市发展的新秩序，核心是为了达到城市形态的综合有机性。综合有机性曾在传统的城市形态中达到相当的高度，但随着现代化进程中城市的大规模扩展、城市现代交通的发展和现代技术的应用，城市原有的综合有机件已逐渐解体。如何在现代条件下重新达到城市形态的综合有机性，正是有效的城市形态所要解决的课题。

五、网络化空间结构

城市布局是城市地域的结构和层次，以及城市内部各种功能用地比例关系。城市形态是指一个城市的全面实体组成，或实体环境以及各类活动的空间结构和形成。城市职能指的是城市在国家或地区的政治、经济、文化生活中所承担的任务和作用，是城市生命力之所系。城市布局是城市职能活动的内在联系在空间上的反映，是城市、经济、社会、环境及空间各组成部分的高度概括，是他们之间相互作用的抽象写照，是城市构成的形态。城市形态是表象的，是构成城市所表现的发展变化着的空间形式的特征，是一种复杂的经济、社会、文化现象和过程。城市职能是主导的、本质的，是城市发展的动力因素。

（一）网络结构是未来城市空间主旋律

城市空间结构是城市要素在空间范围内的分布和组合状态，是城市经济结构、社会结构的空间投影，是城市社会经济存在和发展的空间形式。城市空间结构一般表现在城市密度、城市布局和城市形态三种形式，因此，城市空间结构就有内部空间结构与外部空间结构之分。就单个城市而言，主要研究城市内部结构，亦即是城市地域结构，表现为构成城市的具有各种功能及其相应的物质外貌的功能分区。现代城市是一个有动力的有机体，它是在一定空间范围内不断演变和发展的。城市在发展过程中，职能分化带动形态的分化形成城市内部空间布局，各个功能区有机地构成城市整体。常见的城市地域结构主要有单核集中块状结构、连片放射状结构、连片带状结构、多核点线式结构、核心与卫星城结构和多中心组团式结构等类型。

从系统论的角度看，城市这个系统的结构，将决定城市职能的发挥，反过来，城市功能的不断提升，也需要相对应的城市结构做支撑。因此，为了提升城市功能，可以通过优化城市结构来实现。城市空间结构作为城市系统各要素关系及其组合状态在空间的投影，通过优化空间布局结构，可以实现城市职能的有效发挥和提升。①

所谓城市网络化，就是在新技术革命的背景下，以互联互通、共治共享的互联网思维为城市发展理念，以区域一体化发展为体制基础，以现代化综合交通体系和信息服务系统为主要支撑，以产城人融合发展为主要动力机制，构建大中小城市协调发展的城市网络体系。城市网络化基本特征是传统的“中心—外围”属性的摊大饼式的城市空间结构，被多中心多节点且互相联系的网络化组团式城市结构所替代。

未来的城市一定是网络化的城市。首先，目前全球化浪潮影响深刻，每一个城市都在全球产业链中努力寻找自身位置，通过专业化的生产为世界提供产品获取较高的经济利益，同时通过进口其他城市专业化产品来满足自己生产消费的日常需求。没有一个城市能在全球化的浪潮中孤立存在、

① 推进大中小城市网络化建设 提高城市群质量［EB/OL］. 凤凰网 . http://finance.ifeng.com/a/20171220/15881057_0.shtml

自给自足，网络化的经济模式和资本组织模式决定了城市未来的空间一定是网络结构。其次，随着经济活动的不断升级，大量的高端服务产业集聚在大城市中，城市规模不断扩大，对城市的进一步发展提出了挑战。而“大集中，小分散”的组团化发展模式是目前较为有效的解决城市规模过大弊病的手段。城市网络体系，是以一定地理范围内以中心城市为核心，由一组规模不同，特点各异而又互相关联的城市组成的空间体系。与传统的中心型等级城市体系相比，网络型城市体系更富有弹性和互补性。生产、服务是多元化的横向联系，各级城市之间实现双向经济辐射，信息成为城市发展的主导力量。经济发展不再以城市规模为基础，各级城市都能在城市体系中找到适合自己的发展空间。“新加坡规划之父”刘太格就针对新加坡的“星座城市”的规划指出：城市达到150万人口就要做拆分。每个150万人口的片区，底下还有若干个卫星镇，每个卫星镇要保证有15万—25万的人口集聚，这样才能支撑一个肌体的运转。这种组团式的城市空间模式也决定了未来城市空间的网络化特征。

（二）建设圈层放射的城市群网络体系

从区域的角度来思考城市的规模与空间形态，最早的理想模型是20世纪30年代克里斯塔勒的“中心地理论”。他阐释了在均质平面和理性经济人的条件下，一个地区的所有人口都应得到每一种货物的提供或服务时，中心地的布局必须达到最低数量以使商人的利润最大化。为达到这一条件，同级中心地按有规则的等边三角形网排列，每个中心地拥有六边形的市场区。而不同商品由于需要的人口最低数量不同而形成不同等级，从而中心地的排布、服务范围和功能布局上具有鲜明的等级性特征。中心地理论被认为是研究城市群和城市化的基础理论之一，形象地阐释了城市群的等级化特征。

同时也发现在城市群范围内不全是城市，也不全是乡村，一定是城乡融合的空间形态。城市群的网络形态各异，有条带状的美国大西洋沿岸城市群、多圈层连接而成环状的欧洲西北部城市群、多圈层连接而成带状的日本太平洋沿岸城市群以及多条带网络状的长三角城市群，但无论城市群的形态如何变化，它都具有明显的等级性特征。

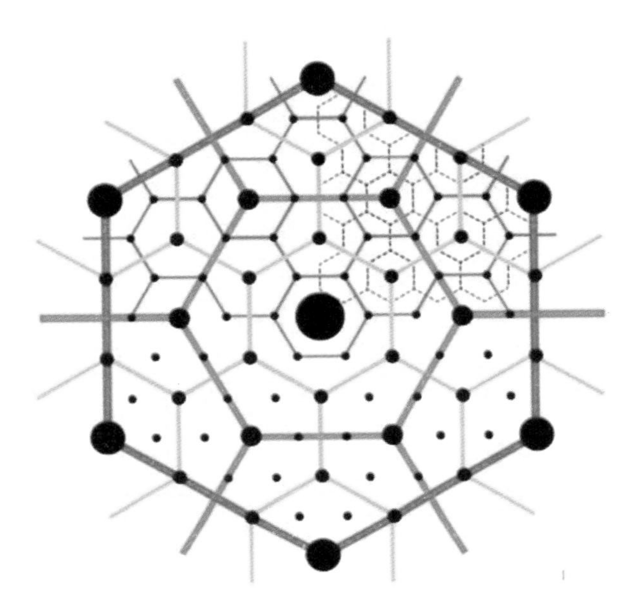

图5-5　中心地理论模型

不妨在这里提出一种“四大圈层+四级体系+环状放射”的“圈层城市群”的空间构想。

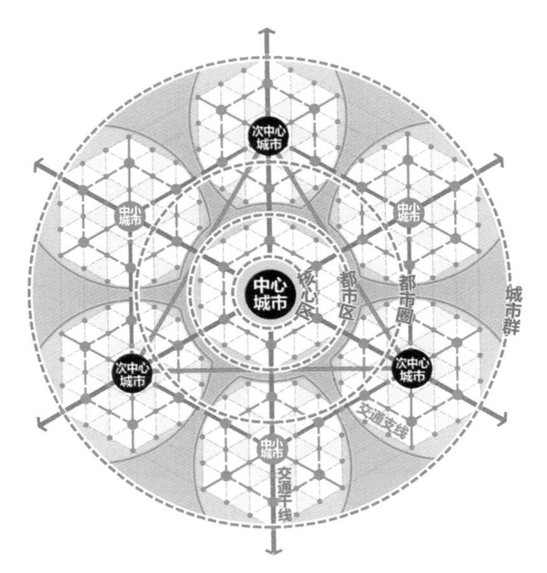

图5-6　“圈层城市群”的空间构想

四大圈层：

城市群是由城市群—都市圈—都市区—核心区的四个圈层构成的环形城

市群。每个圈层的规模由资源环境的承载能力和相适应的世界城市化规律来决定。一般而言，在成熟的城市群体系中，核心区的半径规模在20—30千米（快速交通0.5小时的通行距离），都市区的半径规模控制在约30—50千米以内（快速交通1小时的通行距离），都市圈的半径规模控制在80—100千米以内（快速交通2小时的通行距离），城市群的半径规模则大于100千米。

四级体系：

在城市群四大圈层体系下，城市节点由一级中心城市—次级中心城市—中小城市—小城镇四级体系构成。四个层级都应具有相应的公共服务设施体系和居住配套，保障每个组团的独立性与完整性，同时应积极打造宜居宜业的城市环境。每个组团都通过网络与上一级积极结合地方文化、生态、历史、产业特色，创造不同的风格特色。每个层级都重视与上一节点和下一节点的网络联系。每个节点外围通过城市绿地、城市森林、城市林带、现代农业等大型生态绿化廊道予以隔离，形成生态格局保障。

环状放射：

城市群内部联系应是以中心城市为核心，中小城市—小城镇联动发展的双向“网络化”结构体系。城市群网络是以中心城市—次中心城市—中小城市—小城镇的点对点的“放射”式主干联系网络为基础，兼顾发展次中心城市—次中心城市、中小城市—中小城市、小城镇—小城镇的“环状”支线网络体系。网络结构的空间形式则表现为放射型主干网络+环状联络体系。这种放射型主干网络+环状联络的体系，应体现于海、路、空、铁的多式联运交通体系网络，等级分明的多样化公共服务设施体系网络以及智慧型的综合管廊基础设施服务体系网络。

（三）中心城市的网络化空间体系

中心城市也同样拥有网络化的空间结构体系。在城市规模较大时，应逐渐疏解单中心模式向多中心模式转变，各大功能区组团分布形成都市区，都市区内城市节点（新城或卫星城）应与中心区构建密切的联系，形成“环形都市区”的空间结构。

环形都市区主要包括两大圈层体系：核心区和都市区。

核心区是主城区部分，重点发展与旧城区密切相关的以服务型为导向的产业。这些产业往往是中心城市的支撑型产业，对人口规模和区位条件要求

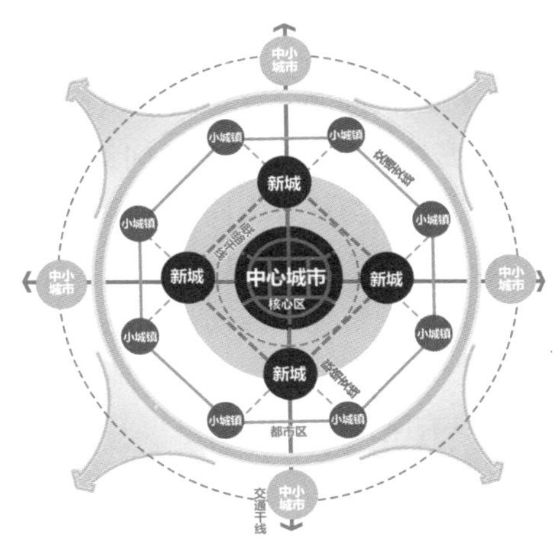

图5–7　关于“环形都市区”的空间构想

较高，产业关联紧密，如金融服务业、商贸服务业等现代服务业及医疗、教育等依托主城人口发展起来的消费型服务业。

都市区主要包括受到核心区辐射影响的新城和外围中小城镇，他们与核心区共同构成一个网络型城市系统。都市区靠近核心区的部分是为改善中心区集聚情况，为疏导相关产业而发展起来的城市新区或卫星城，外围是受到核心区辐射影响的中小城镇，他们主要为核心区的产业提供疏导，形成分工协作，优势互补。其产业类型主要包括：

1. 核心区产业结构优化导致的向外疏解的城市职能：如高端产业集聚区、科技研发区等对区位要求一般的产业；

2. 由于核心区空间限制不得发展但是未来城市群重点发展方向的产业，如中央商务区、公共服务区等。

两大圈层体系通过高效的轨道交通网络连接，核心区轨道交通呈网络状布局，形成以10—15分钟步行距离为半径的站点网络，而都市区的轨道交通呈“放射＋环状”布局，强化与核心区之间的交通联系。

六、城市发展致密化和集约化的巨大潜力

城市是各种要素空间分布的载体，而密度是衡量分布的最重要指标，根据城市要素分为人口分布、就业分布、资本分布、建筑分布和交通设施分布，各种密度之间也存在着相互的关系。

（一）密度是一把“钥匙”

要处理好城市发展中的规模问题，就必须认识到城市人口的增长性及城市用地的有限性，而城市密度则是开启城市空间结构的关键“钥匙”。密度决定了城市的布局与形态、功能与规模，同时也影响着土地使用情况，交通基础设施、公共服务设施等各种资源要素的布局。

人口密度和就业密度是以城市经济活动强度反映土地使用强度，具有流动性。资本密度和建筑密度从物质形态上反映土地的使用强度，它们是人口和就业活动的物质载体，具有刚性。

人口密度越大，城市活动越聚集，则土地使用强度越高；人口密度越小，城市活动集聚程度小，则土地使用强度就低。

资本密度是衡量城市土地资源和资本资源配置的一个重要指标。单位面积上投入的资本越多，则建筑高度、建筑密度、容积率越大；单位面积上投入的资本越小，则建筑高度、建筑密度、容积率就越小。

交通设施是连接各功能空间和经济活动的通道，人们要进行活动、交往，就必须出行。交通是任何城市空间组成中重要的一环，可谓城市的命脉。交通网络定义了城市形态和结构，地下基础设施的布局。城市交通系统就像一座城市的血管，运载着居住在其中的人，并在沿线创造经济机遇和城市多样性。

很有意思的是，有学者通过对世界六大城市的空间尺度进行研究发现，城市群的规模大概在半径300公里左右，比如长三角城市群，波士华城市群的距离都在280—300公里，可见在目前的交通条件下，300公里是一个合理的城市群用地规模，但在这300公里内，不可能都是城市建设用地，因此城市建设用地是相对有限的。

确定城市人口规模与用地规模的关系，其实就是确定城市的密度。同一等级城市的人口规模是大致相似，这是经济趋向的因素决定的。用地不变，人口规模增大，其实就是城市密度的提升。在现代生活中，密度的提升并不是简单的土地集约发展，他是促进人与人之间互动传播的方式。纵观世界上的各大城市会发现，越发达的城市，城市的密度一般越高，在城市内部，这种规律也同样存在，城市CBD区域的密度一般都要高于城市的外围组团。除了人具有利益趋向的原因之外，更重要的是因为这些高端的服务产业都需要大量信息、知识、技术在短时间大量的互动与集聚，而以现在的技术条件，这些服务业大多还得依赖面对面的方式完成。人口密度的提高，正是为这些现代服务业的发展提供了土壤。当城市为追求宜居生态，确定过低的城市密度时，所需要的城市用地面积就会相对增大。这不仅不利于现代服务业传播和创新产业的诞生，同时对城市的土地资源造成无端浪费。城市内部也会因为城市过大导致交通拥堵、中心衰败、社会安全等一系列城市问题的滋生。

同时需要注意的是密度应当等于城市人口除以建成区面积，这个指标才有意义，应当按建成区面积计算，而不是按行政区域面积计算。

紧凑型格局，由于用地混合并具有一定的密度，而且具有更好的可达性、更低的基础设施成本，保留了土地资源，因而更好地促进了社会融合。提高城市密度的空间方式有很多。巴黎、伦敦是低层高密度。纽约、香港是高层高密度。完全不同的城市形态展现出同样的高密度所形成的城市活力。提高城市密度不再是单纯的提高建筑的高度，柯布西耶的光辉城市中大马路，大绿地的经典现代主义形象在高密度的城市空间中难以适用，替代它的应当是小街区、小路网的城市形态。这种小路网小街区为城市提供了更高的城市密度，为城市经济活动的互动提供了更多的可能，提高信息沟通效率，也为城市提供了更多的小尺度宜人空间。

（二）提高城市的混合性

城市密度的提高尽管能增长城市单位土地的经济绩效，降低经济信息沟通成本，但一味提高城市建设密度，会带来生态环境的破坏，城市品质空间的缺失，卫生状况的下降等城市问题。提高城市的混合性成为提高城市密度的重要补充。密度不是紧凑和可持续城市的唯一特征，距离相邻，便于到达，混合使用，紧密联系也是提高城市集聚经济、社会包容和环境友好的重要前提。增加公共服务设施的密度，使城市大部分日常生活设施在步行五分钟的路程内可达，通过紧凑提高城市的经济效率和社会包容性。紧凑、致密化、混合利用和细密开发应该在街区、邻里和都市区等各个空间层次得到应用。

提高城市混合型的手段包括由大型街区向紧密联系的小型街区转变和建立更密集多样的邻里模式。小型街区较传统大街区的空间模式可以获得更高的密度以及集聚经济，高低融合，使大型街区重新致密化。致密化不是目的而是手段，可以提高城市的可持续性、连通性、可达性、多样性以及城市活力。建立更密集、更多样、更便捷的邻里模式，良好规划多种尺度的街道，能够有效地促进步行、骑行等。地区的街道格局应当与周边街道网络相协调，适应变化，使交通联系人群、链接商业、医院、学校。

在提高城市混合性的过程中，要注重街道的刻画。街道是城市的骨骼，它们铸造了城市的形态，承载城市运行所需的公共设施，它们是城市公共区域的核心以及一个城市生活质量的关键因素。街道是公共空间最重要的类型，城市土地中街道空间的塑造是城市发展成功和高效运行的决定性因素，同时又是城市多样性重要载体，诸多成功重建工程的重点就在于实现新的公共空间结构。

（三）建构城市自身的空间和谐范式

空间的和谐要求城市合理确定开发规模，引导其空间形成局部集约、整体适度分散的多组团式形态布局。

首先，确定城市合理开发边界，还需要打破自然生态环境与城市之间的屏障，将外部的自然生态引入城市空间。需要建立从宏观到微观的生态景观体系，促进自然与城市的和谐共融。

其次，在城市生产功能的核心地带应采用高密度高强度的开发模式，充分发挥城市的集聚效应，集约高效地使用土地资源。在核心城区边缘外围，也就是主要在通勤圈范围内，采用大规模公共交通为导向的空间拓展模式，避免“摊大饼”式的无序增长。依据快速交通0.5小时的通行距离，不同的城市规模依托不同的交通形式，大城市一般是地铁、快轨等轨道交通，中等城市可以选择BRT或者轻轨系统，小城市则更多使用公共汽车甚至自行车。城市核心区的半径规模在25公里以内，交通方式以绿色交通为主，避免小汽车的快速发展。

不列颠哥伦比亚大学建筑与景观学院教授帕特里克·M·康顿在《后碳城市设计》中曾针对北美地区对汽车的依赖无限增长做过一个分析：

所有这种“诱导需求”不可避免地导致了交通堵塞和瘫痪，我们理应看到这种失败的降临。

即使投入道路建设事业上的国家资金翻番，这一梦想也不能实现。在许多大都市蔓延区，机动车对于空间的需求约为每辆机动车需要10个停车位散布在这一区域，每15辆机动车需要一英亩的土地道路，车库，私人车道，高速公路等机动车需要的其他用地面积不计算在内，随着对机动车的依赖程度的增加，保证交通系统顺畅运转所需的土地占城市用地的比例也随之稳定增长，甚至超越35%，达到了荒谬的程度。

在这些二氧化碳排放量中，大约有四分之一直接来自于交通排放，而交通排放则主要来自于独自驾驶的机动车，这一数字不包括制造汽车的大型机械所产生的二氧化碳，或建设机动车所需的道路和高速公路所产生的二氧化碳（混凝土生产是产生气候变化气体最多的工业产业），如果将这些因素考虑进去，交通业的二氧化碳的排放量所占比例接近40%（盖格农，2016）。

为保证城市人口在空间上的合理分布，可采取轨道交通重点带动中心城区外的功能组团或城镇的发展的策略，强化老城区外围的组团中心与城市核心地带的多方式交通连接的便捷性，与核心城区形成轴向规模外拓的连接格局和点轴式高密度空间分布格局。

（四）管理好城市开发边界

城市规模的控制要紧紧抓住“两条线”。一条是城市增长边界，这是一条刚性的线，表示的是城市在保障生态安全的情况下城市发展规模的最大可能性，划定的是生态安全的底线，任何城市开发都不得突破这条线。另一条线是城市开发边界，这是一条弹性的线，是城市在一定时期内可以拓展的可能性，要结合目前城镇化水平和城市腹地综合确定。前者是保护的线，后者是开发的线。

划定边界的重点在于如何管理。从划定的方式来看，我国的边界往往是通过模型预测未来建设规模，并根据城市自然及现状发展条件划定的一根线。这条边界一定是一个多方博弈的过程，并随着城市发展不断地产生动态的变化。边界管理的手段包括三种，一种是限制开发的手段，比如建立公共性的公园、森林保护区、生态敏感区、城市绿廊，通过绿线划定严禁内部进行城市开发。一种是开发的手段，包括提供增长控制比例、城市建设用地内用途分区的划定，确定城市开发最小密度，提供充足的公共设施等。最后是城市开发的激励政策，是对于提高城市内部土地绩效的开发实施奖励，包括棕地及废弃地的再开发政策，提供公共开敞空间的容积率降级政策、区位效益的贷款、历史地区复兴的税收信托等，从控制、开发、奖励三个角度充分地对城市开发边界实施利用。

有研究表明，城市的空间形态对于城市运转效率和宜居程度具有基础性影响。设立城市空间增长边界，依托自然环境和生态建设在城市外围构建绿色空间，是发达国家许多城市用于控制建成区无序蔓延的重要手段。

伦敦在中心城区外围成功划定并实施了以围合型城市绿化隔离带为基础的城市增长边界，并在绿化隔离带内规划建设了郊野森林公园、牧场、果园、乡村、农田等一系列设施，具有与大都市紧密结合的生产、生活和休闲、游憩等功能，并通过楔形绿地深入都市，形成风道，改善了大都市的小气候和景观环境，提高了绿化隔离带的价值，得到了地方政府和广大市民的普遍支持。

（五）合理控制城市开发强度与密度

城市开发模式由增量开发转向存量开发，在一定的土地开发规模的基础上，提高土地开发绩效是唯一的选择。

土地绩效最直接的反应就是提高开发强度。在21世纪初，上海为解决中心城区密度过高的情况，曾出台“双增双减”政策，即中心城区“增加公共绿地、增加公共活动空间，降低建筑容量、控制高层数量”，并在2003年出台的《上海市城市规划管理技术规定》中提出“中心城（外环以内地区）商业办公建筑的容积率上限限制为4.0，居住建筑容积率上限限制为2.5”的一刀切政策。

这看似对中心城区实行了有机疏散，减少了中心城区的建设密度，但城市的人口规模仍在持续增加，而城市近远郊成为中心区转移人口的直接承接地。产业并未转移出来，城市的规模却不断扩大，反而导致了城市空间规模的失控。与此同时，中心区由于开发强度的减少导致土地经济效益的缺失也难以弥补。中心区的土地供应的稀缺性，变相地推高了中心城区的地价与房价，也导致了城市土地市场的紊乱。反观香港的城市建设，严格遵循用地总量的控制，通过《香港规划标准与准则》，将全港的建设分为6个不同的密度，形成都会区、新市镇、乡郊地区三种发展区域。在都会区的开发强度可以达到10，新市镇的开发强度达到8，乡郊地区达到3.6，强化轨道交通的引导，同时加强了对城市公共空间、生态廊道、历史遗产等开敞性公共空间的管控，使得城市土地效益得以最大化发展。

提高土地开发绩效的另一个方面就是要严控闲置土地，适时对尚未发展，或发展不充分的土地进行改造。严厉打击闲置土地的囤地行为，对两年未开发的闲置土地进行重新收储，对衰退的工业区、居住区进行更新规划或再开发，提升城市每一块土地的经济利用价值，对“多圈少用”的情况进行查询，对单位面积产出效益较低的土地进行置换整改。

（六）推进土地的混合使用

为促进混合用地的发展和增加城市的多样性，用地管理模式的确定是实现城市可持续发展和用好城市空间结构“密钥”的关键。在相同的城市开发强度中，应强化土地的复合利用，进一步提高土地的绩效。复合利用是产业、居住、消费、服务等城市功能的复合布局。城市本身是一个复杂的混合体，是具有多种功能的巨系统，城市内部的功能空间一定也是多种功能混杂的有机生命体，强调复合开发，就是强化平面的复合和垂直的复合。

平面的复合就是土地的多功能混合使用，合理的土地复合利用，可以创造更具有城市活力、创新能力和经济效益的宜居空间。同时，复合利用也有助于土地的集约发展。土地的混合化在城市总体层面体现为城市职住平衡，在商贸区或产业园区内部体现为产业生态链空间完善，在居住区内部则体现为生活设施齐全。一个经济效率高效的城市一定是一个土地综合利用的有机体。在新的城市建设中，我们也要积极引入土地复合使用的模式，比如上海自贸区在建设中引入了综合用地政策，在满足安全生产、环境保护、相邻用地关系等要求的基础上，结合产业用地需求的前提下，结合用途兼容和业态混合特点，在供地方式、出让年限、出让底价等方面，采取差别化管理方式，明确综合用地即用途分类中单一宗地具有两类或两类以上使用性质，且每类性质地上建筑面积占地上总建筑面积比例超过10%的用地。

垂直的复合是地上地下的一体化开发。每一种产业对区位要素的要求不同，为垂直方向发展多元产业提供可能。最直观的是地铁站点引导下的城市综合体的开发。探索地下空间开发利用的可能性，强化轨道站点区位优势，提升城市内部混合度，提高城市运营绩效，都是进一步地推进土地的综合利用能力。

复合使用的重点是多种功能的协调统一。在此之间，城市公共空间的塑造为多种功能和谐共处提供了一个缓冲空间。人们在公共空间中进行信息、资本、创意的交换，为城市注入大量活力。在成功的城市公共空间占

50%的比例是普遍的，曼哈顿、巴塞罗那和布鲁塞尔有35%的城市面积分配给街道空间，剩余的15%用于其他公共用途。为了支持土地复合利用，城市至少40%的建筑面积应该分配给经济用途，单功能区划不能超过使用总量的10%—15%。

（七）合理确定城市留白空间与公共空间

城市的开发建设是一个动态平衡的过程。在城市飞速发展的过程中，静态的用地规划面对动态的建设实施常常失效，因此我们必须将传统静态的土地利用规模模式向动态发展的弹性用地规划模式转变，对部分未来尚未明晰的用地采取留白的手段，为未来发展预留空间和多样性的可能。

城市的“留白”，如同人生的“留余”，疏密有法，张弛有度，满盈则损，充胀则止。

城市的留白空间提高城市土地的经济效益，符合市场发展潜力的要求。城市白地的概念最早由新加坡市区重建局提出，是通过预留的方法将无法确定土地性质的用地进行预留。这些土地往往位于区域重要，土地价值提升较大的地段，是城市发展的关键核心地区。一方面未来区域长期发展潜力如何通过短期规划进行明确，另一方面，随着产业进程加快，越来越多的新生事物涌现，对城市远景规划也提出了较大的挑战。因此城市留白空间的核心就是将短期内无法明确最优用途而划定的地块，通过留白待条件成熟后向高附加值的用途转换，避免因为规划的短期性和刚性对土地经济效益的损害。

城市留白为城市提供多样性的可能。城市留白空间的开发商可以根据土地开发需要，在政府的允许范围内灵活确定土地内部各城市土地性质的开发比例。比如新加坡在商业园的建设中为鼓励开发商最大程度地灵活运用土地，激发产业在园区内更好地发展，允许商业园保留85%的面积作为商业用途，剩余15%可作为白色地段建设住宅、展厅、生活配套服务设施、餐饮或者生产性服务业等内容，以满足商业园建设需要，通过白地的预留，创造商业园内部的业态多元化，形成建构小型自给自足的产业生态体系，提高商业运作效率。

城市留白有效保障城市建设开发质量，体现城市规划刚性与弹性规划相结合的思想。尽管城市白地是为未来不确定因素进行预留，但在城市白地的规划中，包括土地的容积率、建筑面积、建筑高度、主要用地性质等还是非常重要的核心指标，只是对未来预留其他可能性。同时白地的规划也有效保障了城市建设基本设施要求，新加坡Marina Boulevard一块白色地块由于紧邻城市CBD，并与地铁相连，因此在白地的出让条件中明确规定建设停车枢纽、综合管廊等公共服务设施，保障城市建设的有序运行，而非一味地追求经济效益的最大化。

紧凑型城市并不只是一个高密度的城市，而是一个有着良好公共空间、生活设施和各种机会的城市。对于一座城市来说，公共空间如同住宅中的客厅，是城市文化品位的集中体现。城市公共空间是城市的血脉，它的脉动、流淌，涵构了城市生活的节奏与活力，给城市呼吸空间和流淌通道。城市公共空间是城市居民生活得以实现的纽带，包括视觉空间和行为空间，既包括独立占地的街道、广场和公园绿地等，也包括文化、体育、商业、办公、教育、居住等用地内对公众开放的附属开放场所。视觉的空间有时候会为人忽略，可往往是它给人的逼迫更多。城市视觉空间应该是疏朗的，给人以想象，然后才可能是斑斓而丰富的。

公共空间，狭义是指那些供城市居民日常生活和社会生活公共使用的室外及室内空间。室外部分包括街道、广场、居住区、户外场地、公园、体育

图5-8　瑞典斯德哥尔摩街头

图片来源：李辉，拍摄提供

场地等。室内部分包括政府机关、学校、图书馆、商业场所、办公空间、餐饮娱乐场所、酒店民宿等。广义是指公共空间不仅仅只是个地理的概念，更重要的是进入空间的人们，以及展现在空间之上的广泛参与、交流与互动。这些活动大致包括公众自发的日常文化休闲活动，和自上而下的宏大政治集会。

城市公共空间应根据城市功能布局和人群行为规律，结合自然山水、历史人文、公共设施等资源，对城市公共空间进行系统的设计，构建形态多样、类型丰富、层次完整的城市公共空间系统。注重人性化设计，满足老人、儿童等不同人群的多样化活动需求，强调公共艺术的设计运用，并通过公共交通、步行和自行车系统等城市慢行交通系统串联公共服务设施、大型居住区、广场、公园及滨河绿地，提高公共空间的可达性。

城市绿地系统按照城市居民出行“300米见绿，500米见园”的要求，强化绿地服务居民日常生活的功能，使市民在居家附近能够见到绿地、亲近绿地。构建绿道系统，实现城市内外绿地连接贯通，将生态要素引入市区。

公共空间应关注人的行为特征，满足广大市民的需求和爱好。不同年龄、职业、阶层、民族、文化背景的人群具有不同的需求爱好和行为规律，在不同地域、气候、时间条件下，人们的行为也会呈现不同的特征。因此人们在公共开敞空间中的活动也趋于多样化。以素有城市客厅之城的广场为例，广场可容纳的活动非常丰富，包括集会、纪念、表演、锻炼、休闲。这些活动在广场上发生的时间和参与的人不尽相同，不同的城市居民对不同的活动各有偏爱，因此在不同的地区形成各具特色的广场文化。比如美国城市广场甚至进行拳击比赛，我国一些城市广场成为儿童放风筝的场所等。

（八）消除紧凑型城市形态的障碍

紧凑型城市形态要受到诸多因素影响。目前，构成我国发展紧凑型城市形态障碍的主要有这样几个方面：地形因素、城市交通、人口密度、产业类型等。

对于紧凑型城市形态的障碍，一般可以通过多种方式来消除。比如，对于山地丘陵地区和人口密度较低的地区，应当大力发展中小紧凑型城市或者通过卫星城的方式进行；对于城市交通要进行科学规划，确保交通达到的地区是城区优先发展的地区；对于城市产业类型要结合城市所在区位和发展定位准确选择发展，确保产业类型适应紧凑型城市发展趋势。

另外，增加城市规划和设计的灵活性，是实现城市空间混合利用、建筑空间围合与街道空间连续的关键。如剑桥大学的土地使用和建筑形式研究中心提供了一些研究结论，也许可以给我们以启示。他们指出，阿伯克龙比提出的市中心人口密度可以通过修建环形的住宅楼群来实现，这样每一个人都可以一眼望到楼宇中央的平地，从而形成一个可以供娱乐和休闲之用的开阔中心广场。再比如，新加坡中心城区的运转是非常顺畅的，因为某建筑是高大而且彼此连通的，商务人士在彼此靠近的地方工作，可以非常方便地步行赴约。中国香港甚至更加立体化，也为行人提供了更多的方便性，人们可以在带有空调的舒适环境中从一幢大楼步行前往另一幢大楼。城市应该首先是给人行走的，在华尔街或东京也基本上可以依靠步行来穿越。

第六章 抓住资源配置这个关键的“变量”

胜兵先胜而后求战，败兵先战而后求胜。

——《孙子兵法》

城市发展到了今天，依然在不断随着时代而更新，形态、功能都正在发生着变化，但作为配置资源的载体这一基本功能不但保存并且日趋发达。具体表现在其经过各种形式的网络，加速劳动力、土地、资本等资源要素在城市内外持续流动，在城市的特定区域汇聚，通过规模经济、社会分工，不断降低交易成本，通过知识的扩散、信息的沟通，带来集聚效应和创新效应，从而在更大范围、更广领域实现资源配置的最大化。

把握城市发展规律，应当抓住城市所在区域内和区域之间的资源优化配置这个关键的变量。在社会主义市场经济条件下，要发挥市场对资源配置的决定性作用。通过城市内和城市间的规划、改革，引导有限的资源要素流动到社会最需要同时也能创造最佳效益的生产部门和领域，使各类资源要素产生最佳的经济、社会、生态效果。

城镇化就是要打造一个通过市场机制实现资源优化配置的载体和平台，使企业可以在更大范围内自由选择更加符合企业发展的生产要素，包括更加适当的要素价格、更加优质的要素产品、更加配套的生产服务；产业具有更大的成长空间；城市功能更加完善，能够更好地集聚各类资源要素[①]。

一、城市：是容器，还是磁体

我们每时每刻都能体会到城市的运转，它满足了我们对生活的基本需求。城市之所以能满足我们各种各样的需求，是因为它集聚了区域内各种元素，

① 苏堤.城市化进程中的上海城市住房问题研究［D］.上海：同济大学，2008.

并将这些元素进行分配、再生产，最后把这些元素转化为各种资源，从而让我们能够享受到这些资源的便利。城市的核心要义就是集聚多样化的元素，转化为多样化的资源，满足我们多样化的需求。所以，城市从根本上，如刘易斯·芒福德所言，就是容器和磁体的结合，而且必须得先成为磁体，才会成为容器。

能够形成城市磁体的因素有很多，自然状况是其中的先决条件，也是原始城市发展的基础。如中国的黄河平原，西亚的两河流域，埃及的苏伊士运河沿岸，它们的共同特点就是区位良好，自然资源丰富。在原始社会，土地富饶的地区会有万亩良田，从而集聚大量生产资源和人口。核心区位的城市会成为区域核心，从而集聚一个区域的政治资源和军事资源。沿河城市会有通商口岸和航运通道，从而集聚一个区域的商业要素。可见自然状况是城市磁体形成的先决条件，而城市磁体则是城市容器形成的先决条件。只有将城市的“磁力”变强，才有可能让城市有机会融合各元素，并将它们保存、整合、发扬。[①]

（一）聚落与资源共同体

城市起源于村庄，而村庄起源于聚落。我们无须知道世界上第一个人类聚落在哪里，但我们需要知道它是怎样形成并发展的、它与城市的关系是怎样的。

我们可以将原始聚落统称为“资源共同体”。在这段时期内，社会的发展水平是前所未有的。社会容量和社会密度决定了劳动分工的程度，劳动分工的程度决定了社会发展水平。村庄的磁力在当时而言是最强的，磁力的增强使得容量增大，容量的增大使村庄内的社会容量和社会密度增大，从而促进了劳动分工。[②]据考古发掘考证，村庄内已经出现了谷仓、水池以及各种家用的小型容器，这可以从侧面说明这时期的劳动分工水平和社会发展程度是前所未有的。

① 杨蓉．甘肃省城市化质量差异研究［D］．兰州：兰州大学，2009.

② 刘烨烨．批判与建构：马克思与涂尔干社会分工理论比较研究［D］．南宁：广西大学，2013.

图6-1 安徽西递 美丽乡村

图片来源：张豫东，拍摄提供

所以我们不难发现，其实聚落就是一个大的资源共同体，而且也只有把聚落变为一个资源共同体，才可以为城市的形成打下良好基础。

（二）集聚与扩散——城市的形成动因

城市内的社会容量和社会密度要比村庄更大，社会发展水平更高，社会关系由村庄内的首属关系变成了城市的次级社会。以劳动分工为社会纽带的次级社会绝对是城市的创举，人类个人能力不再受首属关系束缚，人们之间的分工协作程度更是前所未有的，城市内的职业分化促进着社会生产力的提升。但需要注意的是，次级社会并非是在城市初始阶段就形成的，但确实是在城市内部酝酿出来的。“多少鲜花怒放而无人知晓，徒将香气散在慢慢荒郊”，马克·吐温在数千年之后一语道破乡村与城市之间的根本区别：社会关系的不同。

城市的容量毕竟是有限的，那么城市的扩散也是大势所趋。历史上著名的大城市如佛罗伦萨，在中世纪期间，将城墙向外拓展了四次，而且在每次拓展时，都能保证城市有序发展。这种扩散是有机的，类似于人体内正常细胞的分化，城市经过数次有机扩散，最终会形成一个前所未有的宜居都市。再如E·霍华德的田园城市，其核心就在于分散母城内无法容纳的资源，将这些资源扩散到子城内，每个子城都可以自给自足，子城之间又有良好的分工协作，最终子城与母城之间会形成一个体系完善的大都市。所以，[①] 在某种程度上，扩散也是大都市形成与发展的动因，也是城市发展的必由之路。在这种情况下，城市是可以与村庄和平共处的，因为子城与母城之间，既可以独立自成体系，又可以相互分工协作，无须吞噬村庄内的资源。

但无序扩散就是城市的丧钟。两次工业革命期间的城市发展形式就是向外恶性扩散，尤其是小汽车时代的美国。在这期间，人们为了发展工业以预备世界大战，将铁路穿城而过，在铁路沿线，人们又肆意发展重工业聚集点，这就导致城市内的自然资源迅速减少，工业资源和人力资源急速上升。随后城市容器被打破，城市资源就向城市外围无序蔓延，从而占用了大量村庄资源。美国的“小汽车蔓延症”的动因就是如此。这种扩散，在某种程度上，也会使大都市形成和发展，但这种发展是类似于癌细胞的恶性增殖。这种扩散模式与其说是城市的形成原因，不如说是城市的死亡原因。正如“当爱丁堡还不曾问世，穆斯尔堡已是个自治市。当爱丁堡从世上消失，穆斯尔堡仍旧是个自治市”。

（三）生产的空间——空间的生产

在城市形成之后，那些被分化出来、不以从事农业活动为主的人口为城市的发展提供了原动力。这些人作为从农业生产活动中解放出来的劳动力，开始提供各种各样的新服务。一些人开始从事简单的手工业以满足人们的需求，比如纺织者会为人们提供布料，裁缝把布料制成衣服，染工会继续加工，我们将这些人称为第二产业人口。以铁匠为例，他们通过对自己行业的精心钻研，成功地改进了铁犁、铁锄头、铁耙、铁锹等工具，这无疑是农业劳动者的福音。他们发现，由于农业生产工具得到了改良，农业生产的效率大幅提高，还会解放大量劳动力。另外剩余劳动力会尝试把农作物加工成食物来销售，或者开一间驿站以服务往来的客人。毫无疑问，这个人成为了这个原始城市的一分子，他融入了城市的食品加工业和服务业中，为城市的第二产业和第三产业注入了新鲜血液，推动了新产业的技术变革，然后让越来越实

① 谷坤耀．基于道路容量的交通拥挤原因分析及对策研究［D］．广州：华南理工大学，2007.

用的工具与越来越完善的服务源源不断地输送到农业人口当中去，这会让新的农民劳动力被解放出来——这是一个良性循环。

在这种循环作用的推动下，农业生产效率大幅提高，加工业和服务业因吸收了被解放出来的劳动力而蓬勃发展，居民的物质生活与精神生活也变得越来越富裕。农业作为整个城市发展的基础，为城市提供粮食和副食品，也为工业提供所需的原料。这些原料最终被城市转换为各种工业产品、深加工食品、服务产品、高科技产品等，可见城市是一台资源转换器。

随着城市的发展，城市中有了较高的生活水平和生活质量，也有了更好的服务和教育，这些因素增强了城市的磁力，从而吸引更多农业人口进入城市生活中。同时，人口大量增加使人均耕地面积逐渐下降、环境逐渐恶劣、发展前途受限，这些恶性因素将农业人口从村庄推到城市。

在种种因素的影响下，大量的人口从农业社会进入非农业社会中来生活，这些人必须要得到其生产活动所需的空间。铁匠需要有铁匠铺来打铁，还需要有集市来销售他的产品，这样他就需要搬到城市中。铁匠、木匠、厨师源源不断地来到城市，建造了他们的房屋和商铺，修建了许多新的交易市场，修通了许多交通路线，这使城市容器的内容物逐渐变多，城市容器的容量也随之变大，城市空间被慢慢地构建出来，空间的增大也会促进城市资源转换的效率。

城市是结构精密的工厂，它生产的产品不仅提供给城市内部，也会辐射到周边城市中。事实上，很多城市会为世界各地的城市与村庄提供优势产品。在这个元素移动十分迅速的时代，城市与城市之间的距离变得越来越小，全球之间的信息、物质、文化交流越来越频繁，所有的城市已经被纳入一个统一的全球物质与信息网络中。这些城市由众多高速公路、铁路、水路、航空航线甚至太空航线、海底高速信息网络、卫星网络连接起来，时刻进行着频繁的元素交流。[①]放眼全球，城市是一个个遍布在绿色农田中的灰色斑块，我们甚至可以在夜晚时，通过卫星影像识别出哪些城市更大更繁华——那些明亮的光斑就是大城市，星点状的光点是小城镇。这些占地不足1%的、充满生命力的光斑肩负着人类大部分的生产任务，形成无数个生产节点。这些节点汇集着地球上最优质的资源，酝酿着形形色色的文明，发挥着不可替代的生产作用。

---

① 王飞虎.信息化影响下的城市及城市设计初探［D］.哈尔滨：哈尔滨工业大学，2002.

二、“两只手”一起抓

市场经济是一种通过市场机制来配置资源的经济体系，市场在资源配置中起决定性作用。区域发展规划的核心调控功能就是以宏观和长远的角度指导区域资源的优化配置。把有限的资源配置到社会需要的众多部门领域中去，使资源产生最佳的经济、社会、生态效果。

经济活动的一个根本问题，就是如何最有效地配置资源。能够对资源进行配置的力量不外乎两种：一种是市场的力量，另一种是政府的力量。市场的力量，主要通过供求、价格、竞争等机制功能发挥作用，人们通常称之为“看不见的手”；政府的力量，则主要通过制订计划、产业政策、财政和货币政策、法律规制以及行政手段，将资源有目的地配置到相应领域，人们通常称之为“看得见的手”。

如何妥善处理好政府和市场的关系，是在市场经济条件下推动发展的一个基本课题。如今，随着我国城镇化进入快速推进和提高质量的关键阶段，这个课题在城镇化领域凸显出来，亟须加以解答。

对于政府和市场的关系，要坚持辩证的观点，不能认为二者是对立的，把“看得见的手”和“看不见的手”都用好，让两只手握手。2017年1月11日，中共中央办公厅、国务院办公厅印发了《关于创新政府配置资源方式的指导意见》，强调要发挥市场在资源配置中的决定性作用和更好发挥政府作用，大幅度减少政府对资源的直接配置，更多引入市场机制和市场化手段，提高资源配置效率和效益。今后要想发挥市场在资源配置中的决定性作用和更好发挥政府作用，应该市场和政府统筹把握、优势互补、有机结合、协同发力。凡属市场能发挥作用的，政府要简政放权，为市场松绑。凡属市场不能有效发挥作用的，政府应当主动补位，利用二者握手提高资源配置效率和效益。

根据古典经济学的理论，经济增长的源泉包括技术进步和要素投入提高两个方面，如果在短期内没有发生技术进步，则经济增长主要取决于资本和劳动力的增长率，资本增长率和劳动增长率越高，经济增长率就越高。资本增长率是指资本的增长速度，一个地区的经济增长是需要物质资本作支撑的。比如，在农耕社会，农耕生产技术相对变化较小，在农业生产中需要投入土地、手工业生产工具等物质资本，如果投入更多的土地和生产工具，整个地区将能够获得更多收获，这也是物质资本的回报。进入现代社会，物质资本的投入依然不可忽视，很多城市加大机器设备、厂房、交通设施及各类商业和住宅的建筑等固定资产的投资，投资越多，形成的新固定资产也越多，对GDP增长的贡献也就越高，这个城市的发展也就会越快。就目前而言，我国一直注重固定资产投资，根据国家统计局数据显示，2016年全国固定资产投资同比增长8.1%，2017年1—10月同比增长7.3%，固定资产投资增速仍然很快，我国发展的后劲依然十足。

劳动增长率对经济的增长也有着至关重要的影响，劳动增长率不仅与人口增长速度正相关，与单位劳动产出也呈正相关关系。目前，我国的人口增长率有所下降，但据统计，1970—2010年全国接受高等教育的学生数量增长500%，从2900万升至1.78亿。随着接受高等教育人口数量的增加，我国劳动力人口素质在普遍提升，单位劳动产出不断增加，虽然人口红利不断降低，但是我国的劳动生产率仍在提升。

区域经济增长的核心是区际和区域内资源的优化配置问题，这是个关键的变量。要实现区域资源优化配置，生产要素应该流向最需要而收益率最高的地方，而且在开放经济条件下，依靠市场的力量即可实现生产要素的优化配置。在任何国家或经济体中，如果某种生产要素相对稀缺，则该生产要素的回报就相对较高。比如，改革开放后，我国农业迅速发展，农村劳动力大量富余，这些劳动力闲置在农村得不到利用，就富余劳动力本身而言，得到的回报相对很低。随着城市化的发展，城市对劳动力的需求极大增加，城市原有劳动力已满足不了城市发展的需要，农村富余劳动力到城市务工，比在农村务工收入更加可观，回报也相对较高，吸引更多的农村劳动力流向城市，通过市场机制实现了区际生产要素的优化配置。

资源配置是经济发展的关键，但是仅靠市场这只看不见的手，有时并不能实现资源的最优配置，这就是所谓的市场失灵。成本或利润价格的传达不适切，市场不存在，信息不对称都会影响个体经济市场决策机制。次佳的市场结构，垄断市场等因素都会导致市场失灵，致使市场无法对资源实现最优配置。按照帕累托最优的路径和方法，真正有效的资源配置，必在生产要素（劳动力和资金）之间，各部门和企业之间，消费与投资之间及各地区之间有效配置资源，也是城镇化的含义。城镇化能够而且应当改进各地区之间的资源配置。城镇化的过程包括人口的转变、产业结构的转变、土地及地域空间的变化，这些变化过程就是改进各地区之间资源配置的过程。当前，我国正在走向高质量发展的道路，仅靠市场并无法达到资源的最优配置，也满足不了高质量发展的要求，这就要求城镇化过程中必须对资源配置进行改进，通过政府这只看得见的手创造环境和条件，促进市场配置的有效性，实现资源的最优配置。

◎ 链接：帕累托最优

帕累托最优与帕累托效率的定义：帕累托最优是指资源分配的一种状态，在不使任何人境况变坏的情况下，而不可能再使某些人的处境变好。帕累托改进是指一种变化，在没有使任何人境况变坏的前提下，使得至少一部分人变得更好。一方面，帕累托最优是指没有进行帕累托改进的余地的状态；另一方面，帕累托改进是达到帕累托最优的路径和方法。帕累托最优是公平与效率的“理想王国”。

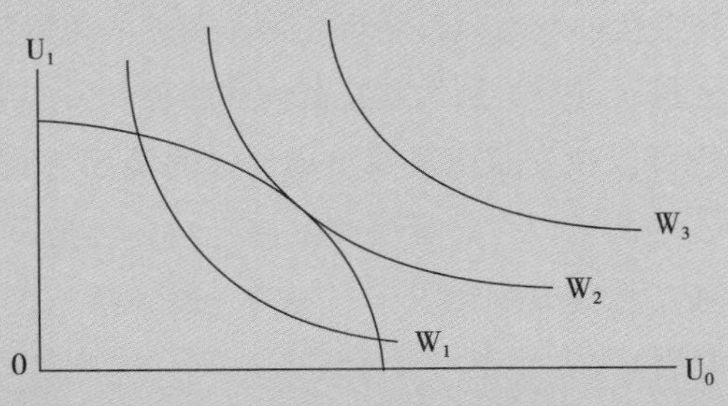

一切点是限制条件下的最大满足点，是决定最大社会福利的生产和交换条件点，在切点上，社会福利水平达到最大，帕累托最优状态的三个条件同时被满足

帕累托最优是以提出这个概念的意大利经济学家维弗雷多·帕累托的名字命名的，维弗雷多·帕累托在他关于经济效率和收入分配的研究中使用了这个概念。

如果一个经济制度不是帕累托最优，则存在一些人可以在不使其他人的境况变坏的情况下使自己的境况变好的情形。普遍认为这样低效的产出的情况是需要避免的，因此帕累托最优是评价一个经济制度和政治方针的非常重要的标准。

对资源配置含义的最严谨的解释，是由菲尔弗雷多·帕累托（Vilfredo Pareto，1848—1923）做出的。按照帕累托的说法，如果社会资源的配置已经达到这样一种状态，如果想让某个社会成员变得更好，就只能让其他某个成员的状况变得比现在差。即如果不让某个人变差就不能让任何人变得更好，人尽其才，物尽其用。那么，这种资源配置的状况就是最佳的，就是最有效率的。如果达不到这种状态，即任何重新调整而使某人境况变好的，而不使其他任何一个人情况变坏，那么说明这种资源配置的状况不是最佳的，是缺乏效率的。这就是著名的“帕累托效率”准则。

所以，不同系列的帕累托状态之间不可以比较。

因此，帕累托最优可能意味着收入分配的不公平，极端的，一个人得到所有的收入，另一个人一无所有，也是帕累托最优状态。

帕累托效率也称为帕累托最优（Pareto Optimality）、帕累托改善，是博弈论中的重要概念，并且在经济学，工程学和社会科学中有着广泛应用。帕累托最优的状态就是不可能再有更多的帕累托改进的余地；换句话说，帕累托改进是达到帕累托最优的路径和方法。

帕累托改进可以在资源闲置或市场失效的情况下实现，在资源闲置的情况下，一些人可以生产更多并从中受益，但又不会损害另外一些人的利益。在市场失效的情况下，一项正确的措施可以消减福利损失而使整个社会受益。

由市场主导配置资源的结果导致社会两极分化，对市场进行适当的干预是政府管理经济的首要职责。每个区域基于自然、历史、经济和政治各种因素的共同作用，会导致区域经济发展不平衡，要发挥区域比较优势，区域协调发展的思想指导下培育各区域经济增长。

我国地域广大，资源匹配差异化显著，统筹区域发展，城乡发展，政府从全局出发全面综合地考虑区域发展的各个层面、各个环节，以政府资源为基础，以制度建设为保障，整合社会资源，鼓励各区域在发挥比较优势基础上的发展。合理控制区域间发展差距，有重点地治理区域问题，逐步协调区域关系并促进各种类型区域的经济社会全面发展，最终实现动态的区域经济协调发展。相对落后的西部、中部和东北地区充分发挥自身资源禀赋和区域比较优势，呈现出良好的协调发展态势，凸显了区域协调发展思想的重大现实意义。西部地区随着青藏铁路、支线机场、干线公路、西气东输、西电东送等相继建设完工，基础设施建设突飞猛进，为今后经济腾飞打造了坚实的翅膀。中部地区伴随着生态经济区、城市群和综合交通枢纽建设的快速推进，其承东启西的区位优势也在快速凸显。东北地区伴随着国有企业、国有林区垦区等多项改革的扎实推进，逐步实现着资源型城市的经济转型发展之路。

三、释放资源配置效应，提高资源配置效能

一般来讲，如果一个地区的资源能够得到相对合理的配置，经济效益就会显著提高，经济就能充满活力。但是，相对人们的需求而言，资源总是表现出相对的稀缺性，而且资源在配置过程中会受到各种因素的影响，这种影响既有有利影响，也有负面影响。这就要求尽可能消除不利因素，尽可能把相对有限、相对稀缺的资源进行合理配置，以便用最少的资源耗费，生产出最适用的商品和劳务，获取最佳的资源配置效率。

（一）提高城镇的环境质量、产业支撑和社会保障能力，以增强城镇“吸纳能力”

资源配置的有效性与产业结构的合理性之间存在着相互促进的关系。[①]生物学有一个专业名词叫顶端优势，就是指植物在生长发育过程中，顶芽旺盛生长时，会抑制侧芽生长，如果由于某种原因顶芽停止生长，一些侧芽就会迅速生长。这种顶芽优先生长，抑制侧芽发育等现象叫作顶端优势。在市场竞争中，每个城市都会处于特定的位置，拥有对资源的吸引力与竞争优势。同样，也会出现第一名吸纳了全部相关的营养与资源，抑制其他同行的发展的现象。以手机产业为例，诺基亚作为曾经的行业第一，吸收了大量的手机电池、手机显示屏等资源，对这些资源进行了高效的配置，获得了很大的资源回报收益。但是，由于技术更新的落后，被苹果、三星等智能手机抢占了市场以后，诺基亚失去了顶端优势，市场占有率极大下降，对相关资源的吸纳能力也明显减弱，资源配置效率极大削弱。对于城市来讲，要尽可能培育产业支撑，提升城市产业层次和功能品质，增加对资源的吸引能力，以便得到更多的资源投入回报。

---

① 周梅兰.资源配置效率与产业结构调整——基于DEA的实证分析[J].中国市场，2010（49）.

在城镇化进程中，人力资源是最重要的资源之一。提升城市社会保障能力，是提升人力资源储备的重要途径之一。一方面，提升社会保障能力，可以吸引更多的外地人力资本进入本地区，可以使更多的农村人力资本流入城市。同时，提升城市社会保障能力，加大医疗、教育等方面的投入，还可以提升本地劳动力素质，变相提升人力资源。分析发达国家发展史，很多国家都是在发展到一定程度后，不断提升社会化保障能力，促进人口素质提升，进而提升了当地劳动生产率，促进了国家（城市）更好的发展。

（二）提高农业现代化水平，改进生产组织方式、适度规模经营，以增强农村劳动力的“释放能力”

中国就业数据显示，从2013年开始，中国劳动力供给开始减少，而劳动力新增需求依然稳定在每年1000万以上，中国未来的就业问题不是需求不足，而是供给不足。农村人口进城务工是解决劳动力供需不平衡的重要方式之一。就中国经济发展来讲，改革开放以来，随着农业现代化的发展，已经释放了大量的农村劳动力，为推动我国现代化建设做出了重要贡献。在今后发展中，若想释放更多的农村劳动力，就必须提高农业生产的组织化水平、改变过去传统的一家一户家庭式生产经营方式，适度规模经营，以增强农村劳动力的“释放能力”。比如，农业部最新数据显示，“目前农村承包地‘三权分置’改革进展总体顺利，土地确权登记已完成80%，7000万户农民流转

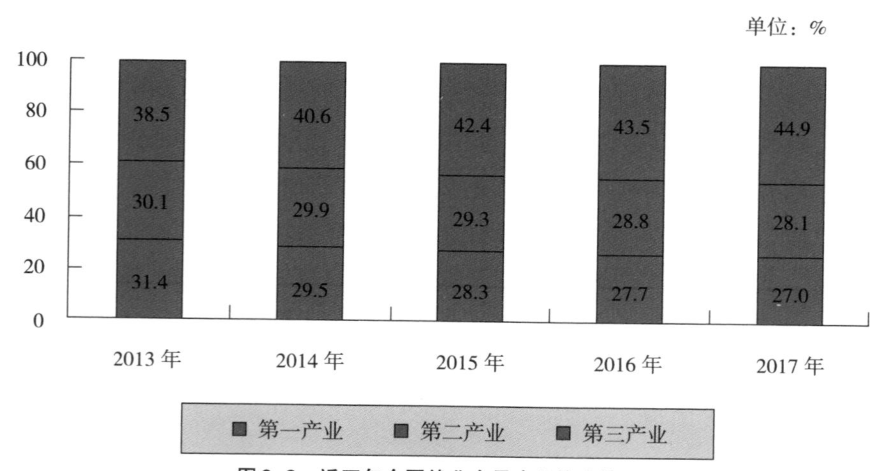

图6–2　近五年全国就业人员产业构成情况

图片来源：2017 年度人力资源和社会保障事业发展统计公报

了土地，占全部农户的30%，承包地流转比例达35.1%。”[①]如果按照每户农户2名劳动力计算，7000万户农民流转了土地，也就意味着从农村释放出1.4亿劳动力，这1.4亿劳动力流入城市后，将会转变为城市的人力资本，能够满足城市的用工需求，维持城市的稳定发展。

（三）提高公共服务水平，推动城乡均等化，增强城乡“统筹能力”

实施乡村振兴战略，加快推进农业农村现代化。中央提出实施乡村振兴要走“七条路”，其中第一条路就是：“必须重塑城乡关系，走城乡融合发展之路。”当前我国城乡地区发展不平衡问题依然严重，虽然大量农村富余劳动力流入城市，但是由于城乡发展不平衡，导致很多农民工只能在城市和农村之间来回漂泊，成为城市的“候鸟”。在全球经济一体化趋势日益明显和周期性经济愈加密集的情况下，如果农民工依然保持“候鸟型”的就业模式，一方面由于农民工工作不断变换，劳动技能相对不固定，企业也不可能对“候鸟型”农民工进行技能培训，导致其能力、素质很难得到大的提升，个体劳动产出率也无法得到提升。另一方面，企业需要有经验、有素质的产业工人，如果长期雇用缺乏经验、素质不高的“候鸟型”农民工，将会变相增加企业成本，影响企业的发展，阻滞城市化进程。另外，农村外出务工人员结构正悄然发生转变，80后、90后新生代农民工正在成为农民工群体的主体。与老一代农民工相比，新生代农民工更加注重发展，他们对岗位的选择更加理性，他们更加渴望扎根城市，融入城市。只有打破城乡二元结构，加快社会保障建设，逐步实现教育、住房、养老等基本保障制度均等化，才能消除农民工的后顾之忧，才能让在外工作的农民工真正安定下来。

同时，城乡发展不均衡，对资源配置也起到阻碍作用。由于农村发展能力弱，很多人才、资本、技术等要素向农业农村流动较慢，这将会阻碍农业农村生产率的提升。近年来，由于国家政策的引导，有些企业开始向中西部地区转移，这样一方面可以提升农村劳动生产率，促进农村的发展。另一方面，很多农民工可以直接在自己家门口就业，不用继续在城市农村之间漂泊，极大节约了时间成本，提高了生产效率。

① 乔金亮.全国农村承包地确权登记已完成80% 确权颁证让农民吃上定心丸[N].经济日报.2017-08-11.

（四）促进产业升级，技术创新，发展资源密集度更低和效能更高的产业，以增强可持续的“创新能力”

前文已经提到，经济增长的源泉包括技术进步和要素投入提高两个方面。科技创新、技术提升，能提升资源的配置效率，提升资源的回报率，促进经济的增长。从原始社会至今，社会的每次进步都伴随着科技的进步。特别是第一次工业革命以来，每次工业革命都带来了科学技术的革新，科学技术的革新也促进了资源的利用率，提升了资源的回报率，促进了经济的极大增长。仍以诺基亚手机为例，150年的历史中，诺基亚曾多次遇险，也屡屡化险为夷，曾因勇于创新而崛起，也因瞻前顾后而衰败。2007年之前，诺基亚一直是手机行业的老大。2007年，苹果公司的iPhone问世，基于多点触控技术的全新用户界面，重新定义了智能手机的概念。智能手机不再仅仅是移动电话，而是兼具电话和电脑功能的小型移动设备。其实，诺基亚早在2002年就研发出触屏技术，2005年研发出面向互联网的手机操作系统Maemo，受到业内好评。然而，公司决策层错误判断占据市场优势的塞班将继续成为主流，轻视了移动互联网浪潮的力量，最终坐失了发展良机，在手机业务中一落千丈。

在城市化进程中，也要不断提升“创新能力”，坚持走内生式城市发展道路。应着力培育扶植中小型科技产业，加快发展战略性新兴产业，加强与高等院校、研究院进行战略合作，建立充满活力的创业创新体制，大力实施科技人才战略，通过一系列手段，促进城市产业转型升级，技术创新，资源密集度更低和效能更高的产业，以增强可持续的“创新能力”，促进资源利用率的提升，推动经济的发展。

四、建立城镇支撑体系，实现资源有效配置

城市区域化是生产力发展，生产要素优化组合的产物。能够在更大范围内实现资源优化配置，增强辐射带动作用和综合竞争力。

城市体系是指一个国家和地区各种规模、各种类型城市的空间聚合的有机整体，是经济社会发展的产物。只有到城市发展到一定数量、一定规模，城市的专业分工和城市之间的经济往来发展到一定程度，才具有形成城市体系的基础。而城市体系一旦形成，对整个区域的经济发展起着重要的平衡作用。同时，也会使资源配置更科学、更合理，发展更充分。

城市体系是区域社会经济发展到一定阶段的产物，是城市带动区域的最有效的组织形式。城市体系的产生，既反映了社会分工的扩大、生产化程度的提高和市场经济的进一步发展，又是城市自身建设和发展的客观要求。建立完善的城市体系，有利于降低发展成本，有利于促进城乡协调发展，有利于调整和优化区域内产业结构，有利于城市的功能互补。

构筑开放、有序、互补的城市体系，是我国新型城镇化战略的优势。因为，不同规模城市构成的城市群，是一个有机的整体，是城市之间和城乡之间的深度融合。城市功能的准确定位、城市资源的重新整合、城市要素的相互补充，可以使城市之间的优势互补。

如何使城市资源形成集聚？同时，也能使资源配置更加有效？经济学原理告诉我们，实质上是交易成本和外部性在起作用。即，城市资源在交易成本比较低的地方集聚，在交易成本高的地方发散。因此，建立城市体系，或者说建立城市支撑体系，来承载资源的有效配置，也就是从城市功能效用的内在机理上，实现资源集聚的有机性，以达到最佳效果。

城市体系是城市发展的动力。城市体系是由城市、联系区域、联系通道、联系流等多种要素按一定规律组合而成的有机整体。建立完善的城市体系，可以加速各种要素资源在城市体系中的流通，提升资源要素的利用效率，实现资源的有效配置。完善的城市体系需要现代市场（要素）、现代产业、现代城镇、公共服务、便捷交通、综合承载能力一系列体系支撑。

（一）现代市场体系

现代市场体系是由各种相对独立的商品市场和生产要素市场形成的不可分割的有机统一体，包括商品市场和资本、劳动力、房地产、技术、产权等各类要素市场，还包括各类市场运动、变化、发展的运行机制和管理调控机制。现代市场（要素）体系是现代市场经济体系的重要组成部分，也是我国社会主义现代经济体系的重要构成内容。现代市场经济必须借助于完整的市场体系并建立统一的大市场，才能有效地配置资源。因为市场经济中的市场机制具体是通过市场体系来发挥调节作用的，市场运行过程、市场秩序的形成和治理也需要通过市场体系来实现。所以，一个城市若要确保资源有效配置，促进经济发展，就必须构建一个体系完整、机制健全、统一开放、竞争有序的现代市场体系，让市场在城市资源配置中起决定性作用，推动经济更加高效发展。

（二）现代产业体系

现代产业体系是指现代元素比较显著的产业构成，就是能够研发、制造、经营比较普遍的优质或高附加值的产业体系，能使资源的利用效率更高。现代产业体系最终体现在产品的竞争力上，也就是体现在产品的高质量或高附加值。现代产业体系发达的城市，其发展活力、质量也会越好。2015年，美国知名智库米尔肯研究所（Milken Institute）首次为中国内地城市经济表现进行排名，成都位居榜首。米尔肯研究所对高附加值行业等指标进行对比后，得出成都在高端航空与航天设计行业以及最新崛起的电子制造部门等方面走在全国前列，这些现代化高端产业体系使成都成为经济表现最佳城市。国务院印发《“十三五”国家战略性新兴产业发展规划》，明确指出，“十三五”时期要把战略性新兴产业摆在经济社会发展更加突出的位置。《规划》从八个方面明确了现代产业体系发展方向：一是推动信息技术产业跨越发展，拓展网络经济新空间。二是促进高端装备与新材料产业突破发展，引领中国制造新跨越。三是加快生物产业创新发展步伐，培育生物经济新动力。四是推动新能源汽车、新能源和节能环保产业快速壮大，构建可持续发展新模式。五是促进数字创意产业蓬勃发展，创造引领新消费。六是超前布局战略性产业，培育未来发展新优势。七是促进战略性新兴产业集聚发展，构建协调发展新格局。八是推进战略性新兴产业开放发展，拓展合作新路径。这八个方面为城市未来构建产业体系提供了借鉴，城市在今后发展中，要选择适合自己发展路径，构建自己的现代产业体系，靠现代产业体系的提升促进资源的有效配置。

（三）现代城镇体系

现代城镇体系是由一系列不同等级规模、不同职能分工、相互密切联系的城镇组成的现代城市系统。当前，由于我国城镇空间结构不清、大中小城市体系不明、城镇群发展缺乏指引，已经对城乡和区域的协调发展、各类资源的有效利用，产生了不利影响。特别是城乡差别过大、地区发展不平衡、土地资源浪费、生态环境恶化等问题还比较突出。这在一定程度上造成了资源浪费，降低了资源使用率，没有达到最佳的资源配置效应。构建现代城镇体系，可以实现不同等级规模、不同职能分工、相互密切联系的城镇之间的资源共享，功能互补，提升资源利用效率。对于一个城市来讲，也要构建现代城镇体系，协调与周边县区、乡镇的发展，加速资源共享，以便在资源能源紧缺压力加大、转变经济增长方式的要求日益迫切，城乡发展不平衡、地区发展不平衡的矛盾更加突出的情况下，以工促农，以城带乡，促进区域经济的良性循环和社会协调发展。

（四）公共服务体系

公共服务体系是建立在一定社会共识基础上，由政府主导提供的保障全体公民生存和发展基本需求的各类服务。[①]公共服务体系包括教育体系、公共卫生体系、公共文化服务体系、社会福利体系等。公共服务体系的完善建立对于社会和谐、稳定，对于节约社会资源都具有非常重要的意义。

2018年4月发布的《河北雄安新区规划纲要》对布局优质公共服务设施，有“三个构建”的概述，可称为社会主义现代化城市的样板：

> 构建城市基本公共服务设施。建设“城市—组团—社区”三级公共服务设施体系，形成多层次、全覆盖、人性化的基本公共服务网络。城市级大型公共服务设施布局于城市中心地区，主要承担国际交往功能，承办国内大型活动，承接北京区域性公共服务功能疏解；组团级公共服务设施围绕绿地公园和公交枢纽布局，主要承担城市综合服务功能，提供全方位、全时段的综合服务；社区级公共服务设施布局于社区中心，主要承担日常生活服务功能，构建宜居宜业的高品质生活环境。
>
> 构建社区、邻里、街坊三级生活圈。社区中心配置中学、医疗服务机构、文化活动中心、社区服务中心、专项运动场地等设施，形成15分钟生活圈。邻里中心配置小学、社区活动中心、综合运动场地、综合商场、便民市场等设施，形成10分钟生活圈。街坊中心配置幼儿园、24小时便利店、街头绿地、社区服务站、文化活动站、社区卫生服务站、小型健身场所、快递货物集散站等设施，形成5分钟生活圈。

① 蒯大申．现代公共文化服务体系的内涵与基本特征［N］．文汇报，2014-02-24.

构建城乡一体化公共服务设施。城郊农村共享城市教育、医疗、文化等服务配套设施。特色小城镇参照城市社区标准，配置学校、卫生院、敬老院、文化站、运动健身场地等公共服务设施，提高优质公共服务覆盖率，构建乡镇基础生活圈。美丽乡村配置保障性基本公共服务设施、基础性生产服务设施和公共活动场所。大幅提高村镇公共交通服务水平，实现校车、公交等多种方式的绿色便捷出行。

（五）便捷交通体系

现代交通体系是城市区域安全可靠运行，促进经济发展的命脉，同时，也是连接城市外部满处城市发展必不可少的条件。现代交通的通时性和可达性，既承载着资源和要素的流动，其本身也是城市重要的资产和不可或缺的公共产品。

在城市群以及城市区域内，规划建设运行高效、便捷的城市轨道交通，发展中低运量轨道交通系统并有计划地衔接大运量轨道交通。构建功能完备的新区骨干道路网，实现城市区、外围组团、小城镇全覆盖、网络化的骨干道路网络。构建快速便捷、形式多样的公交系统，布局“干线+普线”两级城乡公交网络，在城市区布局“快线+干线+支线”三级城区公交网络，科学规划路网密度，合理设计道路宽度，努力提高绿色交通和公共交通出行比例。构建“公交+自行车+步行”的出行模式，在公共交通廊道、轨道站点周边集中布局公共服务设施，提升公共交通系统覆盖的人口数量。实现高品质、智能化的公共交通和物流配送系统，打造集约智能共享的物流体系。构建由分拨中心、社区配送中心组成的两级城乡公共物流配送设施体系，分拨中心与对外交通枢纽一体布局，社区配送中心依托各城乡社区服务中心布局，服务人民群众生产生活物资及快件集散。构建区域绿道、城市绿道、社区绿道三级网络，由城市绿道串联各综合公园、社区公园，形成城乡一体、区域联动的城市绿道体系。设置适宜骑行、步行的慢行系统，与机动车空间隔离，安排适应慢行要求的各类设施。

以数据流程整合为核心，以物联感应、移动互联、人工智能等技术为支撑，构建实时感知、瞬时响应、智能决策的新型智能交通体系框架。通过交通网、信息网、能源网，提供一体化智能交通服务，建立动态的交通管控系统，保障系统运行安全，提升系统运行效率。

（六）综合承载能力

综合承载力即“一定时期、一定空间区域和一定的社会、经济、生态与科技进步条件下，城市资源在自身功能完全发挥时所能持续承载的城市人口各种活动规模和强度的阈值”①。从宏观角度上看，它既包括物质层面的自然环境资源承载能力，如水土资源、环境容量、地质构造等；也包括非物质层面的城市功能承载能力，如城市吸纳力、包容力、影响力、辐射力和带动力等。从微观角度上看，它是指城市的资源禀赋、生态环境、基础设施和公共服务对城市人口及经济社会活动的承载能力。即整个城市能容纳多少人口，能承担多少就业，能提供多少良好的生活质量等，它是资源承载力、环境承载力、经济承载力和社会承载力的有机综合。城市综合承载力不强，或者城市发展到超过综合承载力的最大限度，就会阻碍城市的发展。比如，据统计随着城市化的发展，京津冀地区每人每年水资源量不足180立方米，远低于1000立方米的国际重度缺水标准。特别是近年来地下水严重超采，地面沉降已成为区域发展的障碍。对于城市综合承载力，可以用“木桶原理”进行衡量，任何一个方面的承载力薄弱，就会阻碍整个城市的发展。所以，城市发展应增强整个城市的综合承载能力，而不仅仅是增加一个或几个方面的承载能力。

五、满足城市资源优化配置的保障条件

城市是人类最伟大的创造之一，是人类社会走向成熟和文明的标志。与传统的乡村经济相比，城市在最小范围内最大量地集合了资本、劳动力、技术还有土地等要素，大幅度降低了生产的成本，同时又直接面对市民这个相对集中数量较大的市场销售对象，大大缩短了生产—分配—交换—消费的中间环节，大大加快了从资本—原料—产品—资本的实现过程。从资源配置这个角度上来说，城市比乡村是资源配置更优的载体。

充分发挥城市这个资源配置载体作用，更好地优化资源配置，除了城市自身支撑体系完善之外，还必须满足四个基本条件：提供农产品供给的农业

① 李东序．城市综合承载力理论与实证研究［D］．武汉：武汉理工大学，2008.

生产腹地、连接城市对外沟通的交通运输体系、具有一定规模的消费群体、城市所在区域经济具有较高的关联度。

（一）比较发达的农业生产腹地

生产力发展是导致城市诞生的根本原因。“农业的发展是城市经济发展的基础，城市的起源植根于原始经济的发展。”随着农业生产技术的创新，农业生产有了一定的剩余产品，这是城市起源的物质基础。随着农业技术的进步，人类出现了第二次大分工，手工业逐渐从农业中分离出来，正式的商品和商品交换开始出现，出现了以手工业和商业为主的城市。时至今日，城市及城市郊区粮食生产比较效益不断降低、机会成本不断升高，为了确保城市农产品有效供给，必须在城市周边地区确立相对稳定的农业生产腹地，不断增强城市农产品供给能力，这不仅关乎城市市民基本生活，也牵动着城市稳定的敏感神经。比如，北京周边的河北省，上海周边的江苏、安徽省均属于农业供给能力较强的发展腹地。

（二）连接城市外部的交通体系

城市的对外交通运输体系是城市生存不可缺少的条件。早期城市均诞生于农业发达和交通便利的地区。为了使农民种植的粮食与城市产品能更便利地进行交换，城市必须有一个高效的运输系统。城市与其周围的城镇、农村进行着大量的人流、物流、资金流和信息流的交换。这些资源的交换，必须有一个适宜的外部运输体系，如果交通运输便利，可以使资源快速配置到所需要的位置，反之则延迟了资源的配置。由于“最早出现的大运量、高效率的交通方式是水路运输”[①]，所以历史上许多重要城市都选址在交通方便的大河流域。而现代城市的交通主要以铁路、公路、水路、航空、管道为主，现代交通的变革，使城市之间交流的方式多样化，基于交通区位优势产生的城市发展差异正逐渐缩小，但交通区位优势的地位仍不可忽视，便利的交通运输体系对城市发展的支撑仍至关重要。比如，郑州作为国际性综合交通枢纽，为城市带来了很多的发展机遇，交通已经成为郑州发展的核心竞争力。所以，城市要发展，应高度重视外部的运输体系建设。

---

① 张洪恩，黎克继．浅析中国古代交通方式对城市发展的影响［J］．山西建筑，2007（23）：43.

（三）具有一定规模的消费群体

随着人类社会生产力发展，非农产业部门经济区位向城市集中，劳动力和消费区位也向城市集中。同时，社会产业结构由以种植业为主向制造业进而向社会服务业为主转化。外来人口不断涌入城市，他们有衣食住行用的需求，就形成了不断增长的消费群体。消费群体在对资源进行消耗的过程中，促进了资源的快速流动，使城市第二产业和第三产业越来越发达，不仅为城市发展创造了空间，也不断推进城市化的进程。消费是拉动中国经济增长的“三驾马车”之一。有关数据显示，中国的最终消费对国内生产总值（GDP）增长贡献率高达64%，仅2017年“光棍节”（双十一）当日的销售额更是达到了惊人的250亿美元。中国的消费能力正不断释放，这对未来中国的发展会起到很大的推动作用。作为城市来讲，应不断提升城市的消费群体，用消费促使更多资源流入城市，推动城市的发展。

（四）关联度较高的区域经济

生产力发展是加速度的，而交通工具和交通条件的更新也是加速度的。随着火车和汽车、高架桥和地下隧道的出现，尤其是网络的发展，电话、手机等出现，使资源要素的配置不再局限于一个单独的城市。换句话说，历史发展到今天，一个城市发展已经不能再“单打独斗”，必须依托于所在区域的整体联动。这样，区域内各城市之间的产业结构就可以通过上下游垂直分工实现产业关联，形成不同的产业链条，进而通过不同的链条交织形成产业网络，使区域间各城市的产业耦合状态和功能一体化程度不断提升，吸引更多的资源和生产要素集聚到区域各城市中。同时，通过同质产业在水平方向上的适度竞争迫使落后企业加强研发和技术更新，提高区域内的资源要素利用效率，进而通过这种区域内各城市之间产业结构的分工合作与适度竞争，进一步加深各城市之间的协同性，提升区域内各城市的竞争力。

六、改革让要素动起来、活起来

在现代经济学中，生产要素覆盖了社会生产经营活动所需的各种资源，主要包括劳动力、土地、资本、企业家才能、技术、信息、管理等方面。20世纪90年代，中国居民消费品基本实现了市场化，生产要素市场化开始提上日程。但是，我国要素市场改革仍然滞后，要素价格不但不能灵活反映供求关系和资源稀缺程度，而且出现普遍上涨的趋势，造成资源配置效率降低，抑制了生产要素的活力，在很大程度上削弱了中国经济的国际竞争力。比如，在能源市场方面，油气区块是几大国有企业以申请在先方式获得。在能源的下游领域，除煤炭市场化程度相对较高外，发电企业的发电量和价格仍由政府制定，电网成为电力收购和销售的唯一企业；油气管网运输、流通、进出口权，仅归个别国有企业拥有。这种情况下，我国的能源价格居高在所难免，这对依靠低成本优势发展制造业的中国而言，无疑形成了巨大压力。再比如，在能源紧张的情况下，美国开放能源市场，私人能源企业正经历一场颠覆世界能源格局的页岩气革命，美国能源价格下降，制造业正开始复苏。可以说，很多能够带动经济增长的生产要素，都存在一定的体制问题，并且主要集中在市场化改革不到位这一点上。这些问题从根本上说，是由于政府对微观经济干预过多，出现了宏观管理“微观化”和“以批代管”的现象，加上一些部门职责交叉、机构设置不合理、行政效率不高，极大地抑制了各类生产要素对经济增长的贡献。因此，当李克强总理提出“改革红利”说时，得到了社会各界极大的响应。所以，应以生产要素市场改革为切入点，促进生产要素合理流动和区域间再配置，实现经济增长与社会和谐双赢的改革思路是解决不平衡、不充分发展的突破口。

城乡二元壁垒是市场经济发展的严重桎梏，劳动力、资本、土地和技术在城乡之间的流动都受到了很大的限制。因此，我国的改革开放都是从生产要素市场改革为切入点，促进生产要素合理流动和区域间再配置。随着各项改革措施的落实，多种限制已在不同程度上有所松动。2017年诺贝尔经济学奖获奖者、美国经济学家理查德·塞勒2008年在其与桑思坦合著的标志性作品《助推》（Sunstein & Thaler，2008）中提出了“助推”（nudging）的概念，指的是创造有利的决策环境，“非强制性”地将个体“推”向正确的选择，体现了一种全新并且有效的政府管理模式。对中国的城乡发展来说，政府不能一直做全能“保姆”，今后应采用政府“助推”式的资源配置方式，引导资源配置和城乡发展道路。遵循城乡演进的客观规律，充分发挥市场配置资源的决定性作用，统筹城乡发展，增强城乡转型升级的内生动力，更好发挥政府在空间开发管制、基础设施布局、公共服务供给、体制机制建设等方面的作用，有效提升城市发展质量。

通过改革让生产要素动起来、活起来，就要让市场起决定性作用。宏观层面，创新改进行政管理体制和宏观管理方式，打造市场主体能够充分释放财富、创造潜力的良好环境，并使各类政策工具的运用，有利于存量资源的不断优化重组，提高国民经济的总体素质和国际竞争力。微观层面，大幅度减少政府对资源的直接配置，推动资源配置遵循市场规律，实现效益和效率的最大化。同时，减少对生产要素领域的干预，实现生产要素领域的充分竞争，总体上有利于降低要素成本，提高要素供给能力，进而降低各产业的成本，提高产业竞争能力。一旦改革的“红利”彻底释放出来，城市经济将有望保持较高的增长速度，发展潜力会进一步显现。比如，上海自由贸易试验区在全国率先推行负面清单制度，大幅度取消和下放行政审批事项，有利于放松对生产要素市场的管制，降低交易成本、降低企业的负担，对企业发展起到促进作用，对城市发展产生积极影响。

诚然，在全球经济一体化条件下，每一个城市都不可能独善其身。城市空间范围内的资源优化配置的途径，还应当包括构建更具吸引力的营商环境，培育高技能型和创新型劳动力，营造卓越的文化、社会和生态环境，从而促生、吸引和留住创新性资源和要素。这一方面，深圳市改革开放以来走过的路，就足以充分证明了这一点。

抓住资源配置这个关键的“变量”，除了科学合理配置资源，充分利用其变量为城市发展形成集聚和扩散之外，有效的资源配置有时也需要涵养和收敛，有时候更应该留给未来，而不是当下。尽管它不是本书讨论的重点，但它却是城市可持续发展的课题，值得我们注意。

第七章 城市有机更新

没有任何一个城镇可以与外部的力量隔绝，正是这种外部力量要求城镇去适应它；也没有任何一个城镇可以避免内部的压力，这些压力发生在城市地区的内部，它们能够导致城镇的增长或衰退。

——彼得·罗伯茨（Peter Roberts）

城市是人类文明的载体，城市增长是一个动态的过程，城市的兴衰取决于城市增长的规律和各种元素的聚集，城市更新伴随着城市发展的全过程。

城市的有机更新，一定不是野蛮的改换，而是基于城市居民生活的必然需要。有机更新的目标一定是科学严谨、深思熟虑的结果，更新的方式一定是温和的毋容置疑的过程。

一、城市更新是城市新陈代谢的自然产物和必要过程

城市有机更新可定义为借由实质上维护、整建、拆除等方式使城市土地得以经济合理的再使用，并强化城市功能，增进社会福祉，提高生活品质，促进城市健康发展。也就是说对城市衰退地区的功能再造、陈旧功能的更新和提升、市中心丑陋建筑物的改建、历史遗迹的保留，以创造一个美好的工作与居住环境。

总的来说，城市有机更新的目的是为了长期提升一个地区（包括经济的、物质的、社会的、环境的等多方面），所采用的方式是综合的、渐进的、系统的方法。这就说明了城市更新并不只是采取物质的手段和方法，需要达到的目的也不仅仅是形象的改观。因此，城市更新应成为城市政策范畴。

在目标方面，城市更新是城市计划主动创造良好的城市环境的一环。换句话说，城市更新的行动目的和都市计划的本意皆在经营一个好的都市

环境。

在对象选择上，城市更新是对城市中既成地区不良环境的改造行动。一般会以为城市中心丑陋地区才是城市更新的对象，其实它往往只是比较急迫需要更新而已。其他凡是不能令人满意的功能衰退地区，都应是城市更新的对象。

在手段选择上，城市更新并非一成不变仅限于重建、整建、维护这三种实质层面的行动，凡是能改善既存不良环境的手段，均可能被采取。此外因为城市环境不只指实质环境而已，还包含不可分的心理、社会、文化的成分，因此在手段的选择上必须是个案处理。

从过程来看，城市的更新如同人的呼吸一样，是一种必然现象。城市更新是没有极限，持续不断进行的过程。只要城市继续成长，新的环境变化讯息不断输入，城市更新便会不断进行。

（一）西方城市更新思潮

虽然各国的政治、社会、经济和历史的背景条件不同，遇到的问题也有所不同，但现代城市发展的基本趋势应该说是一致的。如果按照城市更新及相关理论发展的脉络来进行分析，可以看到，战后西方城市特别是内城和旧城更新的理论和实践经历了很大的变化。基本上是沿着清除贫民窟—邻里重建—社区更新的脉络发展，指导旧城更新的基本理念也从主张目标单一、内容狭窄的大规模改造逐渐转变为主张目标广泛，内容丰富，更有人文关怀的城市有机更新理论。按照有关城市更新的理论发展脉络进行梳理，可以看到如下的情况：

从形体规划出发的城市改造思想。西方国家城市更新运动，在一开始受到以物质规划为核心的近现代城市规划理论思想的深刻影响，这些规划思想的本质是把城市看作一个相对静止的事物，希望通过对物质环境的设计解决城市中的所有问题。大规模推倒重建实际就是这些思想的直接后果。

对大规模城市改造的反思。清理贫民窟和随之而来的大规模城市建设以及对城市中心土地的强化使用，曾经一度带来城市中心区的繁荣，但很快就带来了大量的城市问题，加剧了城市向郊区分散的倾向，可以说大规模城市改造并不成功，却给城市带来了极大的破坏。

可持续发展的城市复兴思想。可持续发展的思想最初来自于那些致力于环境和资源保护的社会经济学家，是战后经济高速发展和20世纪70年代经济萧条导致环境污染、资源破坏等问题引发的对城市发展模式的世界范围的反思的结果，其中也包含了上述对大规模城市改造所进行的反思。

（二）国际主流的城市更新思想与原则

1.拆除重建（Redevelopment）。拆除重建是施行于建筑物全盘恶化的区域，依当地经济、社会以及实质环境标准衡量，除非清除既有的建筑物与设施，否则将阻碍正常的经济活动与都市功能发展，使市民无法享受最基本的城市生活而采取的措施。这种方式最为激进、彻底，且耗费最大，但往往也容易遭受阻碍，使计划进行缓慢或流于空谈。

2.整旧复新（Rehabitation）。整旧复新是施行于结构上尚可继续使用，但因维护不当或设备未予换新而成为建筑物使用品质不良的区域。通常是经过详细的调查分析，对各种不合标准的建筑物及环境等加以改善，以提高现有的生活品质。这种方式较拆除重建方式能更迅速完成，且不需巨大的资金投入，也可减轻原住户安置的困扰，甚至可以用贷款方式鼓励原住户自行运用改善环境品质。

3.保存维护（Conservation）。保存维护是适用于建筑物机能有健全运作或具有历史文化价值的建筑物及地区。依当地的民情及地理环境，加以适当维护，使其免于因放任而遭受破坏或恶化。可以说保存维护是一种预防性措施，实施阻力或纠纷较小。

4.功能置换（Functional replacement）。对建筑坚固、功能退化的地区，采取功能置换的方式，植入新的功能，使该地区重新焕发活力。

（三）新陈代谢城市

新陈代谢理论由两个基本原理构成，分别是通时性和共时性。通时性是指不同时间的共生，将过去、现在与未来的不同时间段，在同一个空间（城市）展现出来，尊重历史、把握现在、重视未来。共时性是指不同文化的共生，强调在同一时间段应该存在多种文化，世界才能丰富多彩。

黑川纪章以“新陈代谢”城市理论和“共生”思想设计的郑州市郑东新区CBD，运用了通时性和共时性、网状系统、根茎结构等概念，实现了人与自然的共生、历史与未来的共生、新城与老城的共生。

在郑州市郑东新区的规划中，黑川先生提出了连接新旧CBD的西南—东北城市时空发展轴线。在这条轴线上，有历史的厚重：商城遗址、二七纪念塔，有现在的核心：省委、省政府、市委、市政府、规划的新CBD等，又有未来的可持续发展：龙湖、贯穿城区的金水河和熊耳河。这充分体现了通时性和共时性，也就是历史、现在和未来以及不同文化在同一空间的共生。此外，借用生物学的概念，通过组团式发展营造良好的生态系统，促进城市的可持续发展；保持平衡状态下成长的线性城市轴线，防止交通向中心集中的环形系统；可成长代谢的簇团式的空间结构等等都体现了新陈代谢理念。

图7-1　郑东新区CBD

图片来源：郑东新区管委会，《郑东新区CBD总体规划》文本

“共生思想”包括很多范畴，如新城与老城的共生、历史与未来的共生、人与自然的共生等等。黑川先生在对郑东新区新城规划的同时，对老城也很关注，如注重老城区水系的改善、产业的调整，最终实现了新城与老城的共生。同时，他用抽象的方法来展现东方传统文化，通过巧妙构造出中华传统文化的“如意”图腾，来彰显郑东新区的个性，同时表达美好的寓意，体现了历史与未来共生的思想。此外，经过水源论证后挖掘的龙湖，为城市营造了舒适的生态环境，调整了小气候；通过道路、河渠、湖泊的绿化构建生态回廊，并将龙湖生物圈与嵩山生物圈、黄河生物圈有机相连，充分体现了“以人为本”的设计理念，进而实现了人与自然的生态和谐，这些都体现了人与自然共生的思想。

二、盘活存量

城市是一个鲜活的生命体，城市发展是一个新陈代谢过程，城市的生命力在于其不断更新并持续迸发其活力，城市更新是城市永恒的主题。纵观城市发展历程，城市更新作为城市自我调节机制，始终与大规模开发建设并存。进入20世纪以来，一些地方重视开发建设，对存量更新、城市更新重视不够，很多历史地段、衰败地区被遗忘。还有许多旧城改造甚至是建立在对建成区“大拆大建”的基础之上，致使城市的文化传统、情感记忆，人们曾经的美好生活场所、心灵情感故乡不复存在。同时，随着快速城镇化过程，中国城市既有的、增量扩张的发展模式带来的土地浪费、地方债务和城市蔓延等问题愈发凸显。2014年3月《国家新型城镇化规划（2014—2020年）》正式发布，提出“管住总量、严控增量、盘活存量”的新型城镇化原则。在“严控增量”的背景下，地方政府将难以有充足资金解决存量土地的城市公共物品生产问题，既有城市公共物品生产模式面临根本性变革，城市发展必然选择“盘活存量”，政府可以通过城市更新的制度设计，由政府主导、多方共治的更新过程，向社会提供公共产品，提升城市品质。

目前，北京、上海、深圳、广州等大城市，城市增量发展的空间已经不多，未来城市的功能调整和升级的战略预留空间严重缺乏。《上海城市总体规划2035》提出“严守建设用地底线：贯彻土地利用‘总量锁定、增量递减、存量优化、流量增效、质量提高’”的总体要求。城市存量发展、内涵式增长，向既有的居住区和工业区等城市建成区要空间成为必然。2007年广州启动退二进三，关闭或疏解城市中心的第二产业，支持第三产业发展，优化城区环境质量。2010年2月深圳成立“三旧”改造工作办公室；《深圳市城市更新办法》（2009年）和《深圳市城市更新办法实施细则》（2012年）先后颁布。2015年上海出台《上海市城市更新实施办法》和《上海市城市更新规划土地实施细则》，标志着上海进入以存量开发为主的“内涵增长”时代。

在改革开放40年的这个历史时刻，“盘活存量”和“有机更新”是中国城市转型的必然要求。

（一）旧城改造与新城拉动

改革开放以来，尤其是进入21世纪之后，旧城改造与新城拉动成为城市建设的两个重要抓手，尤其以新城区开发成为我国地方经济建设和城市拓展的主要载体，对国民经济产生了重要影响，推动了城乡面貌快速变化。当下中国，国务院批准设立的“国家级新区”共19个，300多个地级市中有200多个规划建设中的新城新区，各级各类新城新区3000多个。中国由于其人口基数巨大，特殊的土地所有制和政治体制，中国的城市化呈现出不同于以往任何国家的大规模、高速度的特征。尤其是进入21世纪，中国城镇人口平均每年增长1500万人，城镇化率提高1%。20世纪90年代，全国城市建成区面积平均每年扩大938平方公里，进入21世纪后（2000—2007年）则平均每年扩大1861平方公里，几乎加快了一倍。这都是人类历史上从来没有发生过的纪录，政府自上而下的行政体系、完全贴合的规划院体系进一步加强了这样的过程。独有的特色机制，深层次的文化背景，使得“中国式造城”具有鲜明的文化基因和合理的形式逻辑。

2010年以来在土地政策转变、新型城镇化、全球经济转型、全球气候变化等内外格局变革中出现了新的转变，公共保障性住房的加速启动，区域机动性的城市公共交通的兴起，立法取消行政强制拆迁，税制的转换等，一系列的制度变化试图将智能技术和生态技术借助中国制造和中国建造以及信息网络的创新优势的爆发，所有的这些点滴构成巨变，城市双修、城市更新开始进入人们的视野。

（二）从旧区改造到有机更新

自20世纪90年代起，我国主要大中城市先后开始经历几轮大规模的、以改善居民住房条件为目标的旧区改造，各地方政府出台了棚户区改造、旧区改造、城中村改造的多种政策文件，通过减免土地出让金、允许提高容积率、放宽规划控制条件、毛地出让、一二级联动等方式，吸引市场与政府共同参与旧区改造的城市再开发。对中心城区的大规模旧改确实改善了部分当地居民的居住条件，提升了中心城区的基础设施服务水平。

进入新时期，取而代之的是一种新的模式，在老城区和历史保护区，逐渐出现了一些政府主导、多元共治的、温和渐进式的“有机更新”。这也是学者们一直在提倡和呼吁的，20世纪90年代，吴良镛先生有一段话：“从50年代以来，在我国规划界流行一种术语，即‘旧城改建’，严格说这是很不确切的，实际上被社会误解成要适应现代生活就要对旧城大拆大改，在效果上也是不好的。因此，需要正名，改用‘城市更新’一词为宜。”吴先生从城市“保护与发展”角度提出了城市“有机更新”的概念。

（三）对我国改革开放后城市更新历程的总结与反思

可以回顾一下我国城市更新的历程，在改革开放后的社会主义市场经济体制下，中国的城市更新可以划分为四个阶段。

第一阶段：恢复城市规划与进行城市改造体制改革（1978年至20世纪80年代末）。1978年12月，十一届三中全会提出对国家的经济体制进行改革，人们逐渐认识到城市建设对国家经济发展的重要性。在中国的“六五计划”时期（1981—1985年），依照地方的总体规划，一些污染严重的工厂从居民区中被迁移出去，很多城市开始兴建居住小区，相应配套市政基础设施与社会福利体系的建设。

第二阶段：经营城市理念下，地产开发商主导的旧城改造（1990—2000）。20世纪90年代以来，中国经济由改革开放前的计划经济体制向市场经济体制的转变，为地方城市经济增长提供了宽广的空间和机遇，但是对城市更新中诸多利益相关者也带来了较大影响。这时期城市更新的突出特征是，地产开发主导旧区改造，地方政府通过土地财政受益。譬如，20世纪90年代初，西安市提出“由开发企业筹资开发建设，政府免收8项主要税费，在妥善安置拆迁居民的前提下，企业自主经营，自负盈亏”的原则，确立了49处低洼危旧房屋改造项目，掀起了大规模旧城改造的高潮。总体来说，这时期的旧区改造的特征是：通过旧区拆除与重建，追求最大经济效益，多样筹措资金方式，地方政府演变为经济合作者。

第三阶段：快速城镇化背景下，政府主导的大规模的城市再开发（2000—2010）。进入21世纪，地方政府开始主导一些滨水空间、大型事件等重大项目的城市再开发。为了快速推进项目，也为了发挥土地现有的以及潜在的价值，拆除重建方式仍然作为一种主要更新手段，往往会对城市土地的使用结构与所有权进行再调整。而且在市场经济的引导下，很多再开发项目仍然表现为追求巨额经济利润，再开发过程往往转变为简单的土地经济置换。这种由政府主导的追求经济效益的城市再开发，已经形成了一种“地方国企联盟”，地方政府背书式地成立了一批城投企业，以政府代理人的角色主持大型城市再开发项目，这种现象把地方政府的行政职责与其企业职责边界模糊化了。同时，这个阶段我国城市再开发中的问题仍然涉及旧城区社区的解体，城市历史风貌特色的丧失等问题。

第四阶段：新型城镇化背景下，以人为中心的有机更新（2010年至当前）。进入2010年后，随着新型城镇化的提出，未来城市功能调整和升级的战略预留空间严重缺乏。城市存量发展、内涵式增长，向既有的居住区和工业区等城市建成区要空间成为必然。2010年2月深圳成立“三旧”改造工作办公室；《深圳市城市更新办法》（2009年）和《深圳市城市更新办法实施细则》（2012年）先后颁布。第四阶段城市更新是一种关注历史文化、关注人民利益、关注原有物权人的多元共治结构，其基本治理模式是“政府主导，多元共治”，即政府与原有物权人充分协商，政府监管、物业权利人实施城市更新。在城市更新的类型方式上也更加丰富，关注弱势群体的老旧社区微更新、关注人民利益的公共空间提升更新、产业园区转型等多元化的更新类型开始出现。

三、体现有机的更新

城市的更新如同“蝉蜕”，是生命的延续和生长。更新是伴随着城市生命体持续不断的过程，和任何生命体一样，更新应该是小规模渐进式的，极少是大规模的、断裂式的。在中国持续了30年的轰轰烈烈的旧城改造运动是历史上少有的，应尽早结束，城市更新应进入到有机更新的正常轨道。著名建筑学者吴良镛先生有一个关于“有机更新”的经典解释：

城市是一个有生命的机体，需要新陈代谢。而且，这种代谢就像细胞更新一样，是一种“有机”的更新，而不是生硬的替换。有机更新要回到城市的本质，要考虑城市变化的几个主要方面：第一，经济转型与就业变化；第二，社会和社区问题；第三，环境约束、土地和住房需求；第四，环境质量和可持续发展；第五，文化传承与历史文化保护；第六，自然风貌与地理环境。

在方法上，有机更新要对城市中已不适应城市经济社会生活的地区作必要的改建，使之重新发展和繁荣，又要杜绝大拆大建，强调政府引导、居民充分参与、共建共享、温和渐进、微更新。同时，有机更新也必须有驱动力，通过有机更新，做政府最关切的“大事”“要事”，解决老百姓的“难事”“急事”，要实现城市完善功能、培育产业、焕发活力、民生改善等目标。

（一）核心要义——宜居性

我国在快速城镇化的发展过程中，多数城市更多强调了城市的经济功能，因而使得城市在一定意义上成为经济发展的承载体，忽略了城市的本性——为人服务的城市，即城市的宜居性。一些城市造成公共服务的缺失或不足，甚至出现城市“宜居性危机”。城市有机更新要更多体现人性化需求，城市有机更新注重由经济承载为主体的城市向宜居城市的转型，进而实现城市的可持续发展。

宜居性，当今世界并没有一个公认的、确切的定义，然而其主流思想可概论为包括生活环境和生活方式在内的生活质量。在宜居城市的标准上，也可以认为既包含在自然、社会、经济、科技、文化等因素相互作用下形成的居住生活方式，还包含在各种方式下的物质和精神诉求。

宜居性是需要创造的，宜居城市在很大程度上取决于城市公共服务的能力和水平。由联合国人民署、国际展览局、中华人民共和国住房和城乡建设部、上海市人民政府共同主编的《上海手册：21世纪城市可持续发展指南》中指出：

宜居城市需要从三个方面考虑公共服务和宜居的关系：（1）宜居城市中政府的创新、监督和协调，城市政府特别是领导人在公共服务供给中可以扮演三个角色：新观点的供给者、公共服务的监督者、政府内部以及城市与企业之间的协调者。（2）宜居城市中公共服务的有效性和公平性。既要注重硬件，又要注重软件，考虑适足性和可得性。（3）宜居城市的认同性和合法性。公共的参与在城市的发展中应得到更多的保留和尊重，人文关怀和物质满足同样重要。

在城市发展史上，人们从未像今天这样面对如此多的危机，人们对理想城市的认知和定义开始发生根本转变，宜居生活成为了近年来全球城市面向未来的共同趋向。无论是发达城市还是发展中城市，都把追求使更多的民众能够享有优美生态环境、优质的服务设施、多样化的住宅和人性化社区、丰富的公共空间、便捷的交通和基础设施网络等作为城市发展愿景。

（二）不搞大拆大建，要温和渐进

旧城里“做文章”好比“螺蛳壳里做道场”，温和渐进、以人为本的有机更新模式将成为主流。这个过程中，政府引导、市场的作用和公众的参与至关重要。要“两条腿”走路，明确政府行为与市场行为的边界。还要“三足鼎立”，平衡政府、市场、社会的力量。中国的市场环境还不够成熟，缺乏可行的、常态化的运作机制，因此政府必须先解决立法、政策等基本问题，让市场有法可依，有稳定的政策用以提升市场积极性。强调社区公众参与，培育社区力量，城市更新的工作模式从“自上而下”变为“自下而上”，有利于更新计划的实施，有利于更新成果得到公众的认可和维护。

德国城市更新中公众参与方式已有近40年历史，始于二战后的大规模城市更新使得德国许多城市出现了大量社会问题。在20世纪70年代末，柏林克罗伊茨贝格（Kreuzberg）地区爆发了著名的居民反对政府更新规划的大规模抗议行动后，德国城市更新工作者开始思考通过公众参与的方式来改善目

图7-2　德国城市更新公共参与

图片来源：李斌，徐歆彦，邵怡，李华．城市更新中公众参与模式研究［J］．建筑学报，2012（S2）:134-137.

前的社会状况，并于1985年前后，出台了“谨慎的城市更新手段的12项指导原则”，正式将公众参与模式写入城市更新法规中。此后，公众参与的模式和制度不断改进。亥姆霍兹广场社区位于柏林人口最密集的普伦茨劳贝格（Prenzlauer Berg）城区。这个区域建筑物大多建成于19世纪末。从1991年开始，S.T.E.R.N.城市更新机构开始服务于发展、实施、整治普伦茨劳贝格城市更新区域的更新项目和发展策略，亥姆霍兹广场社区更新采用的就是“谨慎的城市更新”的思想。在此基础上，S.T.E.R.N.提出一套解决方案模型和执行办法，在业主、居民和政府机构之间建立高度合作的体系，组织居民参与，协调各方意见，使项目从概念到实施。2001年以后，S.T.E.R.N.还作为一个区域管理者开始执行亥姆霍兹广场社区治理，在这个过程中S.T.E.R.N.提出的策略原则是：使居民、零售商、社会机构、股东成为共同体，协调各利益相关团体的关系，促进全部居民参与社区治理，利用各方资源为该区域的发展作出贡献。

有机更新需要政府引导、物业权利人实施、居民参与、社会监督、多方参与，拧成一股绳，不是一件容易的事，经过的时间也必然比较漫长，所以我们还讲温和渐进。改造城市基础设施，包括道路交通、停车场、红绿灯、学校、医院这些公共服务，让辖区的老百姓，都能够享受到城市发展所带来的红利。

（三）把街道还给居民

街道，也是公共空间。这就需要街道空间更加精细化的设计和管理，在有限的空间内，合理安排机动车和步行的空间。国际城市对于交通最重要的变化就是倡导步行空间，上海已经出台了国内第一本《街道设计导则》，重视人与车共享的街道。城市还需要连贯的步行网络，是居民健身需要，是绿色出行的需要，也是城市公共空间的组成部分。

巴塞罗那，进行了全球首创的、疯狂的“为了人民赢回街区”的城市实验。想象一下，如果街道提供闲逛，十字路口允许行人玩耍而不许汽车通行，会是怎样的情景？这听起来像是行人们的幻想、司机们的噩梦，却正是在西班牙的第二大城市，有着160万人口的高密度大都市中成为现实。巴塞罗那改变了许多车辆拥堵的街道和交叉口，这些街道和十字交叉口将不会再出现小汽车交通，而是将所有权交予行人。巴塞罗那市政府创造了一种名为超级街区的系统，超级街区作为一种减少交通拥堵和空气污染的方式，将会严厉禁止小汽车的通行，因此也能更加有效地使用公共空间，并且在本质上使得街区更加舒适。“我们愿意称之为‘为了人民赢回街区’。”巴塞罗那副市长Janet Sanz Cid说。“巴塞罗那的人们曾经想要去使用街道，但是他们发现却做不到，因为街道已被机动车辆占用殆尽。”在这项计划之下，超级街区将会覆盖现有的街道网格，每一个超级街区都会由九个常规街区板块构建而成。而每一个超级街区，其街道和交叉口都将会最大程度的限制机动车道占比，并且提供更多空间给周边社区来使用，例如广场、花园和街边停车位微公园等。Sanz说2018年前至少五个超级街区会被建造出来。第一座超级街区计划的实施就收到了形形色色的反馈。它位于波里诺区，这里曾经是一座废弃工业区，不过后来被改造为低收入群体住宅区，以及为创业起步公司提供的廉价办公室。当超级街区计划的消息在这里一经披露，尽管许多当地居民看到了超级街区的好处，当然也有不少的抱怨。在将街区打造为公共广场之前，当地居民显然认为给予的适应时间不够，也没有足够的沟通解释，同时周围的商家也表明了各自的担忧，特别是对限定装卸货的时间，会影响他们的工作效率。

图7–3　巴塞罗那的波里诺街区超级街区计划，
波里诺区的一个交叉口被改为一个带有足球场和沙池的操场

来源：Confederation of Workshops of Architecture Projects

“窄街道、密路网”也是增加城市活力的重要方式。新城越建越大、街道越来越宽，但是人们日常生活需要的生活空间还是小尺度的，与之前没有变化，人类的步行速度就是15分钟走1公里。这就需要在大的城市空间尺度创造出适合人生活的小尺度，方向要更新，规划要创新。

城市公共空间是城市生活中最重要的物质载体，可以缓解过高的人口密度、提供交往的场所、提升生活品质、体现城市文化。不仅要建设高等级、大规模的公共空间，如大广场、城市公园等，还需要大量的小型、密集分布的公共空间，让大妈可以跳广场舞、孩子可以嬉戏、青年可以运动，通过有机更新可以提供这样大量的小型公共空间。而且，体量可以小，但是建设标准要高，有空间品质。

（四）保护历史文化遗产，增强文化自信

我国当代的快速城市化的一个严峻问题是地方文化特色逐渐丧失，而城市文化特色是城市竞争力的根本所在。各城市在千百年的发展中形成了丰富的地方文化，并形成了各具特色的城市风貌。这些历史文化特色既是城市文化竞争力和经济竞争力的重要来源，也是人类文明的重要组成部分。保护好这些历史文化特色，就是保护并提升城市竞争力，就是保护人类文明。人类文明需要不断发展，城市文化需要不断创新，但创新不应以破旧为前提，创新往往更需要历史沉淀的支撑，历史沉淀越厚重创新的内在动力越强大。只有尊重既有的历史文化，保护好历史文化遗产，才有可能创造出新的文化特色，树立文化自信。我们要推陈出新，而不要破旧立新。历史文化遗产保护必须成为城市发展战略和城市规划建设中最重要的组成部分，也是有机更新的基本内容。

更新的过程不是以往的消失，而是过去故事的延展，所以，每项计划中的更新，都应该首先考虑对历史的保护。有时候历史的瓦砾比我们建造新的高楼大厦更为重要。保护的根本出路在于适度利用，使用中的建筑保护不同于其他文物的保护、建筑的生命在于使用、原有功能的延续与转换。对待历史文化遗存的态度，其实是我们对待未来的态度，它也是考验着我们当前存在的智慧。

在城市开发和更新改造过程中，需要采取秉持文化理念和尊重文化多样性的政策，重视文化遗址和民族空间的保护。这不仅是城市文化丰富多样的体现，还可以积极发挥其传统文化传承和文化交流、了解的功能，为城市旅游业和文化创意产业的发展，提供空间载体和创作的源泉。

应该承认，城市在其发展建设中，往往不可避免地会与历史遗迹、文化记忆产生矛盾或者冲突，这会改变我们的建设计划，甚至使其夭折。这种变故有时候是因为遗址的突然发现使我们措手不及，这在早期文明丰厚的源头之地——河南更是常见，这就需要建设的决策者智慧的抉择。至高无上的原则，就是尊重历史，我们只能接续文化的血脉而不能割断。而智慧的选择，

将使历史文化遗存成为城市的新地标。

（五）留下原住民，留住“原生态”

从城市更新到有机更新，还体现在要把原住民留下来，要把她们的社会网络留下来，就是要“新瓶装旧酒”，否则，就变成了西方中心城区更新中的“绅士化”。老房子要留下来，功能可以转换，设施可以更新，生活可以现代化，但是老居民不能都迁走，要留下来。城市更新就像人做手术，人总不会经常做手术，偶尔确实需要手术，手术中也不能失血过多。原住居民对一个地区就像人的血液，生生不息。新来的居民，因为城市的不断发展，经济周期的波动，很可能会“用脚投票”，只有保持部分原住居民们的城市地区，才能经得起经济周期的波动，新来的一批批人，听着他们讲的故事，逐渐在一个地区扎下根。对于不适合现代城市生活旧城旧区的改造，有机更新的方法是要原住居民留下来，原有的社会网络还在，改善物质环境，把“非核心”功能疏解出去，建筑根据具体情况，可以留、可以拆。

（六）完善城市功能

有机更新的核心目标之一是完善城市功能，城市功能的内涵很丰富。从当前阶段看，完善城市功能至少包含三个方面：一是完善基本服务功能，二是疏散非核心功能，三是强化主导功能。

近年来，我国城市普遍出现的城市问题，诸如交通拥堵，空气质量恶化，城市内涝，马路“拉链”，污水、垃圾处理不到位以及住房的畸形发展等等，人们习惯于称之为“城市病”，在很大程度上是由于城市功能的缺失造成的。

对于“城市病”，迄今为止，并未形成统一的定义，甚至这种说法都是这几年新近出现的词汇。我们可以称之为城市问题。总结起来，可以归纳为在城镇化进程中，由于盲目扩张，出现的违背自然规律和城市成长规律的建设，以及能源结构带来的生产和消费结构的缺陷，造成的与城市发展不协调的失衡和无序现象。它造成了资源的巨大浪费、居民生活质量的下降和经济发展成本的上升，进而导致城市竞争力减弱和城市居民的“宜居性危机”。同时，它阻碍了城市可持续发展。

由于我国现阶段快速城镇化，城市系统和功能更趋于复杂化和多样化。随着城市规模的扩大，城市系统的缺陷也就暴露出来。城市问题就更加呈现出复杂性、强烈性和综合性，加之，粗放式管理又加剧了城市问题的恶化。这些问题都必须在城市有机更新中，运用现代技术和现代方法分门别类地加以解决。

（七）产业园区变身产业社区

随着城市中大量工业集聚转型到高科技产业的集聚，以及关注相关产业链协同发展，原来的城市产业园区已经不能适应城市发展的要求、不能满足产业创新人才的需求、不能满足新的产业发展的要求。城市中的产业园区既强调经济功能，也强调创新人才24小时的工作和生活需求。产业园区的更新是城市创新空间转型升级过程，也是社会各方共创共治共享的过程。

除了产业园区，城市中还有大量的工业遗存，该如何对待？国际国内常用的方法是将原有的工业厂房环境进行整治，旧的厂房进行加固、修缮，完善基础设施，但是功能改变，充分利用工业厂房原有的特色空间特征、结构形式，从一个破旧的厂区逐渐发展成为富有活力的创意产业园区。如炼钢厂改为大型展览空间、轻工业厂房改成创意办公、纺纱厂改为商业等。

以我国城市为例，城市工业区、产业园区转型可以在四方面进行探索、形成示范：一是产业功能更加复合化，加大产学研的结合以及上下游产业链的链接；二是园区环境更加社区化，实现创业与生活的融合和便利性；三是管理服务突出平台化，为科创企业提供更有力、更高效的专业服务支撑；四是小微众创空间更具包容性，充分满足各类中小企业和人才创新创业的需求。应重点聚焦两大类科创空间的转型和建设：一是既有科技产业园区的转型升级，如张江高科技产业区等。二是嵌入式创新空间，主要为散布在中心城和新城的小微创意园区以及创新型城市综合体等。在3—5年内实现若干小微创新空间的建设落地，以及若干科技产业园区的转型。

四、城市“双修”与城市设计

住建部于2015年4月2日公布16个“海绵城市”建设试点城市之后，于6月10日又下发文件，同意将三亚列为城市修补生态修复（双修）、海绵城市和综合管廊建设城市（双城）综合试点，“城市双修”从三亚发起，星星之火开始在全国燎原起来，正式进入公众视野。2015年年底，中央城市工作会议又提出，要加强城市设计，提倡城市修补，加强控制性详细规划的公开性和强制性。城市双修是具有中国特色的城市更新方式，是针对城市快速发展过程中留下的缺憾，关注的是补短板、保民生。而城市设计是城市双修的重要手段，阿西姆·伊纳姆在《城市转型设计》中认为：

> 城市之所以重要，是因为它是人们日常生活直接接触的物质现实的核心，人们通过物质产物的象征意义来建构他们眼中的社会。城市作为流体：城市不是不变的，变化是永恒的。“我们对于城市的理解，同样应当是鲜活的，而不是固定的，换言之，不仅现实持续变化，我们对它的感知也不断改变。”而事实是，无论城市在初步形成时多么完美，它的建筑都永不休止。

（一）城市双修：修补和修复

关于“城市修补”到底是什么？作为中国特色的、当下的“城市更新”，有很多说法。中国城市规划学会理事长孙安军对“城市双修”提出了十大任务。“城市双修”包括“城市修补”和“生态修复”。生态修复包括四大任务：加快山体修复；开展水体治理和修复；修复利用矿坑、工业企业搬迁后的废弃地；完善优化绿地系统。城市修补包括六大任务：填补基础设施欠账，一方面是城市基础设施，一方面是公共服务设施；增加公共空间，即通过完善公共空间体系、控制城市改造开发强度和建筑密度、加强对山边水边路边的环境整治；改善出行条件，即提高道路通达性，形成完整路网；改造老旧小区，加快老旧住宅改造，完善基础设施和社区服务设施；保护历史文化，鼓励小规模、渐进式更新改造老旧城区，加强对历史建筑的保护；塑造城市时代风貌。国家发改委城市与小城镇改革发展中心沈迟总规划师介绍：所谓提倡修补，便是强调不要大拆大建，要节约集约地建设和发展，同时也要传承历史文化，而不是扔掉历史文化全部搞新的。

城市双修不仅仅针对老旧城区，对大量工业区、开发区等新城区也可以进行“城市双修”，进行“二次城镇化”改造，使之成为具有完全城镇功能、产城融合的、真正的城镇市区。

每个城市还要定制适合自己城市的双修。下一步“城市双修”工作的重点之一是，通过调查评估和综合分析，找出生态问题突出、亟须修复的区域，梳理城市基础设施、公共服务、历史文化保护、城市风貌等方面存在的问题和不足，确定“城市双修”的范围和重点。

（二）城市设计让生活更美好

城市设计介于城市规划与城市建筑之间，也是使之协调融合的纽带。城市设计与城市规划的最大区别在于它的核心价值是人与人居环境，更多关注的是人的体验、人的需求。城市设计是城市人性化塑造不可或缺的重要环节，更多地体现在公共空间的布置上，带来的是更加充实的城市生活。

城市设计是城市双修的重要手段，当今城市设计有两个重要的价值导向：

第一个价值导向是要进行人本导向的城市设计。在轰轰烈烈的中国式造城中，中国新区多采用了所谓高标准的规划设计，大轴线、大广场、标志性建筑。但是建成后，这样的城市被称为“鸟瞰”城市，不是适合人活动的城市。人们站在空空荡荡的中心广场上，没有地方特征，缺少市民活动，冬天风大，夏天暴晒。还有城市滨水带的建设，滨水带宽一二百米，里面简单地进行绿化，不但没有吸引人到岸边，还割裂了城市。这些城市空间有神无魂，注重宏大叙事，忽视了生活细节。现在很多新区都在进行人性化的改造，改善步行网络，加密低层建筑，增加场所的市民活动设施，增加具有地方特色的环境设施，通过城市设计真正让市民的生活更美好。

图7–4　郑东新区CBD地区在不断努力增加人行连廊、标识系统、有特色的路灯，通过近人尺度的场所营造，建设适合人生活的城市（作者拍摄）

第二个价值导向就是生态导向的城市设计。1969年美国著名景园建筑师、宾夕法尼亚大学的麦克哈根教授在《设计结合自然》中，从宏观到微观的几个方面研究了人与自然的关系，证明了人与大自然的依存，提出了适应自然特征来建造城市的必要性和可能性。城市设计的理念随之转向绿色、低碳、有机、生态方向。城市设计在实现城市生态化目标方面的重点有四个方面：一是，节约土地，提高土地利用率，推进城市紧凑化、致密化，推进“TOD”理念，实现居民的绿色出行；第二，发展公共交通，减少对私人汽车的依赖；第三，推进城市与自然和谐，修复城市生态网络，建设海绵城市，恢复城市水系；第四，高效的能源布局，分布式能源，可再生能源、新能源在城市中的应用。

五、什么力量驱动城市持续更新

新千年以来，国内外出现了一批成功的城市更新案例，这些案例显示出主要全球城市更新具有四大内生的主要驱动力：创新创意驱动、文化延续驱动、生态恢复驱动、问题导向驱动。通过这些城市更新案例，其中的城市发展模式、公私合作模式、城市空间模式都给予我国城市更新很多借鉴。

（一）创新创意驱动

历史上的肖迪奇：曾经的东伦敦是一个拥挤的贫民区，街道狭窄、房屋稠密。肖迪奇在历史上的坐标是由两个著名人物定位的：开膛手杰克和莎士比亚。如果翻阅伦敦历史，肖迪奇所在的东伦敦在二战以前一直都是小偷、妓女和穷人的聚集地。

创意经济时代的肖迪奇：正是因为人种的多元和开放的态度，20世纪90年代末的肖迪奇逐渐自发形成了一个朝气蓬勃的数字经济产业集群。成片的工厂建筑被改造为开放式工作室、时髦的公寓。大量的艺术展览馆、酒吧、餐馆、独立设计师经营的店铺竞相出现在肖迪奇。早期相对便宜的租金迅速吸引了一批当代前卫艺术家和设计师（如著名的英国本土艺术家Damien Hirst）涌入，逐渐培育和丰富了这里的艺术时尚氛围。1996年，随着网上传媒行业的兴起，这个地区大部分被遗弃的各种小型加工厂和其他废弃的建筑物内部被改造成时髦的工作室和公司。像last.fm、Dopplr、Songkick、SocialGO和7digital这样的新兴公司都把总部建在了肖迪奇。这地方的房价也随着政府改建计划和网上传媒行业的青睐渐渐上涨起来。

科创经济时代的肖迪奇：2011年英国首相卡梅伦和伦敦市长鲍里斯·约翰逊共同启动了伦敦“科技城”项目。曾经边缘化、衰败中的伦敦肖迪奇地区，

图7-5　肖迪奇的集装箱公园以多元文化闻名的砖巷

来源：https://www.boxpark.co.uk/，reavintage

现在却被称为科技城或小硅谷（silicon roundabout），成功转型为一个新的高科技企业集聚地。肖迪奇所处的地理位置绝佳，其西南部聚集着一大批享誉世界的高校科研机构，包括伦敦大学学院（UCL）、伦敦政治经济学院（LSE）、伦敦城市大学（City）以及国际顶尖的艺术院校伦敦艺术大学中央圣马丁学院等。肖迪奇正南不到一公里是以英国中央银行为核心的金融城，汇聚了全世界数百家大型银行的总部或欧洲总部。东北部不远处是2012年伦敦奥运会主会场所在地塔斯福德（Stratford），将成为伦敦新的文化艺术中心区之一。肖迪奇西部不远处的国王十字火车站一带，已经开始被英国政府重点发展成为一个国际领先的医疗健康科研城。近日在"伦敦科技周"上发布的数据显示，伦敦"科技城"的科技企业数量在整个欧洲遥遥领先，俨然成为"欧洲硅谷"。

（二）文化延续驱动

纽约高线公园体现了文化视角、自下而上城市更新的最新实践，以及城市规划及城市建设对社会文化重建的贡献。高线公园作为1980年停运待拆的纽约高线铁路的重生，必须感谢海芒德（Robert Hammond）和大卫（Joshua David）所成立的"高线之友"的非营利组织。他们提倡将这段废弃的铁路改建为公共休憩空间，得到了当地居民的支持，进行了大量的公众参与，众筹到了50%的建筑经费及90%的运行经费。两人分别毕业于普林斯顿和宾夕法尼亚大学，凭借自身的能量，发动了周围许多社会精英参与到公共参与之中，并以国际招标的形式完成了城市设计，将大量时尚元素与完善的功能相结合，并将铁轨巧妙地组织在绿化之中。该项目在获得成功的同时，也吸引了大量知名建筑师来借助它获得成功。而这个项目的过程相当的曲折，回顾高线公园一路走来，它在诸多方面都为当代城市更新提供了经验。

高线公园体现了规划理念的三个转变。第一，规划的社会功能：从自上而下地落实政府决策，转向自下而上地应对居民需求。第二，规划的贡献：高线公园成为“适应性再利用”（adaptive reuse）的样板，即根据当地条件，通过重新设计整合，创造性地利用原有环境，带动整个地区的再生，而不是拆迁推平。其成功影响了一批旧区改造项目，如多伦多的West Toronto Railpath。第三，规划的主题：把高线公园及其所在地区看作纽约城市发展史的缩影：从港口，到制造业，到商业服务业，再到全球创意产业中心（Chelsea及SOHO）及各种活动混合的新兴地区。公园串联周围地区，成为城市发展史的展廊。第四，新的设计理念：高线公园不是中央公园，不是逃离城市的避难所，而是展示纽约城市生活方方面面的平台，包括好的坏的，公园就是城市本身的一部分。

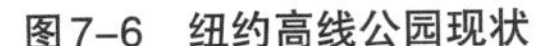

图7-6　纽约高线公园现状

图7-7　纽约高线公园双层通道

来源：张庭伟，http://www.sohu.com/a/144764968_683365.

规划部门基于三个原则来修订区划法规：第一，利用工业遗址，转变高架铁路的功能，创造为周围居住区服务的公共空间，尤其为提升中低收入者的居住质量服务。第二，保护本区域艺术走廊集中的独特性。第三，尊重私有财产，准许高架铁路下土地的拥有者将地面层的建筑面积转移成高线上的“可用面积”，通过开发权转移可投资其他项目，由此获得土地所有者的支持。减少了开发阻力，实现社区、政府、业主三方共赢。

在更新方法方面，高线公园具有两个特点。第一，公私合作。社区是运行管理的主体，民间资本是投资的主体，政府以修改法规、提供启动资金作为支持，减少了改造的社会、经济和文化代价。第二，公众参与。通过“高线之友”这个非营利性公益组织，公开征集会员，编制规划、建设管理。众筹经费，并在“高线之友”下进行管理。

（三）生态恢复驱动

首尔清溪川复原工程是河流改造的典范。其工程量大，项目全长8.12公里，拆除原有被高架桥覆盖的部分长5.84公里，还恢复和整修了22座桥梁，修建了10个喷泉，一座广场、一座文化会馆，总投入达到3900亿韩元（约合31.2亿元人民币）。实施时间短，从2003年7月1日动工，到2005年十月1日完工对外开放，仅花了两年零三个月的时间。城市更新获得市民认同，清溪川复原开放后的两年多时间里，接待游客6200万人次，平均每天7.7万人次。

清溪川从“河流”到“道路”，再到“河流”。清溪川最早被称为“开川”，是600多年前首尔建城时，为排除周围山体流下汇集的积水，而下令挖掘的一条疏水内河，成为横贯市区南北的分界，是一条深深影响首尔市民生活和生计的河流，是举办传统民间活动的中心和平时孩童嬉戏、妇女浣洗的场所。

图7–8　清溪川复兴后

图7–9　最初的清溪川

来源：韩露菲，韩国首尔清溪川——“内河”的重现，微信公众号全心全意

二战后，许多难民迁徙至此，清溪川两岸成为贫民街。随着贫穷人口不断增多，居住环境日益恶化，再加上水患困扰，使得两岸污染严重、疾病肆虐，周边的居民死亡率较高。因此市政府于1961年在清溪川上加盖，并在1971年开辟高架道路，成为首尔市区的重要交通动脉。高架道路长5.8公里，

宽16米，是一条四车道双向专用汽车道，成为横贯首尔东西的交通主干道，日均交通流量达到16万多。这条高架桥宛如一堵大墙，使得南北首尔逐渐呈现不均衡的发展。

图7-10　1961年在清溪川上加盖，1971年开辟高架道路

图7-11　清溪川节庆游船活动

来源：韩露菲，韩国首尔清溪川——“内河”的重现，微信公众号全心全意

经过二十多年，这条高架道路因为老旧导致安全疑虑与修复费用过于庞大（估计需要9500万美元），成为令人头疼的棘手问题。2002年李明博竞选市长时，将整治清溪川、拆除高架公路作为重要的市政目标。起初被认为此工程不但费时且困难重重，当地商户也因不愿搬迁而纷纷表示反对。在进行4000多次公众游说及考量当地人士的建议下，市政府决定实施“清溪川复原计划”，将河川、交通及地区经济发展的种种问题都纳入其中。

2003年，首尔市政府开始实施清溪川内河的生态恢复以及周边环境的改造工程，历时两年多的时间，于2005年10月竣工，清溪川作为内河重新出现在首尔市民的生活中。

改造从交通系统开始。清溪川高架道路原本是市中心的重要干道，过多的车辆早已造成首尔严重的拥堵问题，阻碍了城市的发展。但若将高架桥拿掉，每天数万辆的车要怎么走？为解决清溪川高架拆除后的交通问题，首尔研究中心提出市区巴士系统整合计划。李明博政府采纳建议，着手公车系统的全面改革。2003年8月成立公车系统改造市民委员会，经历将近一年的努力，于2004年提出新的公车整顿方案。包括变更路网结构、公车分类分区服务、设置公车专用道、设置公车转运中心、开发新一代的IC智慧卡、拟定新的公车收费制度、公车路权营运与管理改革以及引进“智慧型公车与交通管理系统”。公车在制度改革后，平均行驶速率增加近20%，其中，公车专用道使公车行驶速度提升32%以上。首尔从依赖汽车的城市转变为以人行步道、大众交通系统所构筑的“步行城市”（Walkable City）。

（四）问题导向驱动

交通是城市的骨架、经济的载体，一直以来，交通拥堵都是困扰全球各大城市的一项“城市病”。治理和改善城市交通拥堵事关各城市经济社会健康发展和百姓切身利益，是改善城市环境、保持城市可持续发展的重要内容。

自从我国改革开放以来，随着经济的发展，先是在大城市，如今甚至部分县城都开始出现不同程度出现了交通拥堵问题，而且城市规模越大拥堵问题越突出，有些城市甚至在平峰时段也常常发生交通拥堵。在今后很长一段时期内，交通拥堵都将是我国城市发展过程中必须面对的问题。

以公共交通为导向的开发（Transit-Oriented Development），简称TOD，这个概念最早由美国建筑设计师哈里森·弗雷克提出，是为了解决二战后美国城市的无限制蔓延而采取的一种以公共交通为中枢、综合发展的步行化城区。其中公共交通主要是地铁、轻轨等轨道交通及巴士干线，然后以公交站点为中心、以400—800米（5—10分钟步行路程）为半径建立集工作、商业、文化、教育、居住等为一体的城区。以实现各个城市组团紧凑型开发的有机协调模式。TOD是国际上具有代表性的城市社区开发模式。同时，也是新城市主义最具代表性的模式之一。目前被广泛利用在城市开发中，尤其是在城市尚未成片开发的地区，通过先期对规划发展区的用地以较低的价格征用，导入公共交通，形成开发地价的时间差，然后，出售基础设施完善的“熟地”，政府从土地升值的回报中回收公共交通的先期投入。

一个典型的TOD主要由以下几种用地功能结构组成：公交站点、核心商业区、办公/就业区、居住区、公共开放空间等。国外城市对于TOD的项目大多以房产开发、区域建设为主要目的，而在中国高密度的局部土地利用开发和环形发展城市蔓延趋势下，TOD需要从城市规划与城市交通规划一体化的角度，提供实现交通与土地利用之间、不同交通方式之间、交通网络与交通枢纽之间、交通规划与管理运营之间的高度整合和一体化。真正构建起以公共交通为主体的畅通、安全、高效、舒适、环保、经济、公平的城市综合交通系统。

TOD特点包括：

（1）以公交站点为核心组织临近土地的综合利用。

（2）紧凑布局、混合使用的用地形态。

（3）有利于提高公交使用率的土地开发。

（4）良好的步行和自行车交通环境。

TOD设计原则包括：

（1）组织紧凑的有公交支持的开发。

（2）将商业、住宅、办公楼、公园和公共建筑设置在步行可达的公交站点的范围内。

（3）建造适宜步行的街道网络，将居民区各建筑连接起来。

（4）混合多种类型、密度和价格的住房。

（5）保护生态环境和河岸带，留出高质量的公共空间。

（6）使公共空间成为建筑导向和邻里生活的焦点。

（7）鼓励沿着现有邻里交通走廊沿线实施填充式开发或者再开发。

香港人口600万，是世界上人口最稠密的城市之一。在1078平方公里的土地中，位于海拔50米以下的部分仅占18%，其余大多是陡峭的丘陵。香港在如此之高的密度下仍然能保持城市交通的顺畅，有效地控制交通污染，与其居民极高的公共交通使用率分不开。

图7-12　香港主要的公共交通形式

图片来源：李晨阳，拍摄提供

丰富公共交通形式，形成多种出行选择。香港的公共交通的形式非常多，总结起来主要有六种形式（除出租汽车外）。彼此之间可以形成出行互补，如图7-12所示。

从20世纪80年代开始，公共交通一直负担着全港80%以上的客流量，仅有大约6%左右的居民出行使用私人交通工具。正是由于TOD开发对轨道交通建设产生的巨大需求，尽管香港的轨道交通线网建设起步较晚，但经过短短10多年的发展，香港已建成轨道交通通车里程达130公里。并一直保持着可持续发展的良好势头。

香港的成绩很大程度上归功于TOD社区的土地使用形态。全香港约有

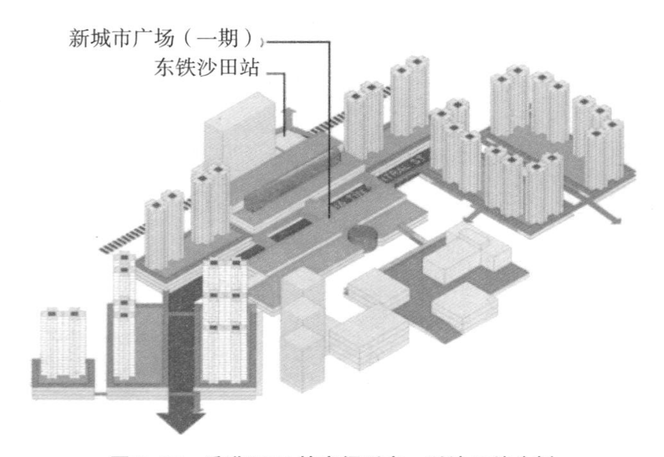

图7-13　香港TOD的空间形态，以沙田站为例

图片来源：Mr. Sam Chow，Arup，《Urban Transportation and Transit-oriented Development for Sustainable Urban Development》（2012.10）

45%的人口居住在距离地铁站仅500米的范围内，九龙、新九龙以及香港岛更是高达65%。港岛商务中心内以公共交通枢纽为起点的步行系统四通八达，凡与步行系统相连的建筑，本身就是步行系统的组成部分，其通道层及邻接的楼层通常作为零售商业和娱乐用途，给行人提供了极大的方便。

发展公共交通具有治理交通拥堵的战略意义，但其落脚点是调整交通结构。对一个城市而言若要增加公交分担率，就要使小汽车和非机动车的出行量有所减少。但是公共交通需要与小汽车、非机动车在时间和空间上达到平衡。

慢行系统是公共交通的关键补充。步行作为人类最古老的出行方式，从原始人的狩猎开始就是人类通往饱足的一项重要技能，它甚至是人类一种重要生存的方式。然而，随着人类文明的进步，我们所拥有的工具越来越强大，马车、自行车、汽车的相继出现让我们一定程度地放弃了步行出行而改为工具出行，城市的尺度也因此发生相应的变化。

慢行系统的质量和衔接是关键，鼓励慢行不仅仅是作为一种缓解城市交通问题的出行方式，而是一种积极健康的生活方式。因此，慢行系统的质量影响人们选择它的可能性，这些可以通过规划和设计来改进。一个适宜慢行系统应当具有以下几个重要属性：

（1）不论是在局部还是在更大的城市环境中，路径网络要具有系统性和连通性；

（2）强调与其他交通方式相衔接，主要的衔接方式是枢纽换乘衔接。比如公共汽车站、地铁站和火车站之间的衔接；

（3）细化路径上所串联的多样的城市功能，尤其要有为生活服务的功能；

（4）无论是从交通通行还是社会犯罪方面，慢行系统都要是安全的；

（5）路径的建设质量要高、提供的慢行环境要好，包括街道设计、建成环境的视觉吸引、通透度、空间的定义、景观和整体开发。

自20世纪 50 年代开始，由于区位的优越，自那时起香港中区（中环—金钟）就确立了香港最重要的商务中心的地位。其后经过高密度城市开发的发展，该区域逐渐引发了城市空间割裂，城市交通拥挤，环境品质下降等问题，对城市形象造成破坏。

同时由于区域内人行道狭窄，公共空间匮乏，人口稠密，给步行者带来了很大不便。为了缓解城市中心区严重的人车矛盾，自20世纪60年代开始，香港开展了地上、地下空间的开发建设，先后修建了近200个人行天桥和人行地道。但当时两者是相互孤立的，未能从根本上实现人车分流的目标。

早在20个世纪中期，香港城市规划委员会就已经开始着手解决机动车与行人之间日益凸显的交通矛盾，空中步行系统的解决方案应运而生。此后，在中环地区的各大财团，先后开始将各自持有的不同物业通过空中连廊联系起来，使得商业的活力得到大幅度提升。

香港中区以上环、中环、金钟、机场快线香港站四个地铁站和大型公建、商业综合体作为系统的核心，产生大量的城市活动，为系统运行提供源源不断的动力。大量建筑包括国际金融中心商场、交易广场、遮打大厦、长江集团中心、金钟廊、太古广场、力宝中心在内的 43 栋重要建筑物都共同肩负起系统内部高程或线路转换空间的角色，是空中步行系统的节点。

香港空中步道除了满足基本的交通联系的功能之外，还与娱乐休憩空间、景观空间、商业空间联系在一起。全方位满足人们出行的需求。城市空中步道通过台阶、城市中庭、建筑中庭、多层面的活动平台等的设置，把系统中的步行空间、建筑室内空间、城市公共区域、地面空间之间进行整合，达到功能上的连续与融合，空间上既区分又统一。

六、明天是个艳阳天

城市是社会和经济活动的集合，其物质条件和社会反映之间存在着必然联系，决定了城市的有机更新必须要统筹兼顾。同时，城市有机更新的过程，既是实现城市重塑的过程，也是城市不断产生新观念、新目标、新动力的过程。所以，城市更新的关键和未来是如何实现可持续发展。

◎ 链接：3R 原则

3R原则（the rules of 3R），指的是减量化（reducing），再利用（reusing）和再循环（recycling）三种原则的简称。3R原则中，各原则在循环经济中的重要性并不是并列的。

其中减量化是指通过适当的方法和手段尽可能减少废弃物的产生和污染排放的过程，它是防止和减少污染最基础的途径；再利用是指尽可

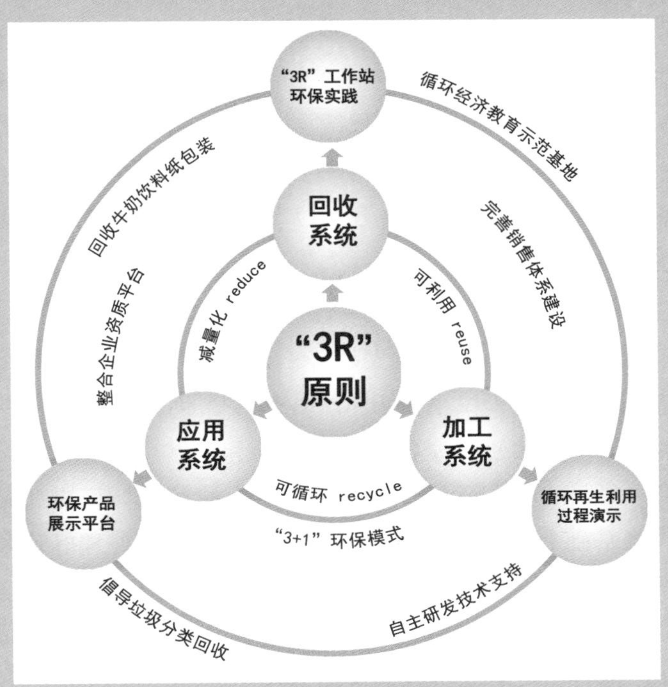

"3+1"环保模式

来源：杨雪峰．循环经济学 [M]. 北京：首都经济贸易大学出版社，2009.

能多次以及尽可能多种方式地使用物品，以防止物品过早地成为垃圾；再循环是把废弃物品返回工厂，作为原材料融入到新产品生产之中。

减量化原则（reduce），要求用较少的原料和能源投入来达到既定的生产目的或消费目的，进而在经济活动的源头就注意节约资源和减少污染。减量化有几种不同的表现。在生产中，减量化原则常常表现为要求产品小型化和轻型化。此外，减量化原则要求产品的包装应该追求简单朴实而不是豪华浪费，从而达到减少废物排放的目的。

再使用原则（reuse），要求制造产品和包装容器能够以初始的形式被反复使用。再使用原则要求抵制当今世界一次性用品的泛滥，生产者应该将制品及其包装当作一种日常生活器具来设计，使其像餐具和背包一样可以被再三使用。再使用原则还要求制造商应该尽量延长产品的使用期，而不是非常快的更新换代。

再循环原则（recycle），要求生产出来的物品在完成其使用功能后能重新变成可以利用的资源，而不是不可恢复的垃圾。按照循环经济的思想，再循环有两种情况，一种是原级再循环，即废品被循环用来产生同种类型的新产品，例如报纸再生报纸、易拉罐再生易拉罐等等；另一种是次级再循环，即将废物资源转化成其他产品的原料。原级再循环在减少原材料消耗上面达到的效率要比次级再循环高得多，是循环经济追求的理想境界。

我国未来城市更新具有以下五大趋势：目标综合化，政策精细化，主体多元化，利益公平化，过程民主化。

目标更加综合。城市更新坚持永续发展与和谐城市的理念，设定综合目标，兼顾社会、经济、文化、环境发展的要求。我国的城市更新是建立在城市仍然快速扩张基础上的，同步在进行城市更新。如何处理好疏散和集中的关系？我们常常希望旧区更新能够疏散旧区功能和人口，但是事实是旧区改造只追求短期利益平衡、就地利益平衡，把低层高密度的旧区拆掉，建起超高容积率的地产项目，没有实现在旧区与新城之间的长远平衡。

政策更加精细。城市更新项目类型多样、路径复杂，政府需要制定多种类型的更新政策，按照工业用地转型、老旧住区更新、历史风貌区保护、旧商业区提升、公共空间提升等进行细分，制定不同的政策引导，分类施政，并更加关注全生命周期的管理。以发展权转移制度、容积率激励制度为例，它是西方通用的城市更新制度，我国城市土地国有体制不同于西方的私有产权制度，但实际上也存在着各级行政主体、国企、私企等公私利益主体，必须去正视这个现实，探索适合我国的容积率激励和发展权转移制度。

主体更加多元。城市更新除了现有的政府主导、开发商主导，政府与原有物权人、利益相关者将组成新型的多方伙伴关系，共同推动城市更新。如何在多方主体之间进行利益分配？需要正规的、完善的法律体系来统筹多元主体的利益，以确保城市更新能够实施。

利益实现共享。城市更新要避免旧区改造过程出现的社会不公正、贫富分化、野蛮拆迁、文化断裂等问题，在《物权法》的赋权中，充分保护现有物权人的所有权、使用权、利益分配权等，个人财产权和企业财产权将得到法律的保护与尊重。如何界定公共利益？一方面既不能有强势政府侵袭民众利益，另一方面，民众也不能无限放大个人利益，凌驾于公共利益之上。

过程充分民主。快速的旧区改造难以为继，城市更新过程应本着政府主导、多元共治的社会治理原则，充分调动原有物权人的意愿，注重协商、民主、公众充分参与，在过程中达成共识，保障多方利益。

第八章 追求绿色发展的“城市良心”

人类共同努力所产生的力量是文明取得成功的核心理由，也是城市存在的主要理由。

永远不要忘记，真正的城市是由居民而非由混凝土组成的。

——爱德华·格莱泽（Edward Glaeser）

绿色的概念是基于人类对自然的敬畏，对生活伦理的恪守。

城市如同我们的身体，山脉是骨骼，大地是肌肤，河流是血脉，深林是毛发，资源矿藏如同我们的内脏。绿色发展既然是城市良心，那就理所当然应成为我们行动的自觉。

绿色发展是指经济增长摆脱对资源、碳排放和环境破坏的高度依赖，通过创造新的绿色产品市场、绿色技术、绿色投资以及改变消费和环保行为来促进增长。这一概念包括三层含义：一是经济增长可以同碳排放和环境破坏逐渐脱钩；二是“绿色”可以成为经济增长的新的来源；三是经济增长和“绿色”之间可以形成相互促进的良性循环。绿色增长是绿色发展的一种实现形式。

推进绿色发展，加快建立绿色生产和消费的法律制度和政策导向；关注经济发展和环境保护间的平衡，建立绿色、低碳循环发展的经济体系；构建市场导向的绿色技术创新体系。

一、绿色经济支撑绿色增长

以牺牲生态环境为代价的发展方式是不可持续的，经济发展的“减速换挡”，实际上是提高经济发展质量和效益，减轻资源和环境负荷，保持经济运行合理。绿色经济发展要求把生态保护放在优先地位，以创新为杠杆，撬动城镇绿色发展，从传统产业升级改造到绿色产业体系，将绿色经济作为新的经济增长点，推动绿色产品、绿色服务模式的不断创新。

绿色增长是绿色发展中的一种实现形式。绿色增长的核心是在经济规模扩大的同时，能源、自然资源和单位GDP碳排放强度可以得到控制和减少。长期而言，绿色发展将来自于一系列因素，包括旨在解决环境问题的创新所提供的新产品、新能源、新材料和新工艺的机会；通过消除价格扭曲避免损害环境且更有效地利用资源；对各种政府政策和公共投资的成本与收益进行严格的考核等。

（一）绿色经济成为城市新的“增长极”

绿色经济是以市场为导向，以传统产业经济为基础，以经济与环境和谐为目的而发展起来的一种新的组织形式，是产业经济为适应人类环保与健康需要而产生并表现出来的一种新的发展形态。历史表明，绿色经济是人类社会继农业经济、工业经济、服务经济之后的经济结构。目前，绿色经济正以其强大的逻辑力量推动全球经济转变。

绿色经济是一种全新的三位一体思想理论和发展体系。其中包括“效率、和谐、持续”三位一体的目标体系，“生态农业、循环工业、持续服务产业”三位一体的结构体系，“绿色经济、绿色新政、绿色社会”三位一体的发展体系。

我国经济多年的高速增长引发了严重的环境问题，经济的进一步增长受到了资源环境的严重制约。调整经济结构，转变发展方式，实现绿色经济转型，是突破城市经济发展“瓶颈”的新的“增长级”。依据城市自身发展的经济基础、环境资源基础和发展阶段，采取积极的促进措施，应对经济转型的挑战，探索发展绿色经济的有效模式，是建立社会主义现代经济体系的应有之义。

1.确立绿色经济的增长理念，将环境资源的保护和利用作为经济运行的重要内容，在生产与消费的各个领域实行绿色先导原则。尽可能减少对自然生态环境的影响和破坏，抑或改善资源条件，并将自然环境代价与生产收益一并作为产业经济核算的依据，确认和表现出经济发展过程中自然环境的价值。

2.利用市场利益驱动机制，使绿色经济成为产业结构调整和生产方式转变的“新引擎”。最大化地提高全要素生产率，促进经济增长为中心的“资源—产品—污染排放”的生产方式转变为提高资源的利用率，消除减少环境污染为中心的可持续生产方式，包括淘汰高消耗、高污染、低效能的落后产能和过剩产能。加强对传统产业的改造提升，使之焕发新的活力。

3.加强绿色技术的研究开发，包括能源技术、资源技术，积极培育绿色新兴产业，新兴产品，开拓新兴市场。建立支撑绿色产业的产学研合作体系，推动绿色产业集聚，延长产业链，提升价值链，提高产品的附加值。

4.推动建立完善的金融投融资渠道，发展绿色金融。吸引天使投资，风险投资和股权投资，发展绿色经济，通过绿色信贷政策引导社会资金流向绿色产业。

5.通过政府采购和绿色产品补贴等措施，利用经济手段和价格机制，刺激和引导绿色消费。倡导绿色消费方式，带动绿色产业发展。

6.加快修订和制定绿色经济相关的地方政策、法规。提高环境执法力度，逐步构建系统高效绿色经济的政策法规体系，强化政策法规的执行。

7.探索建立绿色经济的生态补偿机制、正向激励机制、绿色政绩考核机制等，以制度和机制建设推动绿色增长。加快建立和完善资源环境成本核算体系，把环境绩效纳入地方政绩考核的硬指标。

（二）环境治理与绿色目标相匹配

实行最严格、覆盖领域最广的环保标准，使绿色标准全面渗透到经济社会各领域。空气、水质量和自然生态系统质量均有大幅改善。

推动区域环境协同治理，城市周边及上下游地区协同制定产业政策并实行负面清单制度，依法关停并严禁新建高污染、高能耗企业和项目。提升传统经济产业的清洁生产、节能减排和资源综合利用水平。加强生态保护和强化综合监管，集中清理整治散乱污企业、农村生活垃圾和工业固体废弃物。

优化消费能源结构，终端能源消费逐步改为清洁能源，以改善大气环境质量。实行严格的机动车排放标准，严格监管非道路移动源，以控制移动源污染；实行城区散煤“清零”；构建过程全覆盖、管理全方位、责任全链条的建筑施工扬尘治理体系。

落实土壤污染防治行动，严格土壤环境安全底线。推进固体废弃物堆放场所排查整治，加强污染源防控，检测治理，确保土壤环境安全。

大力开展水污染防治，城区内黑臭水体整治，实行雨污分流，中水回收利用。实行固体废弃物分类处理和垃圾资源化利用。

实施长期的市场激励机制，制定和完善更好的法规，加强地方治理的制度建设，将绿色增长的目标引入地方政府的考核中。通过引入节能量交易，利用价格工具等基本市场的方法来改变当前过度依赖行政管理为主的节能管理方式，促进工业节能降耗。

支持有利于低碳发展的城市工业化服务业，采用新能源技术，如智能电网，高效节能的房屋及绿色建筑；具备低碳智能的交通系统；采用相关技术控制污染物排放和废料产生；引进回收和废物处理技术减少环境影响；利用技术标准，监管措施，定价及政府采购政策；舆论宣传引导消费者消费偏好转变，低碳生活方式在衣、食、住、行等领域全面普及。

建立起资源节约型社会，提高新建建筑能效标准，设立既有建筑的能效基准；增加清洁能源供应，最大化地减少煤炭直接分散化利用；建立高效安全的供水系统；提高固体垃圾回收费用以促进垃圾的减量，循环利用和安全处置。

二、资源高效型——生态城市

引导未来城市的发展，应该审视“一成不变”的城市和越来越强烈要求改变城市面貌的城市，可能具有的风险。这些城市急需一个新的城市发展模式，它将可以贯彻绿色城市原则，推动未来城市发展，并将可持续发展和实现生态城市作为城市绿色发展的支撑。

（一）绿色发展的城市模式

生态城市（ECO—city），是一种趋向尽可能降低对于能源、水或食物必需品的需求量，也尽可能降低废热、二氧化碳、甲烷或废水的排放的城市。毫无疑问，人类文明的低碳生态发展方向，使得城市的发展模式面临着转型的选择，转型的方向就是生态城市。

建立生态城市的原则，要从社会生态、经济生态和自然生态三个方面来确立。社会生态的原则是以人为本，满足人的各种物质和精神方面的需求，保持自由、民主、平等、公正的社会环境；经济生态原则保护和合理利用一切自然资源和能源，提高资源的再生和利用，实现资源的高效利用，采用可持续生产、消费、交通、居住区发展模式；自然生态原则就是给自然生态以优先考虑并最大限度地予以保护，使开发建设活动一方面保持在自然环境所允许的承载能力以内，另一方面，减少对自然环境的消极影响，增强其健康性。

建立绿色发展的城市模式，必须走内涵式提升的转型发展道路，从近些年发达国家经验和我国实践总结看，主要包括以下六个方面的内容：绿色经济增长模式、绿色高效环保交通、绿色节能环保建筑、绿色资源能源利用、绿色友好生态环境、绿色宜居生活模式。

这的确是一项长期而又有深远影响的重大调整，它将改变人们的生产方式和生活方式，人类社会必须面对，而且要为之付出艰辛的努力。

弗雷堡是位于德国西南部巴登－符腾堡州的一个区域中心城市，处于莱茵河上游，著名的黑森林山脚，面积155平方公里，人口约22万。历史上是地中海地区与欧洲内陆地区经贸往来的必经之路。早期的弗雷堡以大教堂和文艺复兴的大学著称，是欧洲最古老的大学城之一。与欧洲许多工业革命时期兴起的城市不同，弗雷堡一直是教育、文化、商贸和旅游为主的城市，如今是世界上公认的绿色发展和生态城市的典范。

得益于教育和科研机构的积聚，弗雷堡是世界上最早认知并践行可持续发展理念的城市之一。20世纪80年代，通过规划立法在城市建成区外围划定了5000公顷的森林绿带来控制城市建成区的无序扩张，并在市区内规划建设了总计占地600 公顷的公园以及160个儿童游乐场，分布在各个街区。为了减少市民的通勤距离和无为出行时间，办公和商店多设在居住建筑的一层，以方便居民步行或骑自行车上班或购物，禁止在郊区集中建设大型超市和购物中心。同时，还在城市外边界处设定了3800 个“自留”地块租售给当地居民家庭，供他们栽种自己喜欢的粮食和蔬菜。许多居民家庭种植的蔬菜除了满足自己的需要之外还有剩余，因此还可以拿到农场主市场上去出售。根据近期19个民间市民团体的建议，“自留”地块的数量将会在2020年新一轮的土地使用规划中显著增加，以满足市民们的需求。

绿色交通和出行从20世纪80年代以来一直是政府公共政策和投资的重点。全市建有自行车专用道400千米，9000 个自行车停车场位。每个有轨电车站都设有专用自行车停车点以方便骑行转公交的通勤需求。目前全市有超过70% 的人口居住在离有轨电车站500米的范围内，上下班高峰期有轨电车每7.5分钟一班。同时，为了鼓励人们使用公共交通，政府对公交票价实行高额补贴。

在新能源开发利用方面，弗雷堡政府规定，从1995年开始，所有的新建建筑必须满足低能耗的规定标准，已有建筑也必须逐步改造。政府对新能源的开发和利用进行税收减免和财政补贴。根据跟踪测算，采用新型节能技术的建筑造价比传统造价要高出7%—14%，在不计算政府补贴和税收减免的情况下，高出的造价可在10年之内通过节约的能耗支出得到完全补偿。整体而言，1988年以来，通过对有机固体废物进行降解和焚烧发电，有机废品的数量已减少了三分之二。

弗班是弗雷堡市的一个社区，始建于20世纪90年代中期，现有常住人口约5000人，是目前世界上公认的最具可持续发展能力的国际化社区。绿色生活和交通是弗班的突出特色，区域内除了公共交通，私家车几乎不允许在街道上穿行，所有私家车辆必须停放在区域边界处统一规划的公共停车场，社区内人行道和自行车道的规划和建设构成了非常便利的交通网络。与此同时，有轨电车的轨道也都建在草地上（图8–1），而且有轨电车站、学校、商务办公区、购物中心也都全部位于步行可达的范围。由于绿色交通基础设施非常便利，57%的家庭迁居弗班后卖掉了私家车辆。如今有超过70%的家庭没有私家车。

图 8–1　弗班草地上的有轨电车轨道

图片来源：David Thorpe 提供

在弗班，所有的建筑必须满足能量消耗不超过每平方米每年65千瓦的标准，相当于德国国家标准的二分之一。公共能源和热源通过高效燃烧木粉以及太阳能产生并与区域能源网相连。所有建筑的屋面都铺设了太阳能发电装置（图8-2），有42%的住房年消耗能源达到了每平方米15千瓦。还有一大部分住房实现了能源节余，把多余的能源卖给城市电网，获得收益。所有的有机废物回收后均通过真空管道输送到站点进行厌氧降解处理，用来产生生物燃气，污水也全部经过净化处理循环利用。

图8-2　弗班地区的屋面太阳能发电装置

图片来源：David Thorpe 提供

为了准确测定各项绿色发展指标，弗班运用GEMIS（Global Emission Model for Integrated Systems）软件在全球范围内首次对区域内所有的建筑物、基础设施、电力供应、热力供应、水、废物、交通以及个体消费进行全周期监控分析。结果显示该区域每年节能280亿焦耳、减少二氧化碳排放2100吨、节约矿产资源1600吨，减少二氧化硫排放4吨，实际消费指标均处于最低水平。

城市所采用的空间结构有着深远的影响，它锁定这一个城市地区的消费和生产模式，并且限制着行为和技术转移的范围和有效性。一个降低了空间足迹的空间结构可以减少额外的移动并且使得共享基础设施成为可行。这反过来减少了人均资源消耗率和温室气体排放，对于较老的城市来说可能不得不对制约它们多年的城市结构和基础设施进行更新，而对于新兴的和扩张中的城市来说，就具备灵活性上的优势。因此，联合国人居署在《致力于绿色经济的城市模式》中提出了一个方案：

要做出正确的回答需要七大转变——

（1）重新支持紧凑，混合使用的城市；

（2）重新维护城市空间的作用；

（3）从对部门的干预转向对城市整体的考虑；

（4）用城市规划和设计制定发展框架；

（5）精明的土地利用规划和建筑规范制订；

（6）推动内生型城市发展；

（7）确保城市居民尤其是最弱势群体成为城市发展的首要受益人。

城市容纳了世界上最多的居民，城市也是经济活动最多资源消耗和污染排放最密集的地方，创新型的城市战略表明可持续的城市形态和绿色城市是可以实现的。

资源高效型城市鼓励密度开发及连接性增强服务，基础设施开发及创造新的就业，同时能扼制不断增加的城市扩张。紧凑型和功能复合型城市发展模式是更为合理的，由于它形成了综合、高效和低碳的城市交通，同时还促进了汽车共享和拼车，所以，这些都可以大大减少城市温室气体排放量。

大力提倡建设生态型城市，既是顺应城市演变规律的必然要求，也是推进城市内涵式提升，实现以人为本的城市持续、健康发展的需要。

（二）从城市规划谈起

城市内涵式提升的转型发展，是城市发展的内在要求，实现生态文明与城市转型发展是必然趋势，而城市规划则首当其冲。生态文明的核心要义，是坚持共生城市理念，推动资源循环利用，实现人与自然的协同发展。这就必须从城市规划说起，从规划做起。这是我们面临的时代背景，也是“城市让生活更美好”的发展前景。

资源有效利用和减少温室气体排放对城市提出了根本性的挑战，基于功能和土地利用模式的传统城市规划方法被证明无法充分应对来自迅速变化的经济及城镇发展需要。为了资源优化利用，重新审视规划方法，更新规划手段，有必要更好的理解并整合水、废弃物、食品、能源和交通运输之间的关系。

实施更加灵活的以人为核心的规划，培育宜居、高产和高效的城市。创建以人为核心的城市，按照人的活动尺度来安排城市空间结构，人们可以很方便地在城市中交流，与不顾城市现有基础建设新城的做法相反，应该立足于城市的自然环境和历史文化特征，突出城市特色。

调整僵化的城市规划标准和规定，可以更加方便地对现有超级街区进行再开发，提高其开发强度，并鼓励采用小街区的开发模式。城市规划和城市开发要注重提高城市街道路网的密度，促进城市邻里间的多用途混合使用。人们在日常生活中可以方便地使用商业、医疗健康、教育、公共停车设施，实现多种交通方式无缝衔接。由此，可以建成更为宜居、紧凑的城市。

生态城市建设，基础设施的可持续发展必须全面寻求服务且资产化经营。基础设施要进行系统化的资源整合，包括智能电网、联网的太阳能屋面及分布式能源、慢行系统、轻轨、废水回用、本地资源回收站和社区公园等。

（三）混合使用是优先要素

混合使用是构建资源高效型生态城市的重要因素，也是规划与开发首先要考虑的优先要素。可以交通组织为城市建设的脉络，推进城市功能和土地用途分配的混合使用。建立以交通为导向，将多种不同功能混合在一起的社区与功能区，让多种不同的活动相对集中在一起，不仅能促进职住平衡，还可以为居民提供方便的生活，促进通达性与便捷性。混合使用的理念，可以适用于许多不同的情景，交通系统也可以各种不同的形式将不同用途混合集中在一起。

三、城市建设只有筑牢“里子”，才能撑起“面子”

当城市不“接地气”的时候，就失去了应有的温度。

李克强总理在中央城市工作会议上指出：“我们的城市亮丽光鲜，但地下基础设施仍是短板。‘面子’是城市的风貌，而‘里子’则是城市的良心。只有筑牢‘里子’才能撑起‘面子’。”

（一）海绵城市能否根治“逢雨必涝”怪相

水生态被破坏：水的自然循环规律被干扰，径流发生变化；水生态系统被割裂，导致系统碎片化；生物多样性减少。

海绵城市是指通过加强城市规划建设管理，充分发挥建筑、道路和绿地、水系等生态系统对雨水的吸纳、蓄渗和缓释作用，有效控制雨水径流，实现自然积存、自然渗透、自然净化的城市发展方式。海绵城市建设有利于水资源的合理利用；有利于建设良好的人居环境；有利于城市可持续发展。

海绵城市建设就是要通过雨水径流控制，恢复本地海绵体修复水生态，改善水环境、涵养水资源、提高水安全、复兴水文化。

图 8–3 海绵城市建设示意图

住房和城乡建设部发布的《海绵城市建设技术指南》提出构建“渗、滞、蓄、净、用、排”技术体系。自然入渗，涵养地下水；错峰，延缓峰现时间，降低峰值流量；为雨水资源化利用创造条件；减少面源污染，改善城市水环境；充分利用水资源；安全排放，确保安全。

海绵城市建设的重点是水体生态修复、海绵型建筑与小区、海绵型道路与广场、排蓄设施建设、海绵型公园和绿地。海绵城市建设的目标是让城市“小雨不积水、大雨不内涝、水体不黑臭、热岛有缓解”。

图 8–4 海绵城市建设重点示意图

在海绵城市的建设过程中要处理好水量与水质、分布与集中、景观与功能、生态与安全、绿色与灰色等五大关系。

在处理水量与水质的关系方面要防止出现有质无量、不够用和有量无质、不能用的情况出现。

在处理分布与集中的关系方面要化整为零，源头减排，在“小”上下功夫；集零为整，末端处理，在“大”上下功夫。从每家每户、每一个停车位的雨水源头削减做起，要源头减排、过程控制、系统治理。

在处理景观与功能关系方面，要防止出现有景观无功能，“花架子”；有功能无景观，“傻把式”。

在处理生态与安全关系方面，要大概率小降雨，留住雨水涵养生态；小概率大降雨，排水防涝，以安全为重。

在处理灰色与绿色的关系方面，要利用生态，低成本应对低负荷；人工强化，高成本应对高负荷。

（二）综合管廊能否解决“拉链式”马路问题

综合管廊指在城市道路下面建造一个容纳两类及以上市政管线的构筑物及其附属设施，实行“统一规划、统一建设、统一管理”，以做到地下空间的综合利用和资源的共享。

综合管廊最早出现在1832年的法国巴黎，而大多数发达国家也都在20世纪初开始了综合管廊的建设。20世纪中期，由于城市交通、环境等问题的不断出现和传统管线的问题日益暴露，综合管廊的优势逐步得到体现。

城市地下综合管廊应统一规划、建设和管理，满足管线单位的使用和运行维护要求，同步配套消防、供电、照明、监控与报警、通风、排水、标识等设施。建成综合管廊的区域，凡已在管廊中预留管线位置的，不得再另行安排管廊以外的管线位置。

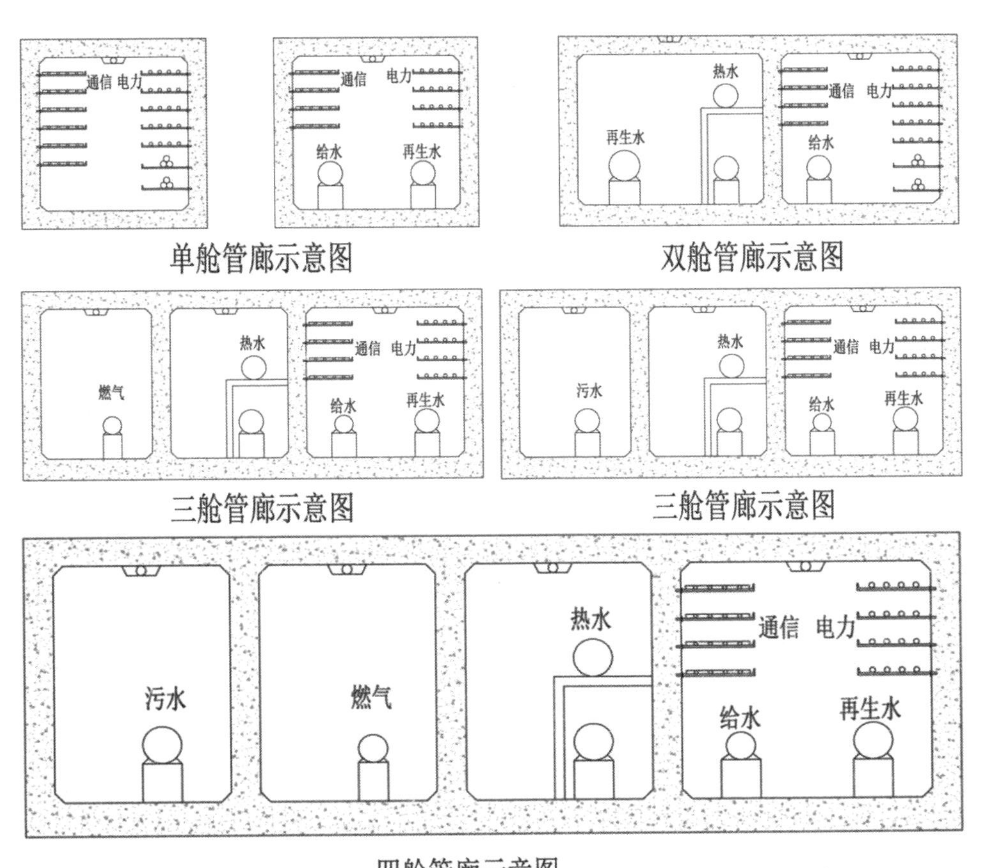

图8-5　综合管廊设计示意图

（三）绿色基础设施

绿色基础设施是指可以通过植物和土壤收集并管理雨水的设施，包括绿色街道、生态屋顶和雨水花园等。还包括城市的自然资源，如树木、溪流、开放空间和自然湿地。绿色基础设施与下水管道、涵洞以及道路桥梁共同形成了较为成熟的雨洪管理设施系统，主要建设的内容为绿色街道与建筑单体雨洪管理。

在空间上，绿色基础设施是由网络中心（hubs）与连接廊道（links）组成的天然与人工化绿色空间网络系统。绿色基础设施的合理规划与建设可以有效降低城市对于灰色基础设施的依赖，节省国家公共资源的投入，减少对自然灾害的敏感性，与城市生态系统健康及人类健康有非常紧密的关系，是维持自然生命过程必须具备的“基础设施”。

绿色基础设施是一个主要由自然景观要素组成的系统，其系统组成主要有中心（Hub，Core）和连接（Corridor，link）两部分，各自的具体功能如下：中心承担多种自然过程的作用，是野生生物的来源和目的地，它可以是自然保护区、国家公园、农场、森林、牧场、城市公园、公共空间、城市林地、采矿场、垃圾填埋场等。连接是中心之间关联的纽带，提供生态过程的流动或生物迁徙的作用，呈线形形态，使绿色基础设施具有网络的功能，可以作为连接的有：

（1）地景联系：即自然保护区与城市公园之间的较大尺度的连接，起到自然生态系统通道的作用，为本土植物和动物提供生存和繁衍之地，同时又可以为大众提供休闲娱乐空间；

（2）自然保护廊道（Conservation Corridors）：如河流，它是野生生物生态廊道，同时又可以用于大众休息娱乐；

（3）绿色通道（Greenways）：线形的无机动车可供人和自行车通行的绿地空间；

（4）城市绿带（Greenbelts）：在城市的周边或近邻地带，特意保留的较大面积未被开发的荒野或是农业用地，具有线形特征，既用于防止城市蔓延，同时又保护野生环境和城市农业；

（5）生态链（Ecobelt）：在城市社区和农田间的绿化缓冲区或廊道口，具有生态和社区休闲功能，为城市和农村居民共同享用。

将自然系统视为城市的基础设施。通过相互联系的绿色空间网络来保护自然并促进发展的一种途径，是保护大自然的一种战略性系统方法，是在发展的背景下重视并保护整个区域的自然系统一种主动预防性的方法，而不是事后被动反应的方法。绿色基础设施的要素具有多重功能，而不只是单一的目的，其作用是保护环境，提高生活质量，提倡更加完善的经济、实物和土地规划方法。

根据欧美国家建设实践结果，绿色基础设施有助于保护和恢复生态系统的自然功能，并提供一个未来城乡土地使用和开发的框架，具有生态、社会和经济效益。具体体现在绿色基础设施可以提供：

（1）清洁的水。尽可能让雨水通过土壤过滤自然渗入地下，利用了水的自净还原功能。植被、绿色空间和雨水的重复使用措施，减少了地表雨水的

图8-6 绿色基础设施

图片来源：联合国人居署.致力于绿色经济的城市模式［M］.上海：同济大学出版社，2013.

径流量，在雨水和污水混合排放的系统中，减少了污水外溢数量，一定程度上减少了水排放的污染物浓度。

（2）增强水供给能力。绿色基础设施考虑将雨水通过土壤渗透补给地下水，或者直接流入河流水系，从而保证了人类用水的充足供应和水生态系统的功能，并且雨水的收集和重新利用减少了人对水的需求。

（3）清洁的空气。树木和植被通过过滤空气污染物以净化空气，有助于减少呼吸系统疾病，鼓励步行和自行车交通减少汽车污染物的排放。

（4）降低城市温度。夏季城市中心的温度有时比郊区高出几度，较高的温度也意味着地面较高的臭氧浓度，植物可以遮阴、减少热量吸收、水分蒸发，这些皆可以降低空气温度，改善城市热岛效应。

（5）减缓气候变化的影响。气候变化的影响因地区而异，绿色基础设施通过雨水地面渗透以减少洪水发生、通过降温减少能源需求、通过绿色植物减少碳排放等。

（6）增加能源利用效率。降低城市温度以减少建筑能耗，降低污水处理量能耗，减少自来水供应能耗等。

（7）减少投资。研究表明，利用绿色基础设施可以减少灰色基础设施的投入，享受自然给予的“免费”服务。

（8）生物多样性。建立多种尺度的生物栖息地，并将其连接，以丰富生物的生存环境和保存生物多样性。

（9）大众健康和生命质量。洁净的空气和水是人们生存和健康的基础，多样性的娱乐、教育、健身和回归自然的活动，可以促进社区和谐发展和大众社会交往，并最终使人们生活更加愉悦和健康。

总之，绿色基础设施区别于传统的土地利用规划或公共空间利用规划，它将对自然的保护价值同土地开发、经济增长以及灰色基础设施协调起来考虑。

四、社区公共服务设施建设

城市社区服务需求主要体现在生活服务和文化服务两个主要方面。社区生活需求与生活服务方面的需要主要涉及社会保障、就业服务、计生医疗、环境、交通、家政、修理、咨询、预定、配送等服务内容；精神与文化方面的需求主要涉及科普、教育、文化体育活动等。其中，养老服务、教育服务、卫生服务受到的关注度最高。

目前大多数城市的社区设施建设存在着一些共性的问题：

老城区由于建筑建造年代较早，存在设施老化等一系列的问题。主要表现在城区人口密度不断增大，导致区域内原有设施的供给不足；城市改造和拆迁使得一部分服务设施被拆除，导致局部地区设施缺少；由于社区建造年代较早，设施配置的标准较低，居民生活需求提高，部分设施开始老化，导致需求量较大；中心城区的地价较高，市场机制的作用使得公益性的服务设施供给不足。

新城区普遍缺少公共厕所、银行、邮政局、健身场地、燃气站、路灯和垃圾桶以及社区服务中心等设施。主要原因是相应的基础设施配套没跟上。

打造什么样的社区环境，取决于什么样的社区设施来支撑，对于完善社区的基础设施和公共服务设施，提升居民不断提高的服务需求，已经得到了各级政府部门的重视。以上海为例，为了完善社区设施建设，提出了上海市15分钟社区生活圈规划，15分钟社区生活圈是上海打造社区生活的基本单元，即在15分钟步行可达范围内，配备生活所需的基本服务功能与公共活动空间，形成安全、友好、舒适的社会基本生活平台。生活圈一般范围在3平方公里左右，常住人口约5万—10万人。从有利于营造兼具环境友好、设施充沛、活力多元等特征的社区生活圈的角度，建议人口密度在1万—3万人／平方公里之间。

随着物联网、云计算、移动互联网、移动终端、OTO等新一代信息技术的发展，智慧社区的发展理念逐渐成为人们的共识，其集成了智能楼宇、智能家居、智慧物业、智能安防、数字生活等诸多领域的功能，将物业服务、信息通知、物业缴费、周边商铺、社区活动、社区圈子等诸多生活帮助信息及服务整合为同一平台，为社区居民提供一个安全、舒适、便利、低碳的现代化社区生活环境。提出了智慧生活圈的发展理念，包括“2公里生活圈”（比如医疗、养老、家政、家教等公共资源），“500米生活圈”（比如商场、菜市、餐饮等日常生活物料），“百米最后一站”（比如智能配送、电车充电、社区安保等），智能家居和智能办公领域等。

我国大多数城市已经步入了老龄化社会，老年人口多，同时子女还要工作，不能时刻在家照顾老人，所以居家养老、卫生保健服务等方面成为社区设施服务关注的重点。社区养老服务设施应改为网络化、规模化方向建设，使社区养老服务设施个体零散型走向集团规模化。社区居委会的站、点和街道的中心要相辅相成，互成网络，服务内容要逐步覆盖住养、入户服务、紧急援助、日间照料、保健康复、文体娱乐等多种项目。入户服务的内容要逐步覆盖家务整理、生活照料、送餐服务、陪护服务等方面，并通过入户服务，为老年人建立福利服务档案，为有需求的老年人提供方便快捷的服务。

现代绿色健康的生活方式需求，要求社区能够提供足够的公共活动空间，社区应结合绿地、广场等构建多样化、无所不在的健身休闲空间，覆盖从儿童到老人各个年龄阶段，从基础健身到专业训练等各类全民健身需求。

社区设施的完善提升城市“里子”：便捷可达的高品质地区服务、多层次的社区服务体系、覆盖不同人群需求的社区服务内容、步行可达与高效复合的空间布局。

1.便捷可达的高品质地区服务

目标：确保居民能在周末、在适宜的游憩出行范围内使用到具有一定服务品质的地区级体育场馆、图书馆和青少年文化中心等设施。

规划要求：4—5个社区生活圈共享服务约20万左右居民的高品质地区级中心，形成功能完善的城市公共服务设施体系。

需注重配置满足居民文体、医疗等需求的地区级体育场馆、图书馆、博物馆以及地区医院等设施。

确保各个社区生活圈中心到达地区中心的公共交通便捷。

2.多层次的社区服务体系

目标：向下延伸社区级公共服务设施，完善近距离的社区服务。

规划要求：根据各项设施的服务人口和服务半径情况，将设施细分为15分钟、10分钟、5分钟三种可达类型，详见表8-1。在评估社区公共服务设施短板时，重点针对设施的步行可达距离，划示服务覆盖范围，找寻服务盲区。

表8-1　15分钟—10分钟—5分钟社区生活圈层

社区生活圈	服务人口	步行可达距离
15分钟	5万	800—1000米
10分钟	1.5万	500米
5分钟	3000—5000人	200—300米

资料来源：上海市15分钟社区生活圈规划导则（试行），2016年8月. http://www.360doc.com/content/16/0903/14/35513324_588107414.shtml

3.覆盖不同人群需求的社区服务内容

目标：在老龄化、信息化的发展背景下，应对现代社区多样化需求，完善基础保障型服务，丰富提升型服务，引导居民形成绿色健康、交往共享的生活方式。

规划要求:社区服务内容包括基础保障类设施和品质提升类设施。

康乐多样的社区文化：提供多样化的文化设施，按照标准优先完善社区图书馆、文化活动室等基础保障性需求，并结合实际居民需求考虑增加棋牌室和阅览室等丰富文化生活的品质提升类设施。

学有所教的终身教育:满足各类人群受教育需求，优先按照标准补充。各类学龄儿童的义务教育设施。基于居民差异化需求，考虑增设各类社区学校:老龄化社区重点提供老年学校;结合成年居民需求提供成年兴趣培训学校;对外来人口较多的社区重点提供职业培训中心；对儿童比例较高的社区提供儿童教育培训如学龄前儿童托管中心。养育托管中心应交由政府所有。

老有所养的乐龄生活:按标准配置综合老年人服务中心，日间照料中心和老年活动室，全面覆盖老人保健康复、生活照料以及精神慰藉等多方面需求。

无处不在的健身空间：应对现代绿色健康的生活方式需求，构建多样化、无所不在的健身休闲空间，覆盖从儿童到老人各个年龄阶段，从基础健身到专业训练等各类全民健身需求。

便民多样的商业服务：贴近居民基本生活购物需求，提供便民多样的商业服务。

4.步行可达、高效复合的空间布局

目标：构建一个步行可达、活力便捷的设施圈。充分摸清不同居民群体的活动规律，指导设施布局的空间差异性，实现设施空间布局与居民步行使用特征以及设施使用频率的高效契合。

规划要求：满足居民对于家与设施之间的步行需求，根据居民的设施使用频率和步行到达的需求程度，以家为核心将设施按照5分钟—10分钟—15分钟圈层布局。

重点关注老人、儿童等弱势群体的近距离步行要求，在5分钟圈层上尽量布局幼儿园、公园养老设施以及菜场等老人儿童使用度较高的设施。

满足居民对于设施与设施之间的步行需求：基于居民日常活动特征。将高关联度的设施以步行尺度邻近布局，分别形成以儿童、老人以及上班族为核心使用人群的设施圈，如60—69岁老人日常设施圈以菜场为核心展开，同绿地、小型商业、学校及培训机构等邻近布局。

◎ 链接：《厦门市老旧小区改造提升工作意见》

老旧小区的划分范围：将1989年底前建成并通过竣工验收的非商品房小区（项目）和非个人集资房小区（项目）纳入老旧小区改造提升范围。老旧小区大多存在建筑物破损、环境脏乱差、市政设施不完善及管理机制不健全、社区治理体系不完善等问题。选择老旧小区作为改造提升对象，就是以为民惠民为出发点，让老旧小区居民的居住品质得到改善，社区治理体系趋向完善，群众幸福度、满意度进一步提升。

改造重点：老旧小区的改造内容，包括市政配套设施、小区环境及配套设施、建筑物本体、公共服务设施等，并将结合海绵城市、治安防控、无障碍设施的建设要求来进行改造。其中，市政配套设施改造提升项目包括小区红线外的供水、供电、供气、弱电（通信、有线电视）、市政道路等。对老旧小区周边区域内供水、燃气配套不完善的小区，可视情况一并规划实施供水、燃气管网的改造提升；小区环境及配套设施改造提升项目包括小区范围内的房前屋后绿化美化、雨污管网、围墙和大门、停车管理系统、环卫设施、区间道路、消防设施设备、安防监控系统、路灯、立面整治以及水、电、气、通信、有线电视等；立面整治可以结合道路沿线景观整治工作和夜景工程统筹考虑，有条件的小区还可以同步考虑建设停车场；建筑物本体改造提升项目包括楼道修缮、楼道走道照明改造、防盗门和对讲系统配套等。此外，对具备相关基础条件的老旧小区，各区还可统筹完善社区综合服务站、卫生服务站、幼儿园、室外活动场地、慢行系统等公共服务设施。

建立长效管理机制：小区还要在长效管理方式上进行探索，通过推动业主自治、建立健全物业管理、健全维修资金归集机制等，创新小区管理模式。一是探索政府统筹组织、社区具体实施、居民全程参与的工作机制。二是探索居民、市场、政府多方共同筹措资金机制。按照“谁受益、谁出资”原则，采取居民、原产权单位出资、政府补助的方式实施老旧小区改造。三是探索因地制宜的项目建设管理机制。强化统筹，完善老旧小区改造有关标准规范，建立社区工程师、社区规划师等制度，发挥专业人员作用。四是探索健全一次改造、长期保持的管理机制。加强基层党组织建设，指导业主委员会或业主自治管理组织，实现老旧小区长效管理。

五、城市安全——城市建设的试金石

我国进入城镇化加速发展阶段，城市的人口规模与用地规模都在不断地扩张，伴随而来的是各种公共安全风险愈发明显，城市生命线可谓危机四伏，诸如城市水资源的严重污染、造成群死群伤的火灾事故、城市各类交通事故、城市恐怖袭击的隐患等等。由于城市人口高度集中的特点，一旦有灾害发生，就会对整个社会带来巨大的挑战，更有甚者会激化社会矛盾、恶化城市生态环境。因而城市保证居民的最基本的“安全”需要成为城市发展的底线。

城市安全更完整的表述应该为城市公共安全风险管理，要求城市对可能遇到的各种风险进行识别和评价，在此基础上综合利用法律、行政、经济、技术、教育与工程手段，通过全过程的灾害管理，提升政府和社会安全管理、应急管理和防灾减灾的能力，以有效地预防、回应、减轻各种风险，从而保障公共利益以及人民的生命、财产安全，实现社会的正常运转和可持续发展。提升城市应对各种突发事件及“天灾人祸”，也是城市“里子”的一个方面。

城市公共安全包括以下几个方面：

（1）城市工业事故，主要对象为城市中的生产、使用和贮存有毒有害、易燃易爆的物质和能量的工业设备、设施、场所。

（2）城市公共场所，人群高度聚集、流动性大的公共场所，如影剧院、体育场馆、车站、码头、商务中心、超市和商场等群死群伤恶性事故的发生。

（3）城市公共基础设施，城市生命线中的水、电、气、热、通信设施和信息网络系统以及地铁、轻轨交通等设施。

（4）城市自然灾害，地震、洪涝、台风等灾害严重威胁城市的安全。

（5）城市道路交通，作为城市命脉的城市道路交通的事故率、死亡率始终是最高的。

（6）恐怖袭击与破坏，城市中恐怖分子、暴力主义者故意制造极端事件，如恐怖爆炸、纵火、毒气施放等。

（7）城市突发公共卫生事件。突发公共卫生事件是指突然发生，造成或者可能造成社会公众健康严重损害的重大传染病疫情、群体性不明原因疾病、重大食物中毒和职业中毒以及其他严重影响公众健康的事件。

（8）城市建筑事件，主要涉及在建过程中及建筑物坍塌等建筑事件。

（9）城市生态环境破坏事件。

近年来，城市安全问题得到了我国社会各界普遍的重视，西方发达国家在灾害应急反应规划和城市安全防范方面的机制和经验已经较为成熟，而我国部分城市也出现了基于城市安全的规划和对城市安全规划的探索性实践。下面着重对城市安全中城市灾害风险管理系统构建、城市空间形态优化提升城市安全效能及韧性城市的构建三个方面着重论述，给出城市安全未来的发展方向。

（一）城市灾害风险管理

过去灾害管理的工作重点是危机管理和灾后应对，因此，社会总是从“一个灾害走向另一个灾害”，很少降低灾害风险。因此，联合国“国际减灾战略”（ISDR）活动提出了“抗御灾害向风险管理转变”以及从“灾后反应”向“灾害预防”转化的理念。近年来出现的综合城市灾害风险管理则在理论和实践上提供了安全城市建设的新视点。

全灾害的管理：城市灾害管理要从单一灾害处理的方式转化为全灾害管理的方式，这包括了制定统一的战略、统一的政策、统一的灾害管理计划、统一的组织安排、统一的资源支持系统等等。

全过程的灾害管理：综合城市灾害风险管理贯穿灾害发生发展的全过程，包括灾害发生前的日常风险管理（预防与准备），灾害发生过程中的应急风险管理（应急与救助）和灾害发生后的恢复和重建过程中的危机风险管理。

整合的灾害管理：整合的灾害管理强调政府、公民社会、企业、国际社会和国际组织的不同利益主体的灾害管理的组织整合、灾害管理的信息整合和灾害管理的资源整合，形成一个统一领导、分工协作、利益共享、责任共担的机制。

全面风险的灾害管理：当代灾害管理的一个重要的趋向在于从单纯的危机管理转向风险管理。把风险的管理与政府日常的公共管理整合在一起。

灾害管理的综合绩效准则：为了实现有效的灾害管理，政府必须设立灾害管理的综合绩效指标。在灾害风险管理中随时关注灾害风险的发生、变化状况，多方位检测和考察灾害风险管理部门和机构的管理目标、管理手段以及主要职能部门和相关人员的业绩表现。

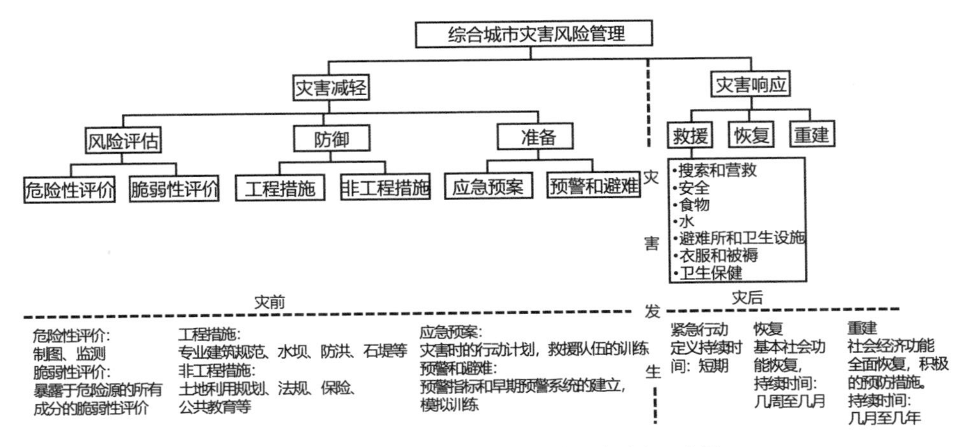

图 8–7　综合城市灾害风险管理的实施过程示意图

（二）优化城市空间形态提升城市安全效能

我们国家的城市规模扩张比较迅速，在城市总体规划修编的过程中，注重优化城市空间形态，以满足未来城市安全体系的构建。主要表现在以下几个方面：

科学选择城市发展用地：首先，要从城市区域的角度考虑新城区建设用地的选择，力求使城市发展用地的选择有利于区域整体的防灾减灾。二是应深入研究可供选择的城市发展用地的防灾条件，避开那些有潜在灾害隐患的区域。三是在新城区的开发中应补充旧城区对新型灾害的应对能力，在新城区的发展用地范围内预留储备用地，以便在发生突发性事件时进行临时建设之用。

塑造功能综合、结合防灾的城市用地形态：

1. 开放空间的规划应该与城市防灾规划紧密地结合起来，形成户外防灾空间体系。

2．城市生命线工程中的能源设施用地应分散布局，并应与别的功能区之间设有足够的安全隔离区域。

3．在城市开发建设中，对一些重大项目的选址要综合考虑防灾要求，进行防灾体系多方案比较。

合理控制城市规模与环境容量：理性客观地控制城市规模和环境容量在某种程度上会减少城市灾害隐患，提高防灾救护工作的效率。

建立间隙式的城市空间结构：间隙式的城市空间结构是指在保持城市空间高密度集约用地的同时，保留一些非建设的空间，在区域范围内表现为串珠式的跳跃型空间发展，在城市内部体现为建成区与农田、森林、绿化等生态绿地或开敞空间间隔相嵌的空间肌理。建立间隙式的城市空间结构将在城市的整体形态上建立一个战略性的有利于城市防灾减灾的空间格局。

（三）构建韧性城市应对城市安全危机

韧性城市，最初来源生态学的术语，指生态系统在遇到干扰或者破坏时所具有的维持和恢复能力。运用到城市研究中，是因为作为复杂系统的城市始终处于变化的情景之中，在应对常规压力的常态下，还必须思考如何应对各类突发危机的压力叠加而保持城市功能的正常运行。从这个角度建构“韧性城市”，显然与当下城镇化加速进程中突发灾难频现的宏观背景有关，具体表现为地震、洪涝、公共安全等。全局层面则涉及全球气候变化的生态问题、资源消耗及污染的环境问题、城市移民和就业的社会问题、产业更替及波动的经济问题等，与城市发展战略的深层次休戚相关。韧性城市不仅仅是简单防灾减灾所关注的承受和恢复能力，更应该延展到经过改变或者应对紧急刺激之后，达到一种新的状态的能力，其本质应该是城市发展中走向更好状态的综合能力，其韧性应该涉及城乡生态、基础设施、经济发展和社会进步等各方面。在城市规划建设中韧性建设不是附加部分，而是必需部分。

◎ 链接：城市韧性承洪理论

城市韧性承洪理论，为城市承受洪水的能力，以及当基础设施破坏、社会经济发生崩溃时的重组能力，和防止伤亡和维持目前社会经济特性的能力。换言之，当经历洪水时，使城市保持良性机制的能力。良性机制是由一系列不定因素定义的，如生活安全、经济业绩和移动性，它们共同代表了城市的社会经济特性。城市承洪韧性由城市可承受的洪水量级来衡量，直到达到极限值或转为不良机制。

原理：滨河城市面对水患问题需要一种基于韧性理论的管理方法，而不是简单地修建防洪工程来抵御。通过堤、坝和渠化的防洪工程来抵御洪水，忽略了人与自然互动时所产生的不确定因素，也无法回应因气候变化而不断增加的极端灾害，因此不是解决洪水安全问题的长期有效的方法。通过“城市韧性承洪”理论，作为替代目前主流方式的城市洪水灾害管理体系。明确一个城市的承洪力，以及对潜在的物质财产损失和社会经济中断等情况的预警辨识力，从而防止伤亡和保持现有的社会经济特征。通过在周期性洪水中积累经验，可以应对城市的极端洪水灾害。城市韧性承洪理论挑战了“城市如不防洪即无法生存”的传统理念，实际上传统的防洪工程破坏了应对洪水的韧性。应用自然的洪泛区功能建立城市承洪韧性，提升对洪水的适应性以替代防洪工程，将减轻洪水的危害。

低碳韧性城市：低碳韧性城市（ Low carbon resilient city ）的概念是在低碳城市和韧性城市的基础上提出的，指在城市治理和规划设计中协同考虑温室气体减排和应对气候灾害风险的不同需要，采用适应性管理理念，实现生态完整性和可持续城市的目标。.

关系：低碳韧性城市理念要在城市发展规划中协同考虑城市面临的各种复杂问题和不同利益主体的需求，在规划理念上，侧重于以人为本，注重城市社会、经济和生态层面的可持续性；在规划目标上，侧重于增强城市适应气候变化的能力，减小气候灾害导致的风险，而非以减小温室气体排放作为首要任务和目标。在规划手段上，需要从管理、技术和研究层面加强各部门和领域的整合，体现灵活性和适应性的规划和治理特色。

韧性城市与大数据的关系：同济大学建筑与城市规划学院教授王德指出，从手机信令数据的角度来看，记录城市的状态有很多数据，手机信令数据可以记录时间空间的活跃用户数，比较时间序列的记录就可以判断状态是否异常。以顾村花园樱花节前后的参观人流变化为例，通过手机数据的跟踪，可以观察到乘坐地铁到顾村公园的人流量，通过地铁站点记录到的客流变化应该可以提前反映当天总人流量的增加。根据手机信令记录数节日比平时增加的比例，就可以预测公园内人数的增加率，从而做出正确预警。

“韧性城市”的构建方法主要有：

1. 预测和评估：科学进行预测或评估，利用预警机构的成果，要有规避开山、挖河、修（钢筋混凝土）堤、筑坝。

2. 指挥系统顺畅：注意救护系统的规划问题，保证指挥系统的畅通。

3. 灾后修复：关于修复的问题，灾后的修复和重建，包括生活秩序修复、人们心理修复、生态修复和设施重建等。

4. 弹性城市意识：要加强教育和学习，让人们普遍建立一种尊重韧性城市的自觉和习惯。

第九章 面向未来的城市重塑

城市浓缩并释放了人类的创造力。

精神力量是城市文明成败的重要因素。

——乔治·克特金（Joel Kotkin）

城市的发展运行是一个复杂系统工程的推进工程。从宏观的角度看，政治、经济、社会、文化和生态是影响城市进程的五个主要方面，形成城市发展的五大“子系统”，这五个方面的协调一致才能推动城市顺利前进，使发展更平衡、更充分。

重塑来源于我们对自身现状的自省，凝聚我们对未来自信的智慧，表达我们对执行变革的能力。重塑基于我们对美好生活的追求与梦想，基于我们的价值理念以及对造物知行无与伦比的执行能量。所以，重塑更是我们的前行。

一、走向和谐城市

1997年，中外老、中、青三代规划师在北京签署《21世纪城市规划师宣言》，中国首次向世界提出“和谐城市”理念，并在核心纲领中提出了“三个和谐”：即人与自然的环境和谐、人与人的社会和谐，以及历史与未来的发展和谐。2003年春，在上海世博会高层战略思考报告中，第一次提出了“和谐城市”的理念。2004年3月，同济大学编制的世博会规划方案把“和谐城市”作为核心思想，使上海2010世博主题“城市，让生活更美好”在规划上得以落实。2008年11月，由联合国人居署与中国住房和城乡建设部联合举办的第四届世界城市论坛在南京举办，主题为“和谐城镇化”。同年，联合国人居署出版《和谐城市：世界城市状况报告2008/2009》正式以联合国文献题目形式提出了“和谐城市”，正式采纳了“和谐城市”理念。面对世界城市化水平已达50%的时代背景，《世界城市状况发展报告》将“和谐城市”的理念作为城市发展目标的重要价值，而且将其作为应对新时代城镇化进程中各种挑战的实用工具，深化了“和谐城市”的实践指导意义。

（一）和谐城市的三大基本要素

《和谐城市：世界城市状况报告2008/2009》谈道：

> 如果一小部分人生活在富裕之中，而大部分人却被剥夺了基本需求，那么这个社会不能声称自己是和谐的；如果少数群体垄断了资源和机会，而其他人停留在贫困和边缘化的状态之中，这个城市将是不和谐的；如果城市生活所付出的代价必须由环境来承担，和谐城市的目标亦将无法实现。

报告的这一思想代表了关于“和谐城市”的普遍观点，即它的内涵体现在三方面：社会、经济、环境。这三个要素构成了“和谐城市”的基本支撑，包含了“共生城市”的理念，同时也是对“永续发展”理念的进一步深化。其含义是，城市的发展不但不能忽视这三个系统之中的任何一方，而且更需要发掘和利用它们之间的协同性。只有这三个子系统互相配合、系统协调发展，城市系统才会处于动态平衡的状态，整个城市才会良性运行，达到和谐的愿景。

“和谐城市”的五大内涵扩展：

社会内涵是指城市发展要有利于建设公平公正的良好工作环境、居住环境，培养和提升市民的民主公平意识，关注弱势群体，关注社会的公平与正义，调动全社会的能动性、包容性。

经济内涵是指城市要具有持续的发展潜力和竞争力，根据人口的集聚规模和经济活动的强度，处理好经济增长与环境保护、社会稳定等要素的协调关系，促进产城融合发展。

环境内涵是指在环境与物质资源利用层面上进行合理配置，实现城市生态发展的永续性。

空间内涵是指应对城市社会经济发展对空间需求的变化，优化城市空间布局，努力尝试构建更为紧凑的城市空间，不仅可以实现土地的集约式利用，也使人们更加亲近、和谐，焕发出城市生态的多元活力。

文化内涵是指城市发展不仅要保护本土文化遗产和文化承载，更要保护城市的历史文脉。尤其要溯文化之源，追寻五千年之文明脉络，关心民族文化的发展、地方传统文化特色、历史文化的保护和传承发扬。“留住历史根脉，传承中华文明”。同时，还要学习和培育新文化，包容外来文化。

（二）从底线纲领到高线纲领

“永续发展”与“和谐城市”的内涵有所不同。首先，前者是面对问题时的被动回应，后者则是主动追求更高的标准。“永续发展”概念提出基于全球化石能源及其他资源的过度使用，环境压力的不当处理，导致人类赖以维生的资源加速耗竭，生态环境的不断恶化，并逐渐威胁人类生存的现实背景，可以视为国际社会面对危机所作出的被动回应。通过改善人类对资源的配置方式和预期目标，使资源配置有利于经济、社会和生态的协调及可持续发展，从而避免自然环境资源对人类未来的发展产生严重的制约。“和谐城市”理念的提出则体现了人们在不断实践“永续发展”理念的过程中，不断总结城市化发展中的各种不足，不断加深对城市环境、空间、经济、社会、文化发展的理解，从而对城市发展更佳状态采取主动追求。

其次，两者智慧的来源有所不同。“永续发展”体现的是西方可持续发展经济学理论，在理性地总结和反思工业化以来城市发展的弊端之后，对传统经济学中资源配置理论的影响和改变。传统理论通过短期经济效益和效率来实现资源配置的预期目标，而新理论把生态效益和社会效益置于预期目标，使资源配置的结果有利于经济社会和生态的协调和永续发展。“和谐”则是中国古来有之的理念，中华传统文化深深蕴含着人际之和、天人之和、身心之和，“和谐城市”这一中华智慧的精髓逐渐被国际社会所吸取。

吴志强在《城市规划原理》一书中提出，一个城市在发展过程中，当经济、环境、社会三方不同利益诉求产生直接冲突时，如果能将他们之间的冲突最小化，达到一个持续的相互平衡的状态，那么这个城市便实现了永续发展。“永续城市”构成了“和谐城市”的基本面，也就是社会、经济和环境各自发展，不相冲突。永续发展已经成为现代城市发展的最低要求，一个城市若不永续，必然面临衰败的前途。然而，当三大要素之间的关系，由互不冲突优化升级为相互协同，实现人与人的社会和谐、人与自然的环境和谐，以及历史与未来的发展和谐，这个城市便生长为“和谐城市”。因此，可以说永续是城市健康发展的底线，而和谐则是更高的标准。综上所述，我们的城市规划必须建立自己的两条纲领：

城市规划的底线纲领——通过城市区域的社会、经济和生态的全面协调性发展，实现“永续发展”；

城市规划的高线纲领——通过城市区域的环境和谐、社会和谐和历史文化与未来创新的发展和谐，达到“和谐城市”的理想目标。

（三）和谐城市，一种科学的城市发展观

城市是一个由许多子系统构成的复杂巨系统，正如一个巨大的容器，盛着经济、社会、文化、自然、空间等多个子系统。各个子系统之间的相互碰撞、相互交融，推动了城市的发展。首先，要明确城市的发展，是一个社会发展的过程，构成社会的各系统之间是相互作用的。其中，由社会经济水平决定的社会意识形态，具有重大的决定性意义。和谐城市的普世价值体现在其所提倡的包容性、公平性、社会公正和治理等方面，这些特征互相影响，为人类应对世界城市化及其发展进程中的各种重要挑战提供指导价值，综合推动了城市层面的和谐。“和谐社会”作为人类社会一个美好理想，是当前世界城市发展的终极目标。

二、把握社会经济结构转变的特征

变则通，通则久。当前中国的城市正经历四大转变：工业社会向后工业社会转变，城市化社会向城市型社会转变，城市管理行政化向城市管理市场化、社会化和法治化的转变，城市格局单一模式向多元化模式转变。城市化面临前所未有的机遇，也将为中国转型提供最为关键的支撑。

（一）工业社会向后工业社会的转变

中国社会科学院2017年发布的《工业化蓝皮书：中国工业化进程报告（1995—2015）》指出，“十一五”中国进入工业化后期前半阶段（工业化综合指数为66），“十二五”末中国则进入了工业化后期后半阶段（工业化综合指数为84）。

中科院工业经济研究所黄群慧所长谈到，未来我国工业化战略必须实现从要素驱动到创新驱动的转变，从工业大国到工业强国的转变，从追求速度

到包容性增长的转变。而城镇化率将是影响工业化水平提升的关键制约指标。工业化、城镇化之间的关系是刚开始由工业化来推动城镇化，后来要由城镇化来推动工业化。

工业化创造供给，城镇化创造需求，社会消费的总水平也可大幅提升。因此，城镇化是保持中国经济可持续增长的持久动力和最大的潜在内需。2013年，我国第三产业增加值占GDP的比重首次超过第二产业，正在进入一个崭新的服务经济时代。大力发展服务经济，加快服务业对外开放，成为城市经济发展和产业结构转型升级的重要方向。

（二）城市化社会向城市型社会的转变

除了产业形态转变，社会形态也在进行“静悄悄的革命”。中科院城市发展与环境研究所《城市蓝皮书：中国城市发展报告（2012）》中指出，我国已经结束了以乡村型社会为主体的时代，开始进入以城市型社会为主体的新的城市时代。蓝皮书认为，城市型社会是以城镇人口为主体，人口和经济活动在城镇集中布局，城市生活方式占主导地位的社会形态。从乡村型社会向城市型社会的转变，是中国进入经济发达、社会进步和现代化的重要指标。

从国际经验看，判断一个国家或地区是否已经进入城市型社会，主要有城镇人口、空间形态、生活方式、社会文化和城乡关系五个标准。其中，城镇人口标准是最为重要的核心标准。以人口城镇化率来划分：城镇化率在51%—60%之间，为初级城市型社会；61%—75%之间，为中级城市型社会；76%—90%之间，为高级城市型社会；大于90%，为完全城市型社会。《城市蓝皮书：中国城市发展报告No.8》数据显示：2010—2011年中国城镇化率达到并开始超过50%，我国整体进入城市型社会阶段，预计到2020年将超过60%，到2030年将达到70%左右，也就是说，“十三五”期间我国将全面进入城市型社会，同时城镇化从以速度为主转向速度、质量并重的发展阶段。在这一新的时期，城市经济将占据主导性地位，城镇化将取代工业化成为中国发展的主要动力。

从我国发展来看，2013年，我国第三产业增加值占GDP的比重首次超过第二产业，正在进入一个崭新的服务经济时代。从国际形势来看，世界经济已全面向服务经济转型，大力发展服务经济，加快服务业对外开放，成为城市经济发展和产业结构转型升级的重要方向。未来，随着服务业在大城市的集聚，标准化生产的工业相继转移到其他中小城市，中国城镇的经济职能需要转变。而现有城市在经济结构、规划建设、管理体制、环境质量、公共服务、社会和谐和安全等方面还难以适应城市时代的新要求，城市发展面临严峻的挑战。因此，必须提高城市的效率和宜居性、流动性和通达性，一方面提升市场的地位，另一方面运用价格手段和监管工具提高城市密度和效率。

（三）行政化向社会化、法治化的转变

以往，政府是城市管理的唯一主体，以权力控制、行政命令、制度约束等强制性管理为手段，可以概括为行政化。而现代城市管理，则坚持以人为本，服务至上，使“三大管理主体”——政府有形之手、市场无形之手、市民勤劳之手同向发力，真正实现城市共治共管、共建共享，以社会化、法治化来弥补行政化不足。

社会化是指社会各方共同而非政府独家按分工对城市运转和发展进行有序控制的行为。这里的重点是公众如何参与、社会各方如何自律、政府如何监督（含服务）、法制如何保障（创造良好的运作环境）。面对纷繁复杂的社会事务，政府并不一定都能管到、管好，同时在处理一些事务时也缺乏及时性和应有的灵活性，而由社会组织来处理这些事务就可能表现出许多有利之处。但是，要真正助力城市治理社会化，还需要政府在放权中引导，在规范中发展。

法治化是指在城市功能多样化、城市产业结构不断调整和升级的过程中运用法治思维、法制手段治理城市。

（四）城市格局单一模式向多元化模式转变

未来中国城市格局将继续转变，以城市群为主导的城市区域，大中小城市并举，城市形态和布局将更加多元化。同时，呈现出城市的多样性：

> 最大的城市可能变得更大，世界门户和多元化经济中心的地位得到提升，逐步转向服务业，知识经济并成为创新高地。大都市圈内的二线城市可能吸引更多土地密集型的制造业，从专业化和与市场联系中受益；如果能与市场很好地连接，内地大城市可以和沿海城市竞争。中小城镇将致力于从事专业化的经济活动和提供公共服

务，增强人们寻求更好发展机会的能力。土地、劳动和资本更好的配置将加速工业向二线城市的转移，使这些地方的就业机会增多，从而减轻大城市所面临的人口压力。当剩余劳动力伴随快速城镇化不断减少时，国民收入分配中的劳动者报酬比重将持续上升，城乡不平等将逐渐缩小。随着中等收入阶层的壮大，他们的需求将促进消费，加快服务业为基础的城市经济发展。更加包容的增长和更公平的分配将强化这一转变，因为较低收入者的消费意愿比较高收入者强。[1]

（五）城市面临的社会结构性变化趋势

适龄劳动力人口下降。2004年以来，中国劳动力市场已经发生大的转变，出现了刘易斯转折点，劳动供给从无限供给转向了有限供给。2016年，我国16—59岁劳动年龄人口为90747万人，占总人口的比重为65.6%，继2012年我国劳动年龄人口总量出现首次减少之后，劳动年龄人口已经连续第五年减少。[2]国际货币基金组织（IMF）在2017年5月发布报告称，未来30年，中国的适龄劳动人口可能减少1.7亿。适龄劳动力人口的不断减少，意味着我国传统的人口红利正逐步消失，未来的城市化将是以人力资本革命为条件，催生新的人口红利的城镇化。

中等收入阶层膨胀。据统计，我国的中等收入阶层人数从20世纪80年代的几乎为零增长到今日的2.25亿。自2000年以来，我国中等收入阶层人数增加了3850万人，而美国仅增加了1290万人，增长率为美国的3倍。这一群体有不错的学历，受到过良好的教育，有稳定的工作、住房，具有专业知识和较强的职业素养，以及一定的家庭消费能力，往往是非体力劳动者。马斯洛心理学认为，中产阶层正在追求或为之努力的事情已经不是对衣食住行的生理需求和对安全的需求，而是爱与归属、自尊以及自我实现这三个层次的心理需求。他们期待更高质量的生活环境及更美好的社会，是城市发展的中坚力量。极速膨胀的中产群体，虽然能够缩小贫富差距，进一步提高国民生

---

① 国务院发展研究中心，世界银行．中国：推进高效、包容、可持续的城镇化［R］.2014.

② 国家统计局．人口发展战略不断完善　人口均衡发展取得成效——党的十八大以来经济社会发展成就系列之十六［R］.2017-07-25.

活水平，有利于形成稳定而持续的消费市场，并且拉动经济的整体性增长。但是，这一群体集体表情却是“焦虑”，对时间、教育、理财、支出、医疗、养老等方面的焦虑。这些焦虑的形成，是因为人们需要城市为他们提供获得感、幸福感、安全感以及尊严、权利、当家作主等更具主观色彩的“软需要”，而城市只提供了高楼大厦、车水马龙等“硬条件”，未来的城市应是“有温度”“能包容”的人的聚集地。

老龄化社会到来。据全国老龄办统计，2017年底60岁及以上人口达到2.4亿，占总人口的17.3%。预计到2020年，老年人口达到2.55亿。人口老龄化对城市化发展的影响显而易见，诸如城市劳动力短缺、劳动力成本上升、增加城市经济负担、降低城市劳动力活力等等。如何满足数量庞大的老年群众多方面需求、妥善解决人口老龄化带来的社会问题，是当前及未来长期我国城镇化需解决的重大课题。

人口迁移流动性加大。进入21世纪，我国流动人口开始呈现迸发增长的态势，全国人口流迁规模和速度都是持续强化的。2016年，我国居住地与户口登记地所在的乡镇街道不一致且离开户口登记地半年以上人口为2.92亿人①，流动人口为2.45亿人，流动人口占总人口比重为17.7%，同2012年相比，流动人口增加874万人，流动人口所占比重提高了0.3个百分点②，平均每六个人中就有一人是流动人口。

在此人口迁移流动性持续加大的大格局之下，那些已在流入地居住多年的“流动人口”仍不能安居乐业，与人口流动相生相伴的各种问题长期得不到解决，需要在城市重塑的过程中高度重视。

能源、水资源紧缺加剧。从1990年到2015年，中国的能源生产量从103922万吨标准煤增长到362000万吨标准煤，复合增长率为5.11%；中国的能源消费量98703万吨标准煤增长到430000万吨标准煤，复合增长率为6.063%。从1992年开始，我国的能源生产量就已经小于能源消费量，部分能源消费需要依赖进口。2015年，我国能源消费的缺口占能源生产能力的18.7%，已经成为比较严重的能源进口依赖国。

① 流动人口是指居住地与户口登记地所在的乡镇街道不一致且离开户口登记地半年以上的人口中，扣除市辖区内人户分离的人口。

② 国家统计局．人口发展战略不断完善 人口均衡发展取得成效——党的十八大以来经济社会发展成就系列之十六［R］. 2017-07-25.

近些年，每到采暖季节，各地“油荒气荒”屡见不鲜。2017年LNG遇18连涨，以河北为例，11月28日零时，河北首次拉响全省天然气供应橙色预警，天然气供应处于严重紧张状态，各地开始限气停气。河北大学附属医院在12月1日形势危急，供气量连基本需求的七分之一都不到[①]。与之伴随的是不少油库出现缺货现象，多地加油站曾出现供应紧张。据专家预测，2020年我国能源需求总量约为60亿吨标准煤，到2030年将达到近100亿吨标准煤，这其中消耗最大的“用户”就是城市及城市的关联产业。

据统计，在全国范围内流经城市河段中72%不适合做饮用水源，50%以上的城市地下水受到污染；据水利部统计，全国669座城市中有400座供水不足，110座严重缺水；在32个百万人口以上的特大城市中，有30个长期受缺水困扰，14个沿海开放城市中有9个严重缺水。作为城市，对能源、水资源的需求已经成为城市发展的主要瓶颈，也是未来城市构建不得不考虑的重要因素。

（六）城市制度环境面临新的发展趋势

未来的中国将更为开放，一个国际交流日益密切与竞争日益加剧的世界环境、必然要求我国的相关制度环境进行变革与创新。

小政府、大社会，政府中心职能与目标的转变。随着改革开放的深入，要想建立一个更具竞争力与可持续发展的环境，政府行政体制必然要发生转变。要转变政府职能，深化简政放权，创新监管方式，增强政府公信力和执行力，建设人民满意的服务型政府[②]。这是未来政府中心职能转变的方向。政府目标的转变体现在：一是转变观念：从注重“人治”向推行“法治”转变，从注重“控制”向开展“服务”转变，从“官本位”向“民本位”转变。二是转变管理方式：要依法行政，民主行政，服务行政，合作施政。三是转变管理模式：建立健全依法行政体制，服务行政体制，分权管理体制，信息交流体制等。最终，促进国家政府与公民社会有效沟通、合作决策，更好践行全心全意为人民服务宗旨。

从“管理”到“治理”的转变。以“善治”“共治”“法治”的理念为引

---

① 华北告急，华中告急，一场大规模“气荒”正在席卷中国［EB/OL］．搜狐财经．

② 习近平．决胜全面建成小康社会　夺取新时代中国特色社会主义伟大胜利——在中国共产党第十九次全国代表大会上的报告［M］．北京：人民出版社，2018.

领，构建合作为导向的社会治理新格局。充分发挥政府、社会组织、公民等治理主体的优势作用，促进各主体之间的互相协调，各尽所能，共同构建多元共治的社会治理新格局。重组政府内部关系，加强与大城市，中小城市之间的合作。加强城市辖区内各个社区的公共产品供给的合作。加强在街区之间的公共产品供给的合作。重组城市社会关系，积极探索政府购买公共服务，促使社会组织承担起政府下放权能，弥补政府社会治理的不足。转变惯性决策方式，健全完善政府和公众沟通机制、信息发布机制，科学决策，增强管理决策透明度。

通过制度改革，释放公共设施运营权、所有权，政府成为监督者、管理者。城市绿化、城市垃圾等问题就可以通过市场运作的方式，通过合同承包、特许经营、政府补助等方式委托给私营部门。通过企事业单位与政府或社会组织的合作，建立起城市社会管理的横向权力网络。鼓励企事业单位把市场目标与社会目标相结合，推动社会企业的成长；鼓励企事业单位把谋利与公益相结合，引导其服务于社会事业；鼓励企事业单位与所在社区合作，建立和谐共生的发展关系。大量的企事业单位因其“国有”而拥有大量资源，将企事业单位整合进社会治理的权力网络，这是符合中国国情的城市社会治理的格局。

垂直的线性管理体系转变为网络状的协作体系。现代城市是一个由政治、经济、社会、文化和生态等子系统所组成的大型复合系统，具有经济密集、产业密集、基础设施密集、人口密集、环境密集、人流物流活跃等特征，传统的垂直线性政府管理体系已经不能满足发展需求。为了适应新时代新的发展需要，为了与市场经济体制相匹配，为了适应信息社会的快速化、网络化特征，垂直线性政府管理体系必然将转变为网格状的协作体系，以保持城市正常运作和可持续发展。网络状城市空间功能布局以中心城区、县（市）城、中心镇为节点，以各类要素的交流整合为网络构成的区域空间结构。通过各自主体进行功能布局，同时考虑区域与区域之间、区域与上下级不同层级节点之间的承接与互动关系，既发挥城市的辐射和带动功能，又充分调动各个部分的自身活力和积极性，从而推动城乡一体化发展。

法制化与城市经营管理的社会化。当前，随着法制化的推进，城市的管理也日趋社会化。未来人们所崇尚与追求的最佳管理模式往往不是集中的，而是多元、分散、网络型以及多样性。未来要发挥“互联网+”引领作用，搭建信息共享平台，强化大数据深度应用，从多源、分散的大数据中发现趋势、找出规律，提高信息挖掘利用水平，推动城市治理水平的提升。

衡量城镇化水平，不能仅以人口城镇化这一数量指标来理解，而应从、社会、经济、文化、生态几个方面综合加以评价，更应注重自身内涵的发展和全局性、区域性的战略定位。国家层面的战略新举措不断推出，“一带一路”建设、京津冀协同发展、长江经济带三大战略扎实推进，雄安新区规划设立，一批国家和区域中心城市快速发展。未来，我国的城市将更加突出创造良好的投资环境并以国际惯例接轨，营造优美生态环境，提供方便可靠的基础设施和社会服务设施。

三、人民城市为人民

李克强总理指出：“新型城镇化的核心在人，要加强精细化服务，人性化管理，使人人都有公平发展机会，让居民生活得方便、舒心。”

（一）面向所有人的城市

一个包容性的城市，应该让生活在其中的人们有幸福感，无论是什么阶层的市民都能感觉到自己是这个城市的主人。最近深圳市将深港城市建筑双城双年展放在城中村举办，同时宣布城与村共生。这在一定程度上体现着一个城市的自信和对底层群众的人文关怀。在深圳，城中村能与旁边的高楼大厦和谐共生，这得益于深圳市政府相对柔性的管理理念，这种包容性让深圳在城市中心区保留了生活空间的多样性，给底层市民提供了大量廉价的居住场所，也让曾经的任正非、马化腾这样的有梦想的创业者在创业早期有了安身立命之所。

新加坡原国家重建局局长，现宜居城市中心委员会主席刘太格谈道：

城市是市民的舞台——总的说起来，城市应该制造一个给人更有发挥他们才华的机会，包括人才的聚集，资金的聚集，经济的发展，艺术的发挥。前提是我们首先要争取生活是宜居的，环境是优美的，生态是可持续的。以这个为基础，让人们来发挥他们最高的潜力。一个城市政府的责任，是塑造一个非常完善的生活舞台，让市民能演出最精彩的人生戏剧。如果这个舞台不完善，市民还是会演出他们的戏剧，但可能就不那么精彩了，而且生活也不一定那么舒适了。

亚里士多德曾言："人们为了活而聚集到城市，为了生活得更美好而居留于城市"。城市发展的目标在于让城市成为人的城市，坚持"人民城市为人民"，时时刻刻以人民的利益作为根本出发点和落脚点，把解决人的问题放在城市发展的首位，使人民群众更满意、宜居城市更美好。

习近平总书记多次从生态文明建设的宏阔视野提出"山水林田湖是一个生命共同体"的论断，强调"人的命脉在田，田的命脉在水，水的命脉在山，山的命脉在土，土的命脉在树。""生命共同体"意思是说人与自然相互依存，所有生命都是命运攸关、唇齿相依的共同体。这个论断将人与自然和谐共处思想提升到了前所未有的新高度，也是中华文明智慧、天人合一思想、整体和个体辩证关系的高度浓缩。

"山水林田湖是一个生命共同体"的论断诠释了一种尊重生命的绿色发展理念。绿色发展要求我们坚持节约资源和保护环境的基本国策，坚持可持续发展，坚定走生产发展、生活富裕、生态良好的文明发展道路，加快建设资源节约型、环境友好型社会，形成人与自然和谐发展现代化建设新格局，推进美丽中国建设，为全球生态安全作出新贡献。促进人与自然和谐共生，构建科学合理的城镇化格局、农业发展格局、生态安全格局、自然岸线格局，推动建立绿色低碳循环发展产业体系。"生命共同体"内涵强调在环境与物质资源利用层面上进行合理配置，在维护好环境保护与城市发展其他系统要素之间的平衡关系的基础上，促进自然环境资源与城市的共生关系，从而实现城市生态发展的永续性。

为了实现城市与环境的和谐，达到"生命共同体"理念所追求的人与自然和谐相处状态，城市决策者不仅需要依据人口规模以及开发密度引导，合理确定开发边界，还要打破自然生态环境与城市之间的屏障，融生态入城，建立从宏观到微观的生态景观体系，形成蓝绿交织的城市多级生态网络，引导"水网、绿廊、城市"融为一体的城市形态，并通过生态技术手段，将绿色生态的规划理念付诸实施，营造生态、绿色、和谐的城市环境，打造城市的良性生态循环系统，让城市像一个可以呼吸的生命体一样健康成长。使人们虽然身在城市之中，亦能感知自然生态的存在。

NO1. 南非的蓝花楹路，从约翰内斯堡延伸到比勒陀利亚。约翰内斯堡是南非最大的城市，栽种了1000多万棵树，拥有世界上面积最大的人造森林

NO2. 乌克兰科勒文的“爱的隧道”，是世界上最著名的树隧道之一。该隧道长约2英里，是一个伐木工厂的运输铁道

NO3. 德国波恩的樱花隧道是一条非常宁静的社区街道

NO4. 暗黑树篱是北爱尔兰的一个著名旅游景点，距今已有大约300年的历史。据称在18世纪，詹姆斯·斯图尔特种植下了150棵山毛榉，以在路途中向前来他庄园的宾客炫耀

图9–1 城市的自然生态

图片来源：http://www.360doc.com/content/15/0423/10/1880084_465372068.shtml

（二）责任与担当

作为国家治理在地方层面和城市区域的具体实践，如何实现城市治理与城市经济社会包容性发展的探索与创新，已成为国家治理体系和治理能力现代化的重要方面，也是当代城市健康发展的责任担当。

我国社会的主要矛盾已经转化为人民日益增长的美好生活需要和不平衡不充分的发展之间的矛盾，不仅要继续满足人民日益增长的更高水平的物质文化需要，还要更好地满足人民日益增长的民主、法治、公平、效率、安全、环境等方面的需要。打造共建共治共享的社会治理格局，保护好人民的人身权、财产权和人格权，实现政府治理与社会调节、居民自治良性互动。

城市治理就是把治理运用于城市公共事务管理的活动。是一种为了谋求城市中经济、文化、社会、生态等方面的可持续发展，把城市中的资本、土地、劳动力、技术、信息、知识等生产要素都包括在内的整体地域治理概念。城市治理是一个过程，是以政府为主体运用和动员社会及非政府组织的力量，充分鼓励公众参与，在平等的基础上按照参与、沟通、协商、合作的治理机制，所进行的一种解决城市宏观和微观问题，提供城市公共服务、增进城市公共利益的政治过程和社会各方面利益整合过程。城市治理的核心是实现城市公共利益最大化。

城市具有高度的复杂性，城市的有效治理是一项异常艰巨的任务。从广义上讲，城市治理包括外部治理和内部治理两个方面。

城市的外部治理，主要考察的是城市与中央政府及周边城市之间的关系。在社会组织体系中，中央政府拥有最核心、最高的权力，其作用范围能够辐射到全国。地方政府与中央政府之间存在行政上的隶属关系。各区域之间的关系，则以区域利益为基础，突出表现为区域经济联系、合作和冲突等。

城市的内部治理，从主体角度看，是指城市中各利益相关方之间利益边界的划分和相互作用，从具体内容上看，包括社会、经济、环境、应急治理等方面。其中，城市经济运行是由城市政府根据中央政府的经济调控目标，针对城市经济运行中出现的问题而展开，包括确定适度的经济发展速度、形成合理的经济结构和空间布局、维护正常的市场经济秩序、夯实城市财政四项主要任务。城市社会治理是通过城市区域内分配关系的调整与改善、城市治安的整顿与维护、城市社区组织的重构与创新来减少城市社会问题。城市环境治理主要包括城市污染、城市公共交通等硬环境的治理以及营造良好的城市发展软环境。

推动城市治理与城市经济社会包容性发展，可以从以下几个方面来判别：

1.城市发展的各个方面的可持续性。城市必须平衡兼顾当代人和后辈人的社会经济和环境需要。

2.下放权力和资源。应根据附属性原则分配提供服务的责任，亦即在最低的适宜级别上按照有效率和具有成本效益的原则分担提供服务的责任，这将最大限度地发挥市民参与城市治理过程的潜力。权力下放和地方的民主制度应能使各项政策和举措，更加符合优先事项和市民的需要。

3.公平参与决策过程。分享权力的结果是公平地使用资源，特别是低收入者应能平等参与所有的城市决策和资源分配，使他们的需要和优先事项得到平等的解决。包容性城市为每个人提供平等机会，获得基本的、适宜标准的营养、教育、就业和生计、保健、住房、卫生和其他基本服务。

4.提供公共服务和促进当地经济发展的效率。城市必须有健全的财政制度，以具有成本效益的方式管理收入来源和支出，并提供管理和服务。根据相对优势，使政府、私人部门和社会各界都能对城市经济发展作出贡献。

5.决策者和所有利益有关者的透明度和责任制。人人有机会获得信息和信息的自由流通对于透明和责任分明的管理至为重要。法律和公共政策的实施应做到透明而具有可预测性，政府官员应始终保持专业能力和个人品德的高标准。

6.市民参与和市民作用。人民必须积极参与谋取共同的福利，市民尤其是弱势群体必须有权利来有效参与决策过程。包容性，既是原则也是目标，贯穿于整个城市治理过程。

城市发展方式转型，就是要朝着包容性发展转型，也是构建和谐社会的应有之义。不仅仅是土地、经济的问题，更重要的是居民，实现常住人口有序的市民化，稳步推进城镇公共服务的全覆盖。未来我国城市治理模式的发展趋势大致有三种：

一是“以人为本”的城市治理。“以人为本”的城市治理是指城市政府在城市管理过程中以人为主体，充分考虑人的需求，满足人的需要，理解人、尊重人、关心人、依靠人并服务人。“以人为本”的城市治理的目的是改善人们的生存环境和生活条件。城市治理是对城市的全面管理，良好的城市治理是改善和提高城市生活条件的有效手段和必要措施，其目的就是以为市民服务为立足点，不断改善市民的学习、工作和居住环境。

“以人为本”是城市包容性发展的本质要求。包容性发展既是社会发展的目标，又是社会发展的过程，人既是包容性发展实践者，又是包容性发展的共享者。社会包容性发展，其本质就是一种人的主体价值得到充分尊重，人的主体作用得到充分发挥。城市治理的目的不仅仅在于实现城市功能完善、运转高效、环境优美、结构合理，而且要使城市中的市民包括在城市中生活的弱势群体感到安全、卫生、舒适、方便，有生存之地、谋生之业和发展的空间。

二是“均衡发展”的城市治理。“均衡发展”的城市治理指的是以人为中心的“自然—社会—经济”复合系统的均衡发展，它既不是单纯的经济发展或社会发展，也不是单纯的自然生态的发展，三者不可分割。均衡发展着重强调城市经济发展与人口、资源、环境之间相互适应，经济、社会、生态三者协调发展。减小城市发展过程中的社会差距和环境代价，是“均衡发展”城市治理内涵的第一要义。

均衡发展的城市治理的根本目的就是让城市发展成果惠及城市所有阶层，所有人共享城镇化的成果。所以，城市在利用资源的同时，要承担发展的责任和义务，包容社会福利的成本负担。城市发展不再是辅助性功能或福利性问题，包容性问题应成为城市运行成功与否的关键性指标。城乡统筹发展是促进城乡人口、技术、资本、资源等要素相互融合、相互补充，逐步达到城乡经济社会协调发展的过程。城乡统筹发展并不是城乡均质，它是通过体制一体化、产业结构一体化、农业企业化和农民市民化，在充分发挥城市和乡村各自优势与作用的过程中使城乡成为相互依存、相互促进的统一体。

三是“多元参与”的城市治理。“多元参与”的城市治理是社会多元主体基于一定的集中行动规则，相互博弈、共同参与管理公共事务、提供公共服务，从而形成多样性治理模式和组织形式。多元参与治理的特征表现为：治理的主体是多元主体，包括政府、社会组织、公众；多元治理是通过相互合作给予公民更多的公共服务和公共产品；多元治理意味着公民是参与者也是受益者，有直接参与权和收益权；意味着社会治理结构从“单中心”的服从模式向“多中心”的合作模式转变。

（三）新型社区组织

社区是现代社会的基本单元，是实现人的社会化的基本场所，也是产生社会矛盾的“源头”。19世纪后半期，欧美国家启动了以应对工业化、城市化快速发展带来的社会问题为导向、以社区睦邻运动为主题的社区发展。1951年，联合国正式倡议“社区发展运动”，1954年成立联合国社会事务局社区发展组。新型社区组织分三类：

一是政府主导下的“第三部门”。如英国、新加坡等国家，突出特点是政府对社区事务的干预比较直接、强势，广泛介入基层居民社会生活中。英国布莱尔执政后，很重视第三部门的发展，1998年英国政府与第三部门签署了COM-PACT协议（英格兰与威尔士地区政府与志愿及社区部门关系协定），在保证第三部门独立的基础上，还是通过政府购买、低息贷款、税收减免等经济手段以及加强规划、制定标准等方式加强管理监督。

二是“非营利自治型”社区组织。如美国、加拿大等国家，突出特点是社区里没有实质性的政府派出机构，社区中的各项烦琐复杂的服务和管理主要由非营利自治组织承担，政府只提供必要的制度政策保障，政府与社会、市场的职责边界比较清晰，社区居民的自主自治意识普遍比较强。

三是介于政府主导型与自治型之间的“民间混合型”社区组织。如日本、以色列等国家，突出特点是地方政府设立了“社区建设委员会”等机构，对社区事务实施规划指导等间接管理，同时政府派员参加社区内的“町内会、住区自治会、住区协议会”等民间自治组织。

四是广泛的社会与民众参与。西方国家从20世纪70年代开始，兴起城市规划的公民参与运动。公民参与是一个渐进的过程，从没有参与到象征性的参与，最后到公民成为规划的权力主体之一，规划成为公民权利的一部分。

城市中心区的旧区改造的结果往往是原有的居民既住不起更买不起改造后的新房，不得不被分散到离城市更加边缘的地带，从而也失去了与旧区联系更紧密的就业机会和社会关系。意大利的博洛尼亚在城市中心改造时，商人们也希望把原居民赶走后，购买和修缮老建筑再高价出售，但遭到居民的强烈反抗，政府最后采取了与私人房主签订合同，政府为私人房主提供修缮的技术和经济帮助，私人房主保证将修缮后的房子仍然出租给原居民，同时政府对部分困难居民给予租金补贴。最后不仅修缮了老建筑，保留了原来的社区，城市改造的成本也更经济（林拓、水内俊雄，2007）。美国纽约朗克斯社区是一个1/3居民靠救济金生活的社区，该社区没有靠政府实现社区改造，而是由社区居民自己组建了一个名叫“城市改造协会”的社区发展公司，对社区内的失业者、低收入家庭成员进行技能培训，组织他们加入改建工程队，最终对这些居民实行“汗水入股”，即这些贫困者和家庭以自己的汗水换回了部分房屋产权或低租金（张暄等，2005），改造后的社区不仅实现了宜居，也保留了原有的社区共同体，穷人保留了自己的居住权利。

四、城市是个“大公司”

城市好比一个大公司，是指城市资产的公司化经营与管理，核心思想是将企业经营理念、市场竞争意识、机制和管理手段运用于城市的资本运营，产业组织，以及城市公用事业和城市政府机构管理。即，城市是个大公司——有城市资产和资本运营；有产业门类生产的产品和政府提供的公共产品；有城市法人治理结构；有利益追求。

（一）城市资本运营

实质上，城市本身就是一种资本，是可以使资本增殖的资本。其有形资产和无形资产也是一个国家和地区最大的资本。城市资本运营包括：

1.将城市本身看作是一个"大公司"，它需要在全球市场与其他城市展开竞争。

2.运用市场手段，盘活城市土地资本，人力资本，矿产资源等生产要素，使其最大限度地发挥效用，成为城市建设发展的有生力量。

3.把市场经济中的经营意识、经营机制、经营主体、经营方式等多要素引入城市建设与管理。比如城市基础设施，市政公用事业的资产化经营，使城市资产由产品变为商品，更好的价值形态和货币形态。使城市建设由简单的生产过程转变为资本运营的过程，推动城市建设产业化发展、市场化运营、企业化管理。

4.对于政府性投入形成的公共资产和提供的公共产品，通过有偿服务、使用权转让等方式，回笼部分资金，以用于扩大再生产和公共管理。

4.充分利用资本市场，发行城市建设基金、证券等，为城市建设和发展开创筹资渠道。

5.做好城市形象这篇文章，营销城市，它既是无形资产，又是生产力。

6.完善城市管理机制和管理手段，为城市资本运营创造良好的政策环境和法制保障。

7.追求公共利益最大化。

在市场经济的环境下，政府不可能大包大揽做好每一件事情，城市政府应当发挥在组织协调城市发展，实现社会、环境和经济的可持续发展方面更为积极、主动和战略性的作用。

政府要做的，是将由市场决定的交给市场，市场做不到的政府来做。城市政府的角色转换：从管理者到企业家，政府成为许多重要事件新的关注焦点，"企业家主义"取代"管理人主义"。城市政府承担新角色，发挥新作用，作为发起人与倡导者，重新确立适应新形势的社会关系，倡导社会公开、公平、公正、规范、可持续发展、满足社会需要，推进政府体制改革，培育公民文化，倡导体现当代民主的城市共同治理，倡导突破城市界限的合作发展。

作为“具有全球眼光”的“经营城市的战略经纪人”，城市政府应站在世界高度来看待本城市发展问题。同时，应以新方法在新领域承担政府的传统职责，保障市场秩序和社会秩序。

（二）公共利益最大化

在新形势下要使城市经济持续发展，必须以现代城市政府管理的理念、基本原则和方式，处理好两个重要关系：一是政府、企业、市场的平衡关系；二是政府与经济、社会及环境的平衡关系。

全球化是自近代资本主义诞生后开始的一个客观的历史进程和趋势，全球化的内容以经济领域为主，驱动全球化不断前进的是资本的逐利性。随着国际贸易障碍的不断消除，企业在本国的投资利润日趋稀薄，而广大发展中国家有着充足的劳动力资源。在这种背景下资本自然会从全球范围进行资源配置，以取得最大的利益。

未来的三十年，伴随着全球化的不断推进，我国内部的经济联系将会日趋密切，资本驱动下的全球化将推动中国经济发展的一体化。而依然处于加速期的我国城镇化进程也将受到全球化资本梯度转移的影响。未来，更广阔的中西部地区的城市将会吸收承载更多的全球资本，对应城市的居民将享受到发展带来的福利，拥抱更美好的生活。资本全球化的不断加速促进了区域城镇空间经济结构的转型和城镇体系的“极化”，并逐步形成世界城市网络体系，不同特色、职能的城市在全球网络中成为了资源要素流转和配置的功能节点，而其中对世界经济政治文化具有核心影响力的节点就是“世界城市”。

国内城市的发展也越来越受到外部资本的影响。资本的逐利性直接影响着城市土地的使用和功能的布局，并带来了一系列的环境、能源、社会等问题。解决新问题，既要面对城市人口比重不断提高的客观事实，又要建立统一的大市场，突出城市资源集约利用、产业结构优化、消费水平提升、市民综合素质全面提高等要求。在这种背景下，政府作为决策管理层，要带领城市这个“大公司”参与全球市场的竞争，可以从几个方面进行考虑：首先需要发挥大城市的引领作用，培育全球城市，提升大城市在全球城镇分工中的影响力。其次，认清自己在区域中的定位，正视区域发展的非均衡性，借助区域的协调一体发展，来提升区域内城市的竞争力。最后培育建设和谐、有序、专业职能强的特色城市，以满足定制化的客体需求，支撑城市在专业专项职能分工体系中的作用。

五、智慧城市，准备好了吗

随着全球性城市化浪潮，出现了“智慧城市”的概念，唤起了人们对美好城市生活的向往。2013年，美国大西洋理事会把智慧城市列为将影响政治、经济和社会发展趋势的三大技术之一。所谓智慧城市，是将网络信息技术基础设施化，通过云、网、端实现实时在线、智能集成、互联互通、交互融合、数据驱动，拓展新空间，优化新治理，触达新生活，从而重构人与服务、人与城市、人与社会、人与资源环境、人与未来关系的可持续化经济社会发展新形态。智慧城市的建设将从新产业、新环境、新模式、新生活、新服务五大方面支持新型城镇化发展，是城市新的发展方向、新的治理模式和居民新的生活方式，也是通往城市现代化的必经之路。

（一）发达国家城市化过程中的智慧城市

发达国家的智慧城市大致经历了四个发展阶段：

第一，起步阶段，主要是加强城市信息基础设施建设。例如，2009年，迪比克市与IBM合作，建立美国第一个智慧城市。第一步是向所有住户和商铺安装数控水电计量器，通过低流量传感器技术，防止水电泄漏造成的浪费。同时，搭建综合监测平台，及时对数据进行分析、整合和展示，使整个城市对资源的使用情况一目了然。

第二，发展阶段，以各种电子信息技术在城市中的广泛应用为主。例如，新加坡2006年启动“智慧国2015”计划，通过物联网等新一代信息技术的积极应用，将新加坡建设成为经济、社会发展一流的国际化城市。其中，智能交通系统通过各种传感数据、运营信息及丰富的用户交互体验，为市民出行提供实时、适当的交通信息。

第三，融合阶段，重在将各种城市服务功能整合和协同。例如，韩国以网络为基础，打造绿色、数字化、无缝移动连接的生态、智慧型城市。通过整合公共通讯平台，以及无处不在的网络接入，消费者可以方便地开展远程教育、医疗、办理税务，还能实现家庭建筑能耗的智能化监控等。

第四，成熟阶段，重点是政府决策过程和信息服务活动趋向自动化和智能化。例如，首尔提出，发放证明书、缴纳税金等现在由政府机关和网站负责的行政服务，从2012年按阶段向使用手机的方式扩展。到2014年，市民可使用智能手机、平板电脑实现81项首尔市行政服务。新加坡建立起一个“以市民为中心”，市民、企业、政府合作的“电子政府”体系，让市民和企业能随时随地参与到各项政府机构事务中。

总结发达国家智慧城市建设的案例可以发现，计划先行是智慧城市建设的前提，这些国家几乎都制定了较合理的计划。“以人为本”是智慧城市建设的核心，在智慧城市的建设过程中注重对人的服务，强调人的互动参与，“绿色、低碳”是智慧城市建设的重点，政府合理引导是智慧城市建设的保障。在国家统一规划的前提下，各级政府根据辖区内具体情况，对智慧城市的建设进行合理引导，避免盲目投资和重复建设。

（二）智慧城市建设路径

《国家新型城镇化规划（2014—2020年）》中，将智慧城市作为城市发展的全新模式，列为我国城市发展的三大目标之一。2016年9月，国务院《关于加快推进“互联网+政务服务”工作的指导意见》中，第一次明确提出要加快新型智慧城市建设的目标。目前，我国有超过80%的城市在“十二五”期间将智慧城市建设作为加快经济发展转型的战略举措[①]。智慧城市不仅是新型城镇化战略部署的具体任务，更是扩大内需、启动投资、促进产业升级和城市转型的新要求[②]。其兴起与发展不仅成为历史进程中不可逆转的大趋势，也终将成为未来城市的核心形态。

统一认识，转换思维。当前，不同部门对智慧城市有着不同的认识。比如，城市规划建设部门多从新一代信息技术应用于城市规划建设的角度，信息化主管部门则从工业化、信息化相互融合的角度，而地方政府又从本地国民经济和社会发展信息化的角度。无论哪种认识，都提到了信息技术、信息化。在智慧城市建设的四个维度（环境、经济、社会、管理）中，都是以信息通信技术作为核心的物理和服务基础设施，并以此作为基础平台连接其他

① 张越．“智慧城市”建设之道．中国信息化［J］．2013 (20) :40−41.

② 原住房城乡建设部副部长仇保兴在2013年国家智慧城市试点创建工作会议上的讲话。

智慧城市元素。

因此，在智慧城市建设中，必须培养信息化思维，紧紧抓住新一代信息化技术发展浪潮的机遇，用信息化的理念，重新思考城市规划建设的管理问题。从顶层设计布局，通过政府数据的开放，激活现有资源，同时与“互联网+”“双创”等统筹考虑，以信息化引领城市化的发展。

计划先行，稳步实施。发达国家智慧城市建设中“计划先行”的经验告诉我们，智慧城市的建设要进行合理和充分的战略规划。智慧城市建设不是以城市硬件基础设施投入为主的旧城改造工程，而是借助先进信息技术提升城市服务功能的再造工程，是在深化信息技术应用的基础上促进城市转型，激发城市活力，让城市居民享受到城市服务的便捷、体会到城市生活的幸福。在战略规划中，智慧城市建设应把握好需求导向，可以采取急用先上、效益为本、循序渐进的方式，以提高效率、创新服务为目标，以政府、企业、公众需求为核心，以智慧医疗、智慧教育、智慧交通、智慧物流、智慧环保、智慧城管为重点，充分发挥市场配置资源的决定性作用，让智慧城市信息基础设施体系建设先行，从而有效支撑城镇化。

政府主导，创新机制。智慧城市建设涉及面非常广泛，部门条块分割、数据不同步、信息不共享等因素，严重制约智慧城市创建。因此，必须进一步加强政府的引导和带动作用，确保智慧城市建设中各行各业的有效对接和互联互通。此外，为激发社会力量参与智慧城市建设的积极性和创造性，事关智慧城市建设的相关产业发展，应该列入国家和地方战略新兴产业振兴规划，进一步创新商业模式，扩大投资渠道，打造专业的智慧城市运营商。

统一标准，整体布局。当前，我国智慧城市建设缺乏统一的行业标准、建设标准和评估标准。各部门、各行业之间的标准衔接不畅，应该加快相关标准的设计与制定，确保政府、企业和行业协会密切协作，推进信息技术、信息资源、网络基础设施、信息安全、应用和管理等系统标准尽快出台。在“智慧中国”的总体布局和国家标准体系支撑下，逐步实现跨城市社保、医保、房地产联网、信用体系以及建立统一的大市场等大数据信息平台的全国统一整合，把智慧城市建设提升到国家战略操作层面。

因地制宜，突出特色。目前智慧城市建设正在全国各地如火如荼地进行，很多地方政府将智慧城市建设作为重要的发展机遇，直接照搬国外建设经验，盲目推进智慧城市建设。我们应清醒地认识到，智慧城市的建设不能搞一刀切，更不能大手大脚，须结合不同城市历史、文化和资源等方面的特点，走差异化的建设之路。因此，需要充分考虑城市所处地理位置、规模大小以及发展定位等，通过合理部署智慧应用，突出智慧城市的建设特色。

绿色生态，持续发展。发达国家智慧城市建设的方向体现为“绿色低碳”。目前我国面临着环境约束危机，理应坚持可持续发展道路。智慧城市建设需要紧紧围绕绿色城市建设，始终坚持宜居发展的理念，合理利用绿色能源，积极贯彻城市生态文明的理念，在智慧城市建设中，加强城市碳排放监管，保护原有的城市生态环境和自然环境。积极改善居民居住环境，应用现代信息技术不断创造新的绿色低碳生产生活方式，推动智慧城市良性发展。

（三）一切从基础做起

雄安新区已经成为新时代推动高质量发展的全国样板，以数字城市为基础的智慧城市模式在雄安规划里得到了很好的体现。提出“坚持数字城市与现实城市同步规划、同步建设，适度超前布局智能基础设施，推动全域智能化应用服务实时可控，建立健全大数据资产管理体系，打造具有深度学习能力、全球领先的数字城市”。

《河北雄安新区规划纲要》对智慧城市的顶层设计，并没有孤立地描述一个个系统架构，而是在整个城市规划中融入了智慧城市的思维方式。既强调了整体性思想，又从方法上强调了从基础做起——数字城市。

深圳市城市空间规划建筑设计有限公司王鹏认为：“随着物联网、大数据技术的发展，城市基础设施和实体空间建设的同时，城市先实现数字化，随之而来的是城市全面的智能化。数字城市不仅仅是传统的二三维图纸和模型，更是叠加了来自互联网和物联网的多维度实时数据，全息描述了城市的运行状态。”智慧城市从目标到手段，“智慧雄安的最大亮点就是用数字化方式完整地重新定义城市本身，数据驱动的整个城市的规划、设计、建设、运营、管理本身，就已经成为一个巨大的产业。通过构建全域智能化环境，智慧城市从一个虚无缥缈的目标，变成了城市发展的战略和手段，无处不在地融入了城市的基因和血脉。”

正所谓，“千里之行始于足下，九层之台起于累土”。

六、找寻城市风骨

城市不只是砖头与砂浆，还象征着社会的梦想、愿景和希望。城市的风骨孕育于城市的有形与无形之中，通过其内在与外在的，传统与现代的，经济与社会的完美结合，展示出城市的特色，彰显出城市的力量。

（一）有形与无形之中

城市风骨，在表现形式上可以理解为构成城市的骨架，体现城市的布局结构、街道、建筑以及城市的风貌格调，通过城市的空间组合，形成富有个性的城市特色，城市风格。实质上是一种城市文化特色。可想而知，没有文化底蕴的城市是枯燥、乏味、苍凉的城市。

城市的文化特色，是城市在人类聚居活动和城市进化过程中，不断适应和改造自然和城市历史文化的特征性，在形成和发展中的积淀、传承与更新的表现。通过对传统的历史街区以及建筑遗产的保护与更新，为城市和市民留下永久的记忆，展示出城市历经沧桑而又独特包容的一面，以增强城市的特色，也为城市提供多元化的文化概念。

在城市的建造过程中，最大的特色就是善于“巧夺天工”，利用大自然赋予的条件，巧妙地设计城市。如古人所说“因天材，就地利”，“城郭不必中规矩，道路不必中准绳”，因势就势，不做“画蛇添足”之事。

现代化的城市设施，现代科学技术的运用，同样也给城市增添新的文化特色。我们通常说，多一点大气、雅气、灵气，少一点小气、俗气、土气，正是如此。城市建造的开放性、人性化形成城市的建筑风格，使城市真正具有城市特色和包容性，而不是呆板、僵化的化身。

（二）城市的力量

城市风骨，从内涵上可以理解为一个城市所蕴含的城市精神、城市品格。一个人的内心强大，才是真正的强大，一个城市，何况不是如此呢？城市的力量来自于城市所具备的社会性格，城市社会人的责任、素质和道德风尚。

城市文明，首先体现在城市社会存在的公平与正义之中。资源的分配和社会总收入的二次分配，以及社会保障和公共服务的均等化，确保共居一处的每一个社会人员“共享”。使幼有所学，老有所养，病有所医，住有所居。

所谓“安居乐业”，使人们在城市中，都能获得认同感、归属感。维护社会的公平正义，是城市精神的最高境界。

哈佛大学教授爱德华·格莱泽，在其代表作《城市的胜利》中有一段深刻的阐述：

> 评价一个地区的依据不应该是它存在的贫困现象，而应该是它在帮助贫困人口提升自己的社会和经济地位方面所做出的成绩。如果一座城市还在吸引着比较贫穷的人口持续的流入，帮助他们取得成功，目送他们离开，然后再吸引新的移民，那么从社会的一个最为重要的功能来看，它是成功的。如果某个地方长期处于贫困状态的贫困人口所默认的家园，那么，它就是失败的。

城市最显著的本质特征在于“集聚”，然而，这种“集聚”的意义是它能够产生伟大的力量，即城市的力量，正是城市应具有的城市精神。否则，城市如果失去了应有的责任与义务，城市的存在，还有什么意义呢？

（三）城市的品质

城市始于生活成于生活。一座充满活力的城市，让生活更美好，是城市全面规划和建设的出发点，它涵盖了城市生活的全部意义。确立“以人为核心”的城市理念，以及对城市规划和建设更加人性化的关注，体现了对追求良好城市品质的一种明确的强烈需求。

回顾城市的成长历史，能清楚地感受到，城市是为生活而建造的，不是为造城而建造的。城市的空间结构、布局和形态，特别是城市应有的公共空间，无时无处不在影响着生活在城市中人们的行为和生活方式，以及城市的运行方式和秩序。优美的城市环境、友好的城市空间、更充实的城市生活，让更多的人在城市中行走和逗留。城市的街道、广场、公园、树木和景观设施，夜景照明，这些城市空间的所有元素交织成一个和谐的整体。人们所看到、听到、感受和体验到的，是一种愉悦、舒心，如同人们享受阳光、空气、绿色所带来的同样分享：有尊严和体面的生活。通过城市空间设计、城市家具和城市设施的布置，给人们更多的尊重与满足，这一切都体现出“更加人性化”的城市品质。

丹麦规划师杨·盖尔揭示了城市规划中的人性化维度，运用人性化尺度关注城市中人们的更大需求。“如何对城市中人的关心是成功获得更加充满活力的，安全的，可持续且健康的城市的关键，这是21世纪具有重要意义的所有目标”。他提出，生活、空间、建筑——依此次序规划，以人为起点，以城市生活和城市空间为出发点，运用大尺度对整体城市布局进行规划；运用中等尺度描绘城市各个部分或区划的设计；运用小尺度也就是人性化景观的规划，提高城市视平层面的质量。这是一个永恒的概念，全世界都是如此。

（四）城市的魅力

人们生活在城市，是否真正具有一种归属感，人们感受和体验到的一切是否井然有序、和谐愉悦，把自己所在的城市视同为精神家园，这都取决于城市是否更加人性化。城市的人性化，其实质源于城市的文化和魅力。

文化是人类社会特有的精神与物质，智力与情感的结晶。人们的生活方式、价值观、传统信仰以及对社会的评判与取舍，无时不在影响着作为社会人的个性化塑造，就业和改善生活环境的选择。同时，越来越成为促进人与人之间的交流、彼此尊重与理解以及社会包容的重要手段和渠道。

文化发展是包容性发展、可持续发展，是解决城市发展问题的关键因素，也是城市成长之道的路径选择。面向未来的城市重塑，就是要重塑文化和价值体系、社会道德，以增强城市的凝集力和归属感，尊重文化多样性，有助于推动社会进步和人的全面发展。

当前，地方各级政府已经认识到文化发展对于城市经济、社会、环境和谐发展的重要性。但在许多情况下，并没有自觉地将文化发展作为城市综合发展的举措，主动从文化的角度考虑和制定各类公共政策、文化设施的建设等，以提升城市治理的水平和效果。

现阶段，许多城市还缺乏文化发展对一座城市所带来的经济和社会双重效益的深化和升华，甚至弥漫着城市的“浮躁”，令人感到不安，这也是为什么总感觉还缺乏点城市魅力的原因所在。现阶段，文化传承与保护、文化创意产业发展、地方和民族特色的城市建筑和城市空间、城市居民共享的文化对话以及学习和交流的平台，不仅是城市文化丰富多样的体现，更是城市居民精神家园的载体。

七、城市愿景构建

城市与城市区域规划是一个决策过程，通过运用各种资源条件和可能，制定各种空间发展愿景、战略规划和行动计划。运用一系列发展动力的驱动因素，如政策工具及体制机制参与和管治程序，实现经济、社会、文化和环境目标。

（一）凡是过往，皆为序章

确定使命和发展愿景，是城市规划的基础。使命规定着城市存在的根基与根本任务，而愿景则是对城市在竞争环境中通过长期努力所要获得的地位，是城市内各主体共同持有的关于城市发展的理想图景。也可以说，城市使命是一个城市最根本的价值观、信念和发展意愿，而城市发展愿景，则是基于城市使命的、对城市发展前景的生动描述和具体构想。

城市的构想，是建立在其独特的身份、相对优势和地理资源的基础上，也可以历史和文化维度的定义为基础。城市构想投射到未来，并不仅仅是一个城市的功能、结构和形式，还包括了整个社会的梦想和抱负。基于这个原因，任何一种城市构想，都应该总是相关环境驱动的，它的发展需要所有成员的参与①。

城市愿景构建是对未来城市的展望，一部城市畅想曲，实际上就是一幅城市未来形象的清晰画面。它将是外延式发展与内涵式发展有机统一下的均衡式发展，是一条在提高资源配置效率和要素集聚效应的同时，更好地满足人们日益增长的共享发展成果和对社会公平、正义需要的高效、包容、可持续的城镇化道路。

迈向内涵式提升的转型发展，扭转城市发展导向，应该是未来城市发展改革的重点。未来扭转的方向，主要集中在提高人口的密度和城市紧凑型发展格局，推动生态城市发展；提高资源配置效能，降低城市发展成本，杜绝粗放式发展；提高城市集聚与扩散能力，提高土地使用效率，实现集约发展；为低收入人口和外来务工人员提供平等的公共服务，实现公平发展；推动城乡一体化，实现城乡统筹发展；构建经济、社会、环境的统一，实现和谐发展；

① 联合国人类住区规划署．世界城市状况报告 2010/2011：弥合城市分化［M］．北京：中国建筑工业出版社，2014.

增加基础设施和基础性产业建设等长期行为，提高城市的宜居性，实现可持续的健康发展。

（二）目标导向

一定意义上讲，城市愿景的构建就是城市的发展目标，系统回答了建设什么样的城市、如何建设城市等一系列问题。一方面，城市愿景构建对城市的空间、经济、文化、生态、功能等各方面发展提供了一套指导思想。另一方面，也对城市基础设施建设、产业类型选择、居民住宅开发等方面的差异化发展提出了原则要求。因此，围绕城市发展的一切决策都应以城市总体愿景构建为依据。

城市愿景构建是一种目标导向的战略性研究。关键问题，是如何识别和确定城市未来愿景目标，给城市贴上一个什么样的“标签”，然后通过各种衡量标准来设计城市愿景目标。周振华在《全球城市》中写道：

> 战略研究有其自身的研究范式，分析方法，话语系统，更是一种跨学科的综合性研究。与其他研究的重大区别之一，在于其注重目标导向及其前瞻性考量。例如，与理论学术性研究的观点导向（针对不同的观点），政策咨询研究的需求导向（针对需要解决的现实问题）等不同，战略研究通常是前瞻性的目标导向，即针对目标可能性的研究。由于当今城市的经济发展和内部结构日益受到全球化，特别是城市外部关系的影响，越来越难以分析城市内生的，来自在传统意义上行政边界内正在发生的“内部运作”。因此，我们把城市战略研究置于一个全球开放系统中，重点研究城市的外部关系，特别是全球城市网络关系的影响，从中寻找适合城市发展在区域经济中的位置的目标定位。

愿景构建过程包括三个要素：数据分析、广泛参与、有效实施。数据分析作为愿景构建的基础，就是对城市区位、资源、产业、人口、科技等发展特征进行系统整理、对比分析，通过科学的评价体系，因地制宜地找到加快城市自身发展与区域互动发展的结合点。其中，要重点关注城市经济发展特征对未来城市愿景构建的基础性影响，这将是各生产要素合理分工、密切联系、相互配合的关键。广泛参与作为愿景构建的支撑，就是进一步强化人在城市发展中的核心作用，把“以人民为中心”的共建共治共享的发展理念体现在城市发展的方方面面，通过完善规划编制管理及城市治理的公共参与机制，让全体人民公平参与发展、公平分享城市化的物质文明和精神文明成果。有效实施作为愿景构建的保障，就是把城市发展目标要求细化为可操作、可落实的项目举措。在发挥市场基础作用的同时，充分发挥政府的调控作用，在保持城市发展战略定力的前提下，根据发展实际不断做出微调，确保城市愿景有效实施。

在愿景构建中，需要特别做好评估与论证工作。这是保证愿景得以最终实现的客观要求。应当围绕前提是否必要、条件是否充分、技术是否可行、经济是否合理这四个维度，组织专家论证和第三方评估。同时，充分考虑我国的国情特征和体制因素对城市的影响，积极吸纳各级人民代表大会、政协，基层社区组织以及社会团体、公众的有效建议，着力统筹好产业发展、就业吸纳和人口集聚的关系；城市发展、资源利用和环境承载能力的关系；农村人口向城市集中与城市空间布局优化和城乡协调发展的关系。从这三大关系中求取城市愿景构建的最大公约数，凝聚广泛认可、各界支持、全民参与的城市发展合力。

在习近平新时代中国特色社会主义思想指引下，面向未来的城市重塑，是迈向内涵式提升的转型发展，建设安全、健康、可持续发展的理想城市：

城市，让生活更美好，必将是一个把人们的幸福生活作为发展最终目标的适宜居住的城市；一个经济充满活力且高质量运行的适宜创业和营商的城市；一个社会制度公平合理并充满包容精神的共建共治共享城市；一个人与自然和谐共生的具有高度生态文明的城市；一个兼具城乡优点，统筹协调的一体化城市；一个具有开放性和多样性并不断进行着高效的物质和信息交流的城市；一个融合各种文化之所长于一炉，特色鲜明、充满魅力的城市。

世界进入21世纪，中国进入新时代。任凭太平洋波涛汹涌，风云变幻，飘扬着五星红旗的中国巨轮，必将劈波斩浪，砥砺前行，驰骋在浩瀚的大洋之中。

参考文献

［1］［美］爱德华·格莱泽.城市的胜利［M］.上海：上海社会科学院出版社，2012.

［2］联合国人居署，联合国亚太经社会.亚太城市报告2015：城市转型从量到质［M］.上海：同济大学出版社，2016.

［3］王颖.城市社会学［M］.上海：上海三联书店出版社，2005.

［4］国家发展和改革委员会.国家新型城镇化报告2016［M］.北京：中国计划出版社，2017.

［5］仇保兴.追求繁荣与舒适：中国典型城市规划、建设与管理的策略［M］.北京：中国建筑工业出版社，2007.

［6］［美］藤田昌久，保罗·克罗格曼，安东尼·J·维纳布尔斯.空间经济学：城市、区域与国际贸易［M］.北京：中国人民大学出版社，2011.

［7］杨建军，曹康，班茂盛.城市规划与城市竞争力［M］.杭州：浙江大学出版社，2013.

［8］缪朴.亚太城市的公共空间［M］.北京：中国建筑工业出版社，2007.

［9］李学鑫，苗长虹.城市群经济的性质与来源［J］.城市问题，2010，（10）：16-22.

［10］蔡若愚.2016年新型城镇化建设实现了“五个新”［N］.中国经济导报.2017-07-19.

［11］胡晓辉，杜德斌.科技创新城市的功能内涵、评价体系及判定标准［J］.经济地理，2011，31（10）：1625-1629.

［12］黄林.城市化经济与城市规模的实证分析——以珠三角城市为例［J］.科技管理研究，2013（19）：232-237.

［13］李金滟，宋德勇.专业化、多样化与城市集聚经济——基于中国地级单位面板数据的实证研究［J］.管理经济，2008（2）：25-34.

［14］钱振明.中国特色城镇化道路研究：现状及发展方向［J］.苏州大学学报（哲学社会科学版），2008（03）：1-5.

［15］张仲梁，邢景丽.城市科技创新能力的核心内涵和测度问题研究［J］.科学学与科学技术管理，2013（9）：63-70.

［16］胡晓辉，杜德斌.科技创新城市的功能内涵、评价体系及判定标准［J］.经济地理，2011，31（10）：1625-1629.

［17］隋昕禹.城市聚集效应与城市发展的经济学分析研究［J］.经济管理，2015（8）：146-147.

[18] 杨粉萍，程建华.西安城市产业集聚经济效应实证分析[J].经济师，2008(5):264-266.

[19] 杨媛珺.我国中关村科技园区地方化经济分析[J].现代商业，2010(15):179-180.

[20] 王俊，李佐军.拥挤效应、经济增长与最优城市规模[J].中国人口.资源与环境，2014，24(07):45-51.

[21] 柯善咨，赵曜.2014，产业结构、城市规模与中国城市生产率[J].经济研究，49(04):76-88+115.

[22] 孙祥栋，郑艳婷，张亮亮.基于集聚经济规律的城市规模问题研究[J].中国人口·资源与环境，2015，25(03):74-81.

[23] 孙三百，黄薇，洪俊杰，等.城市规模、幸福感与移民空间优化[J].经济研究，2014，49(01):97-111.

[24] 程永辉，刘科伟，赵丹，程德强."多规合一"下城市开发边界划定的若干问题探讨[J].城市发展研究，2015，22(07):52-57.

[25] 肖周燕.中国城市功能定位调控人口规模效应研究[J].管理世界，2015，03:168-169.

[26] 侯丽.城市更新语境下的城市公共空间与规划[J].上海城市规划，2013(06):43-48.

[27] 李斌，徐歆彦，邵怡，等.城市更新中公众参与模式研究[J].建筑学报，2012(S2):134-137.

[28] 吕晓蓓，赵若焱.对深圳市城市更新制度建设的几点思考[J].城市规划，2009，33(04):57-60.

[29] 汤晋，罗海明，孔莉.西方城市更新运动及其法制建设过程对我国的启示[J].国际城市规划，2007(04):33-36.

[30] 王兰，刘刚.20世纪下半叶美国城市更新中的角色关系变迁[J].国际城市规划，2007，(04):21-26.

[31] 严若谷，周素红，闫小培.城市更新之研究[J].地理科学进展，2011，(08):947-955.

[32] 易晓峰.从地产导向到文化导向—1980年代以来的英国城市更新方法[J].城市规划，2009，33(06):66-72.

[33] 中国清洁空气联盟.改善城市交通，遏制中国空气污染[R].北京:2014.

[34] 中华人民共和国水利部.2016年中国水资源公报[R].北京:2016.

[35] 中华人民共和共和国环境保护部.全国大、中城市固体废物污染环境防治年报2017[R].北京:2017.

[36] 卢艳玲.生态文明建构的当代视野——从技术理性到生态理性[D].北京：中共中央党校，2013.

后　记

为什么要写这本书？所谓“实践导向型”思维，就是在干中学，学中干。带着问题，向书本学习，向前人做过的事情学习。有针对性地总结和领会各方面的成果，理出一些头绪，研究和思考一些问题，寻求一些解决问题、实现目标的方案，加以提炼和归纳，梳理出能够给读者可以借鉴并有所帮助的东西。在一定的发展阶段，选择正确的路径，做正确的事情，以减少盲目性，与读者形成共鸣。这是我写作这本书的初衷。

我不是城市规划师，也不是经济学家。如巴金先生说：“我之所以写作，不是我有才华，而是我有感情。”作为一名实务工作者，能够静下心来，认真读几本书，充实一些专业知识，仔细想一想，回顾一下已经走过的路，反思教训，汲取经验。结合我们正在干的工作，做一些“发现”和“拿来”的事情，把心得和体会告诉大家。其实，更多的是“感悟”，给大家提供一些素材，选择一些专家学者们的见解，并从感悟中“提炼”一些规律性的东西，找出一些“关键点”，行稳致远。本书并非专业性的学术研究，而是从城市发展的基本面出发，以更加务实的眼光，去理解，去把握。虽然是发散性的思维，但力求结构的科学和逻辑关系的严谨。在认识论和方法论的结合上，与大家分享和交流，期望能够有所启发。

时逢盛世，我们遇上了一个大好的时代，莫负大好年华。我想说，城市领导者的理念、眼界和方法，是城市走向成功的重要法宝。

本书在写作过程中，得到了许多朋友的极大关心和鼓励。没有他们的帮助与支持，仅靠我个人之力，是难以完成的。

尤其是，上海同济城市规划设计研究院，城市设计研究院高级规划师匡晓明，城市空间与生态、规划研究中心邓雪湲博士。我的同事吴祖明博士、付磊硕士、王鹏博士、注册规划师郭风春、教授级规划师黄发球、郭鹏博士等。他们都是有着十几年、二十几年城市工作经历的专业人士，参与讨论并帮助搜集素材，给予了许多帮助。

英国纽卡斯尔大学王学峰副研究员，提出了许多好的修改意见。

在出版过程中，胡葆森、齐岸青、杨丽萍等，以及中国言实出版社均给予了热情的帮助与支持。

在此，一并致以衷心的感谢！

由于本人能力、水平和知识所限，书稿尚有不足之处，敬请读者批评指正。

赵建才

2018年8月